文具と雑貨づくりの教科書

日本文具文创设计

原书第2版

[日]《日经设计》编辑部　编
邓召迪　译

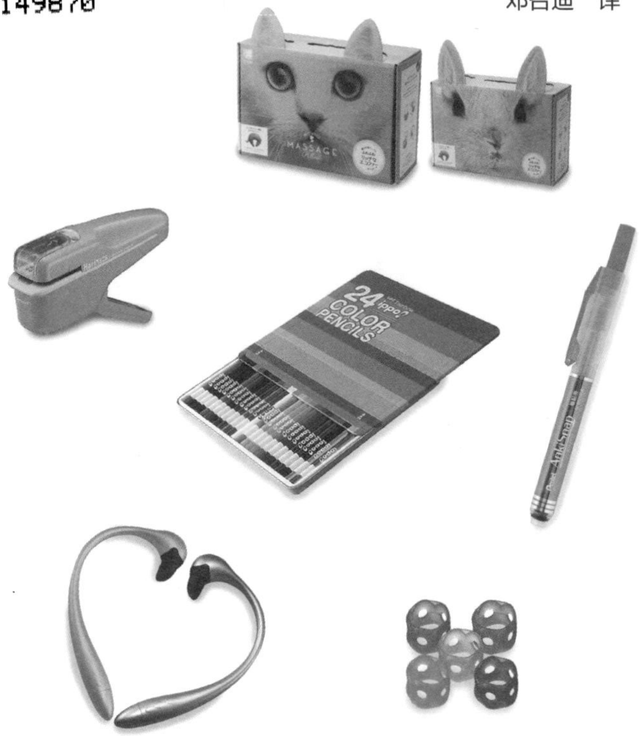

机械工业出版社
CHINA MACHINE PRESS

前　言

随着企业经费的削减以及数码产品的普及，无纸化办公越来越流行。在此困境之中，许多厂商仍在圆珠笔、纸品等领域里不断推出创意至上的新产品，砥砺前行着。

而文创方面，在设计师与制造商的合作之下，也相继诞生了许多富有魅力的产品。

如今日本的文具与文创备受全世界瞩目。前来日本的外国游客与日俱增，他们会选择文创产品作为礼物，市场自然要紧跟这种需求。很多厂商在日本之外的地区都实现了相当高的销售占比，日本文具、文创的实力真是不容小觑。而这其中的秘密，就在于他们拥有快速发现消费者潜在的不满与需求的洞察力，以及因这种洞察力而产生的丰富想象力，还有持续不懈地进行技术研发的态度。

不放过任何一个令消费者感到不舒服的细节，将其他行业的灵感巧妙融合其中，不断地挑战新技术，日本的文具和文创走向了其独有的进化之路。“无微不至”“注重细节”“个性化定制”，制造者淋漓尽致地发挥着这种日本独一无二的“极致关怀”精神，在他们所追求的产品制造之路上不断前行。

那么，这种想象力和洞察力是如何练就的？日本的商家为何如此厉害？本书将掀开这秘密的一角。这是一本产品设计与制造的参考书。本书还包含大量的商品研发样例、比赛信息等相关内容，供读者参考。

我们从2010年到2018年的日本《日经设计》杂志和《日经流行》杂志中，选取了部分文章集结成本书。书中记述的内容已尽可能更新，不过仅为杂志发行时的最新内容，请读者知悉并谅解。

如因使用本书信息造成商业事故或蒙受损失，《日经设计》编辑部不承担任何责任。

目　录

第2章　创意文具篇 ······ 081

第 1 章

基本文具篇

笔记本

书写用具

剪刀

订书机

修正带

喜利（LIHIT LAB.）活页笔记本（TWIST NOTE）

敢于打破常规，一击制胜

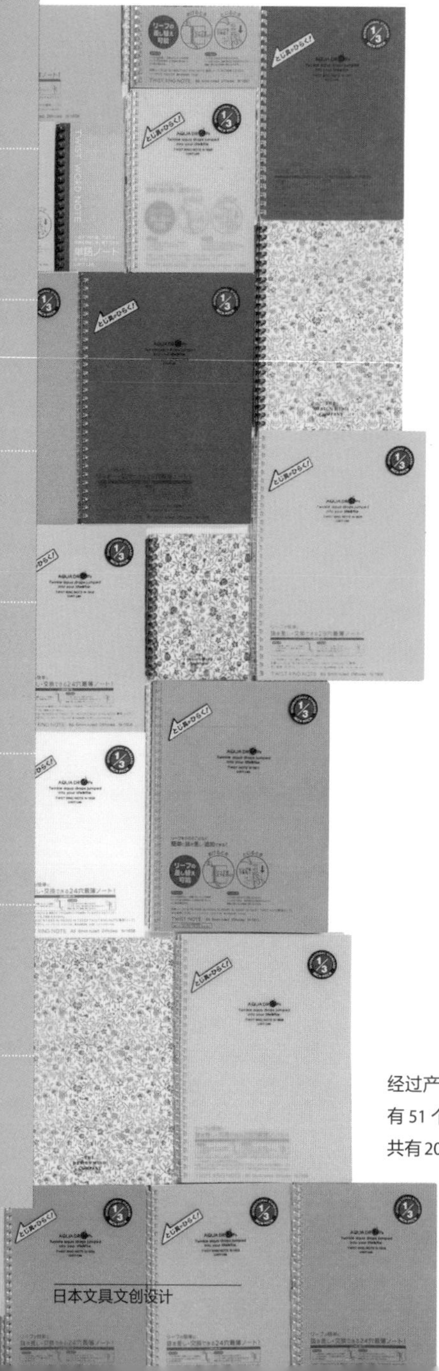

能够与“无微不至”这样的形容完全吻合的，正是喜利公司研发的文具产品。在喜利的产品中，有一款年销售额高达2亿日元的大热产品——活页笔记本。

在平日里经常使用笔记本的学生以及其他人群中，能根据学科自由组合内页的活页夹是比较受欢迎的。不过一般的活页夹很重，而且摊开之后很占地方，不利于翻转360°使用。有一种线圈弯曲成筒状的双线圈活页本，也十分受欢迎。尽管它不能像活页夹一样随意替换纸张，但它的好处是翻转360°后也不妨碍书写，而且整体较薄，便于携带。

经过产品种类的扩充，活页笔记本共有51个种类。算上不同颜色的话，总共有200多种产品这两种产品都各有优缺点，而活页笔记本则综合了两者各自的长处。它既有双线圈笔记本不笨重、可翻转360° 使用的优点，还能自由地替换内页纸张，使用时得心应手。据说这款产品最初的设计灵感来源于喜利的商品企划顾问田中莞二拜访美国哈佛大学时的灵光乍现。田中顾问说："在哈佛大学的生活商店中，有非常多的双线圈笔记本，也卖得很好，不过就是价格稍贵。而我的灵感来源就是——能不能把活页笔记本做得更便宜些。"

他的脑海中回响起了研发过自动铅笔的早川德次曾对他说过的一句话："即便销路不愁，也要注意适当降低产品价格。正因为销量有保障，剩下的

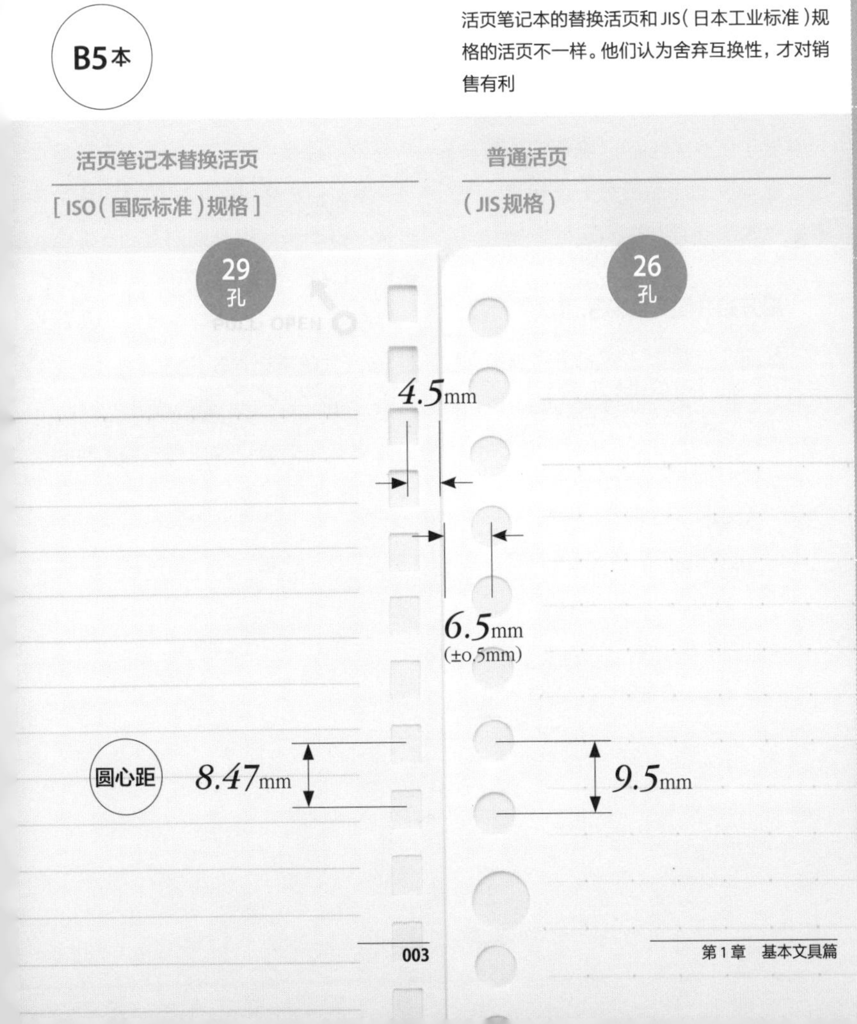

活页笔记本的替换活页和JIS（日本工业标准）规格的活页不一样。他们认为舍弃互换性，才对销售有利

就是考虑如何将它做得更便宜。”

回想到这句话，田中莞二就开始准备研发“兼具活页夹、双线圈笔记本优点”的产品，然而这并不是容易之事。

喜利以前有一款热销产品叫“线圈文件夹（twistring）”。这款线圈文件夹人气十分高，它的特点是有两个开孔，单手就能轻松取下一侧线圈。五金的开合十分简单。这就是活页笔记本研发的原型。受命进行产品研发的设计部门的室长有本佳照回忆道：“理论上说，既然能开两个孔，那也能开很多孔，不过我们买来了树脂线圈后，反复做了很多次样品。”在假设的基础上，逐一摸索产品的每一个构造，这就是日本制造的精髓所在。

最开始并没有商家引进这款产品

然而这过程中还遇到了一个很大的问题，那就是线圈每个孔的间距该如何处理。

日本通用的活页纸，是线圈开孔间隔约为9.5mm的JIS规格活页纸。如果优先考虑互换性的话，就要使用市面上已经普及的活页纸，正确的做法就是采用JIS规格。但喜利偏偏就没有采用JIS规格，而是选择了符合ISO国际标准的8.47mm左右间隔。这是为何？

像活页笔记本这样背脊是线圈的笔记本，田中顾问说：“笔记本的线圈要尽量小，而且要便于翻页才好。”如果采用JIS规格，那B5笔记本需要26个线圈孔。这样一来，每个线圈承受的力很大，为了保证纸张的强度，开孔到纸的边缘就需要6.5mm左右的宽度。因此，无论如何线圈的直径都会很大。如果强行缩小线圈直径，那么纸的边缘就会被卡住，不便于翻页。

相反，ISO国际标准规格中，同样B5尺寸的笔记本开孔有29个，开孔多了，每个开孔要承受的力就变小了，因此线圈到纸的边缘距离大概4.5mm

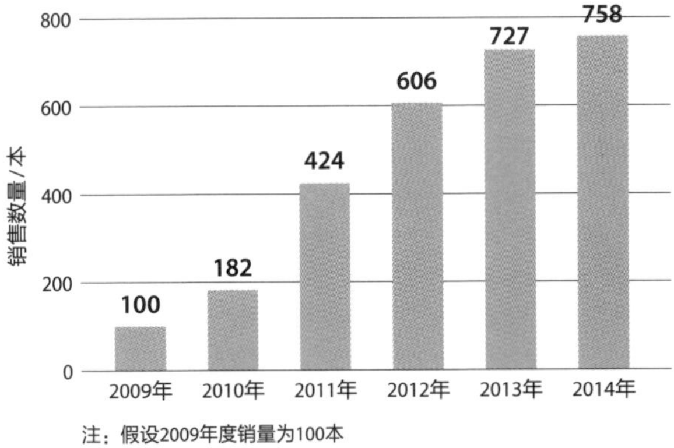

活页笔记本系列产品销量变化图

就足够。这样一来，即便线圈更小，翻页也很方便。田中顾问觉得“考虑到产品的使用感受，我认为应该选择ISO规格”。

不过，营业部中反对ISO规格的声音十分强烈。如果不使用已经广为普及的JIS规格活页纸，他们担心会收到众多用户的投诉。尽管田中顾问最后决定不顾这个反对，但在2009年2月发售开始时，常务营业本部的副部长兼销售计划部部长道家义则说：“几乎没有商家来采购这款产品，他们的理由是存在顾客会错误购买的风险。”

直到2010年1月，拥有10种颜色的彩色笔记本（TWIST NOTE“AQUA DROPs”）发售，事情才开始有了转机。据说此后活页笔记本开始受到网络消费者的关注。他们“很想要这个笔记本”的呼喊之声，使得销售活页笔记本的商店逐渐增多。

● 活页笔记本大热的秘诀

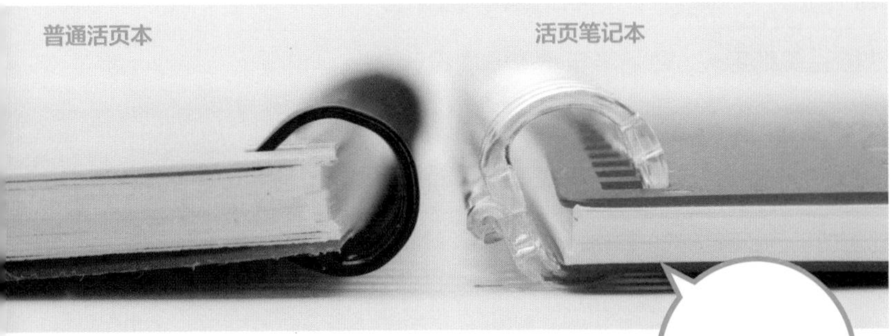

活页笔记本的线圈大小和普通双线圈笔记本的基本一样

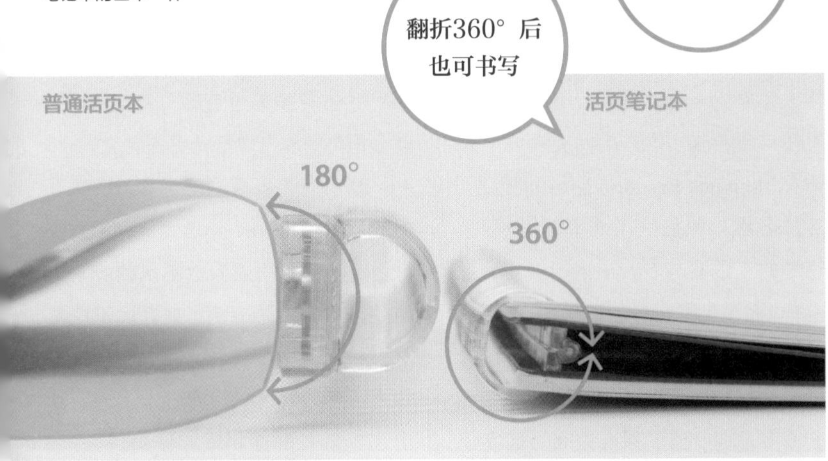

普通的活页本翻折360°后不适合书写，但活页笔记本可以很轻松地翻折书写

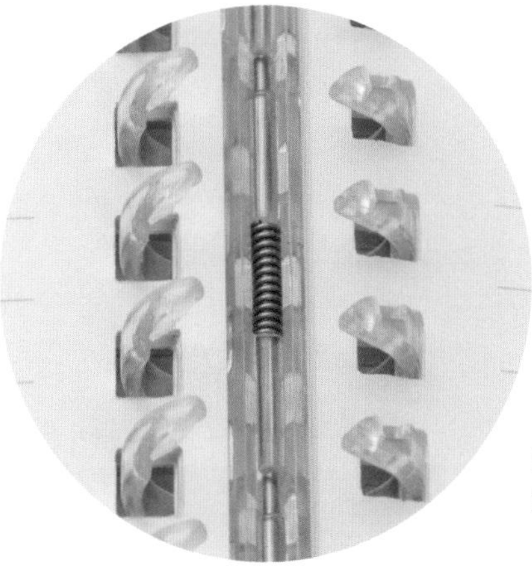

此处使用了一根细小的弹簧，虽然结构简单，但使用体验感超群

纸老虎（PAPIER TIGRE）笔记本与其他

法国品牌纸老虎，每隔半年更改一次设计

纸制品品牌纸老虎发源于巴黎，他们的设计特点是配色鲜艳，从手账本到壁纸，产品多种多样。继巴黎的店铺之后，2017年纸老虎又在东京日本桥滨町开设了第二家专卖店。纸老虎诞生于2011年，由设计师朱利安·克雷斯佩尔（Julien Crespel）和阿加特·德穆兰（Agathe Demoulin）以及担任市场营销、推广的马克西姆·布勒农（Maxime Brenon）3人共同创立。品牌名称与他们的工作室名字相同。巴黎的工作室与专卖店同时开设，目前有7名员工在运营。

工作室的主业是利用数码科技进行企业视觉效果设计，当此类工作逐渐增多之时，他们想要重新寻回笔记本和钢笔存在的意义，这就是纸老虎品牌成立的契机。

在法国，尽管海报和书籍设计等行业十分重视视觉设计，纸文化却并不盛行。

克雷斯佩尔说："创意卡片和包装纸基本上都来自英国和美国。很少有日本这样独特的文具。"

但他们特意在一个笔记本中使用了三种不同的高级纸张，封面的图案色彩十分艳丽。笔记本还采用了不易破损的锁线装，在替换纸张的地方也设计了可以书写索引的空格，本子背后使用软垫等，花了很多心思去提高笔记本的实用性。

纸老虎笔记本极具童心，在本子的中间，出人意料地夹着类似游戏的纸。将它们按编号连成一条线的话，就会很巧妙地出现纸老虎的老虎商标。

纸老虎手账类的笔记本，由法国的跨万时（Quovadis）公司共同参与企划，这是目前法国为数不多的一家尚在生产手账本的老店。纸老虎不仅参与了封面的图案设计，还参与了笔记本内部的设计。他们为日本市场设计的那些形象鲜活的限定系列手账本，也相当受欢迎。

纸老虎的产品不仅限于笔记本和手账本，还有贺卡、装饰品、纸质玩具等，种类繁多。从产品设计到销售，在他们力所能及的范围内，所有的环节都由巴黎的工作室进行管理。

人气商品也只生产一次

负责营销推广的马克西姆·布勒农说："一般来讲，品牌商会去预估目

标用户，不过这对我们来说并不重要。相较而言，我更注重这个产品对我来说是否便于使用。只要我脑海中一浮现出‘这个东西我很想要’的想法，我就会马上尝试制作，或是在现有产品的基础上去做改良。”尽管追求出众的品质会导致价格的上升，但想得到物有所值的使用体验，以及独特的设计之感，这种想法就是纸老虎的设计原动力。

为了保持产品的新鲜度，笔记本以及手账本的设计每6个月就会改变一次。就算是销量第一的人气商品也只会生产一次。

比如，首批次生产量为1 000~3 000本的笔记本，就算提前售罄也不会补货，这就是他们的原则。克雷斯佩尔坚信“没有什么能够保证一款产品持续畅销，我们的创造力才是纸老虎品牌的根本”。

他们每隔6个月会在巴黎举办的全球规模的商品展会——“巴黎时尚家居设计展（MAISON& OBJET）”上发布新产品。时间是每年的2月与9月。这种快速更新产品的方法是一种避免随着越来越高的关注度而产生仿品的策略，似乎相当奏效。

纸老虎设计的特点是颜色鲜艳，

纸老虎成立于2011年，由设计师朱利安·克雷斯佩尔（Julien Crespel）和阿加特·德穆兰（Agathe Demoulin）以及担任市场营销、推广的马克西姆·布勒农（Maxime Brenon）3人共同创立，公司业务是对以纸为主材料的产品进行设计、制作和销售。纸老虎的商业活动据点设在巴黎，2017年9月他们在东京日本桥滨町开设了全球第二家直营店“纸老虎东京”

1 与法国手账品牌跨万时（Quovadis）共同企划的2018年日记本“邂逅（rendez-vous）”系列。价格从左到右依次为4 536日元、3 024日元、4 104日元（不含税，下同）

2 信封本（PLIPOSTAL）中有19张不同设计的纸（3 132日元），每一张撕下来贴上邮票都可以直接邮寄

3 周计划本（Weekly schedual pad）（1 836日元），上面有时间轴，以及日语标注的星期和日期

4 这是有40个种类，共200张的贴纸集（2 808日元），可以贴在信封、瓶子上

以及利用几何图形，且每款产品都有一个主题。2018年的日记本“邂逅”的特点是布艺风加橡皮圈的封面，还有用沙漏图案构成了数字18的“沙漏（HOUR GLASS）”、以三角形为装饰的“三角（TRIANGLE）”。

这些主题大多都是从日常视角和旅途记忆中得来的灵感。克雷斯佩尔说：“墨西哥主题的那一期产品，是因为看到了当地那些民族服装、工艺刺绣、陶器、雕刻、古书等，我非常感兴趣。受这些图案的启发，我一边手绘着素描，一边开始了设计。”

这些相继诞生的图案被用在笔记本、手账本、记事簿，甚至还有钢笔、卡牌游戏中。新品发售时间迅速，这种节奏的好处在于一定会给市场带来刺激。

2

3

4

细致入微的设计，不仅存在于笔记本之中

优惠券卡包

即使倒过来
卡片也不会掉落

这是一个看起来很普通的卡包，但它很方便查看，倒过来卡片也不会掉落，使用感受非常好。打开卡包，树脂的卡位会鼓起来，卡住卡片

单触式强力文件夹

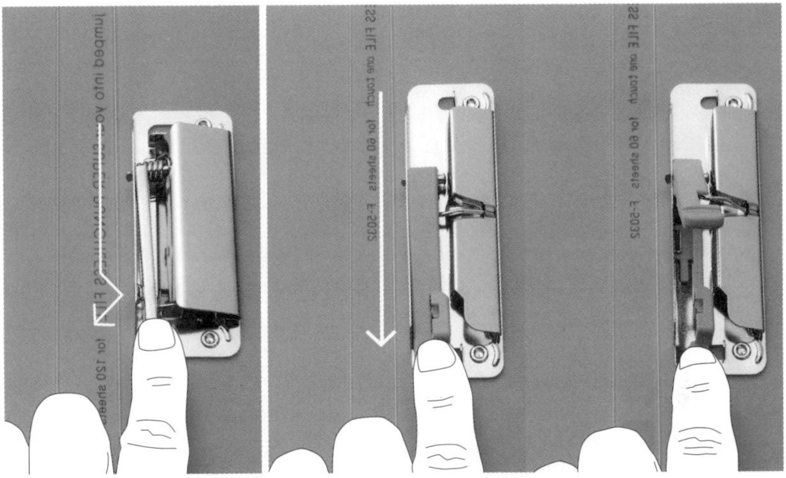

普通的文件夹需要按住压杆，左右错开才能进行开合（左侧图），而单触式强力文件夹只需要垂直按下压杆就能进行开合（右侧2图）

除此之外，喜利还推出了许多具有独特创意的文具。比如“优惠券卡包”这款产品，可以收纳那些不知不觉积攒下来的各种卡片，而且便于查看。即使把卡包底朝天，卡片也不会掉出来。打开卡包，装卡片的袋子就会鼓起来卡住卡片，这个设计十分出众。单触式强力文件夹通过垂直按压压杆，就能打开和关闭。以前的文件夹中，卡扣部分有一个压杆，所以需要轻微地左右错开才能开合，但单触式文件夹连这点微小而烦琐的动作都给省略掉了。能够做出设计如此细致入微的文具，正是源于日本人不放过任何一个微小的不便之处、认真踏实的工匠精神。

采访 太刀川英辅·NOSIGNER设计公司创始人

笔记本与系统手账合二为一的新文具

设计哲学（Designphil）旗下新品牌“普洛特（PLOTTER）”，2017年9月发售了“6孔线圈活页夹”。以这款本子为主，普洛特开始了第一次产品营销。

此次，我们采访了参与设计的NOSIGNER设计公司的创始人太刀川英辅。

「我希望设计师和客户都能理解，设计也是投资的一种。」

太刀川英辅

NOSIGNER设计公司创始人

日经设计（下称ND）：

您参与过设计哲学旗下新品牌普洛特的设计，这是您首次参与文具设计吗?

——（太刀川）是的，我2016年与设计哲学首次合作，那时候不是普洛特品牌，而是受邀参与其他产品的品牌重塑，替他们重新设计了产品包装。那一次的产品很成功，所以2017年我又加入了他们另一款系统手账本的产品重塑项目。因此，此次才能和新品牌普洛特结缘。

简介●庆应义塾大学研究生院理工学研究科结业。2006年，课程研修期间创立了建筑设计培训公司（NOSIGNER）。公司创办的理念是进行社会创意变革（设计目的是给社会带来好的转变）。太刀川英辅对建筑、平面设计、产品设计等都有着深刻的见解，是一个能整合各种技术，进行综合部署的设计战略家。同时他也是庆应义塾大学研究生院系统设计、管理学科特别聘请的副教授，荣获了多个日本国内外重要设计大奖。

1 设计哲学的普洛特品牌为享受创意工作的人才提供了展示的平台。他们有着非常棒的创意，并能提出将灵感付诸实际的方案。文具产品线是他们试水的第一批产品

2 3 4 普洛特的可换芯笔记本（Refill Memo Pad）采用了新研发的纸张，不仅考虑到了书写的流畅感，还可以平摊打开，十分注重使用体验感。它既可以当作笔记本书写，又可以把纸取下来，像系统手账本那样替换纸张。它有多个用途不同的品种，价格为453日元（不含税）

1

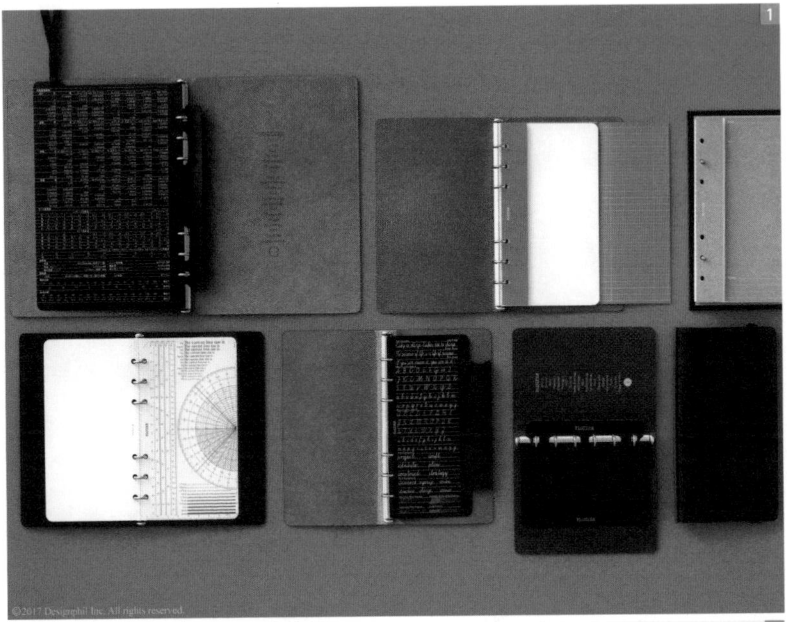

©2017 Designphil Inc. All rights reserved.

2

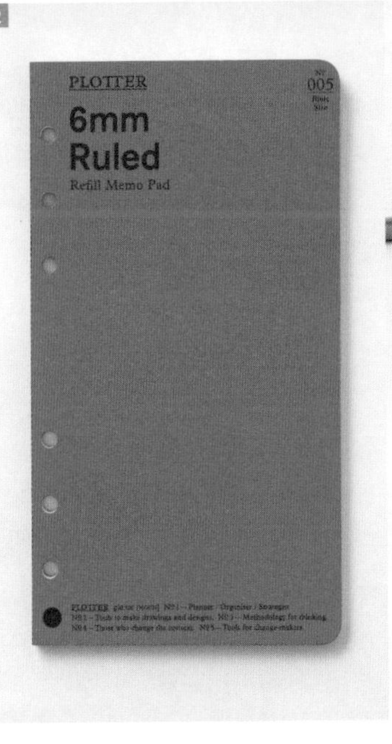

PLOTTER
005
6mm
Ruled
Refill Memo Pad

3

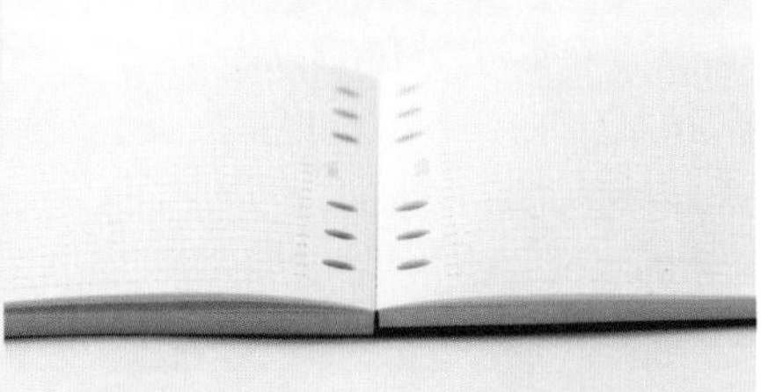

4

ND：很多文具厂商好像都不会使用公司外部的设计师。因为这些产品的价格几乎都在几百日元左右，我觉得像这次委托您这样的设计师的例子，实在很罕见。

——我与设计哲学合作的设计酬劳不是单纯的一次性支付，而是采用了一种新的合作形式。简单来说就是利润分成模式，包括我提供给他们的经营观点等，所有的酬劳都含在里面。

因此这次我们降低了一次性酬劳的占比，加上了销售额增加所对应的酬劳，两者结合就是我的所有酬劳。设计哲学有很多公司内部设计师，很少和我这样的外部设计师签订合同，我觉得这种分成支付设计费用的方式也是第一次使用。

我听说每件产品都在发售后取得了爆发式的销量提升，这不仅对我，对客户而言也是一件好事。

ND：不去重新设计现有的系统手账本，而是创立新的品牌普洛特，这样做的原因是什么呢？

——我和设计哲学的项目团队以及营业高层讨论过，同时也和店里的销售人员交谈过。我得出的结论是，如果进行产品重塑，库存积压的风险以及商店要承担的风险反而会很大，所以我认为还不如重新创建一个品牌比较好。因为用普洛特这个新品牌，可以逐渐去开拓新的消费市场，并且还能保住那些喜爱旧品牌的粉丝。

这次我在设计文具时，想到了一个比较私人的观点，那就是要从用户的生活场景这种比较宽泛的角度去捕捉设计点。

可能因为有很多文具狂热爱好者和粉丝吧，我们经常会阐述文具在功能上的精良。但仅仅宣传“我们添加了一个新功能”，那这个功能会对采用不同生活方式的人群产生什么样的影响呢，我觉得过去这些点被我们忽视了。文具是一种工具，仔细去想象文具使用者的生活场景，如果能用文具给消费者带来新的体验，才会成就更多可能。

可能在专业人士的眼中，我只是一个系统手账本的门外汉。但我是一个专业的设计师，我也有这样的自信——了解了旧文具的样式，我就能知道它的作用，继而对我的用户进行强有力的画像重塑，这样我就可以制造出更为适合市场的产品。

开发普洛特的时候，在分析现有的系统手账本过程中，我有一些“该有的东西没有”“为什么有多余的东西”这类奇怪的感觉。比如我最开始疑惑的一点就是，为什么商店里面的笔记本、手账本要和系统手账本放在不同地方呢？明明东西都差不多。

系统手账本给我的印象是更偏向于活页夹，并且每个公司的产品都很有特色。但如果只强调活页夹这一点，就无法和笔记本、手账本抗衡。因为用户更偏好的是它作为一个笔记本带给自己的愉悦体验。

ND：新的体验感是很重要。

——所以我们不应该侧重活页夹这一面，而应该好好地把重心放在纸张替换的设计上。我考虑过，要不要采取挤进笔记本市场的策略。因为比起系统手账本市场，笔记本的市场要大得多。

而在这之间充当桥梁的，就是我设计的普洛特可换芯笔记本。它既可以当成笔记本来用，又可以像系统手账本那样装订在一起。取下来之后就能替换纸张修改内容。先让用户买来当作笔记本，如果需要修改里面的内容再买活页夹就行。这就是所谓的信息剪切与复制手段。

可换芯笔记本现在是作为普洛特的办公用品发售的，今后也可能会拿到笔记本卖场去单独售卖。我们想象着那一天的到来，并且为了让它超越系统手账本的旧观念，大胆地将它改名为“6孔线圈皮质活页夹”。通过普洛特品牌，今后我也会提出更多帮助我们思考的文具创意，请大家期待。

人气商品目录：便利贴 · 笔记本

可平摊打开，便于书写 社交媒体上畅销的是A6尺寸笔记本

A6尺寸笔记本手账本　方格+横线
中村印刷所
¥ 实际售价756日元（含税）

这是在推特上引起热议的“爷爷的方格笔记本”，中村印刷所出品。由5mm的方格纸和可以记录日期的横线纸各100页组合而成。它的特点是和以前的方格本一样可以180°摊开，因此即使比较厚也可以方便地书写

1

2

3

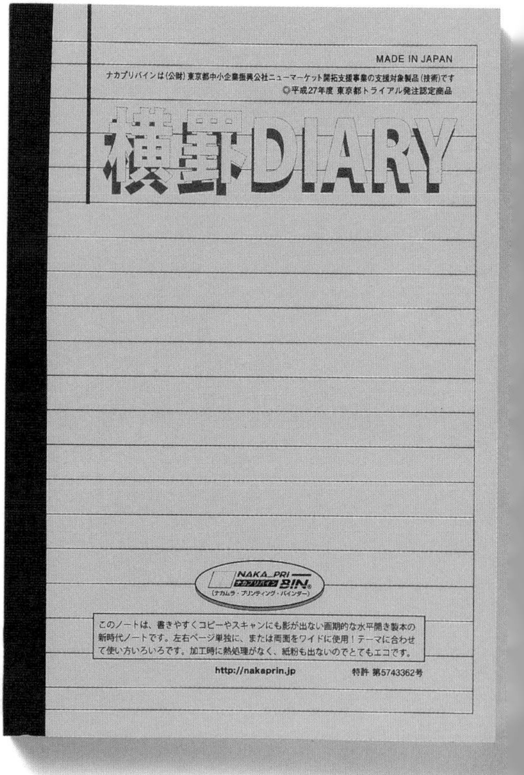

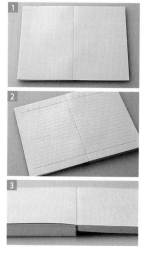

1 这是5mm的方格笔记本部分。本子是A6尺寸，摊开后可以当作A5尺寸使用
2 可以记录日期的日记本部分用的是乳白色纸张
3 笔记本可以180°平摊开。如果觉得高度不一致，可以把厚的那一侧翻过来，这样就平整了

有口袋的线圈本
可以收集票根、地图等旅行回忆

这个线圈本共有32页，每一页都是一个口袋。可以将机票、电车票等旅行回忆收纳其中，还可以写下感想，也能收纳购物小票，当作记账本使用。口袋较大，能放明信片。素色笔记本可随意使用

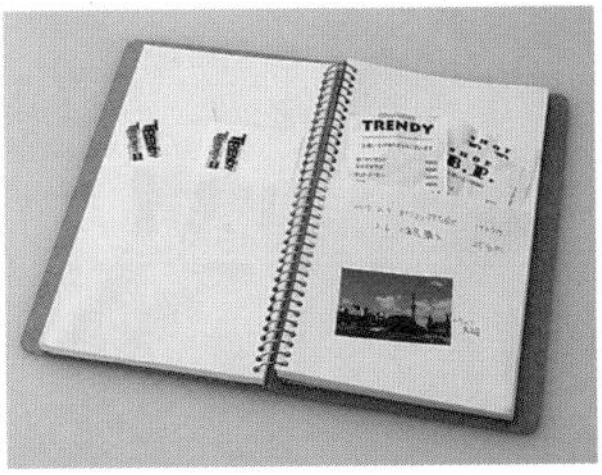

不用胶水粘贴也能收集各种信息。采用了书写顺滑的“MD纸”（MIDORI Diary Paper）

螺旋线圈本“A5窄版”
纸口袋（PAPER POCKET）
旅行者公司（TRAVELER’S COMPANY）
¥ 实际售价756日元（含税）

大幅度减轻笔记本重量
上班、上学路上更加轻松

这款笔记本使用了与造纸厂共同研发的纸张，在几乎不改变纸张厚度的前提下，重量比从前减轻了20%。5本加起来轻了大约120g，很受上学要带多个本子的学生们的欢迎，并且书写的流畅感等方面并不逊色。有便于区分书写不同大小文字的“逻辑格”，也有方格

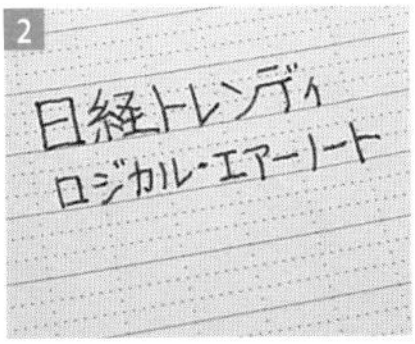

1 笔记本厚度与从前基本无变化
2 逻辑格每行被分成了3小格，可以将字写得更工整，图画得更好

点阵逻辑格笔记本（Logical Air note）
仲林
¥ 实际售价591日元（半B5、5本装含税）

同时可浏览3页多内容
折叠款特殊笔记本

手风琴笔记本

山樱（+lab）

¥ 实际售价 A5 无绑带版 486 日元

有橡胶版 702 日元，A4 版 1 296 日元（含税）

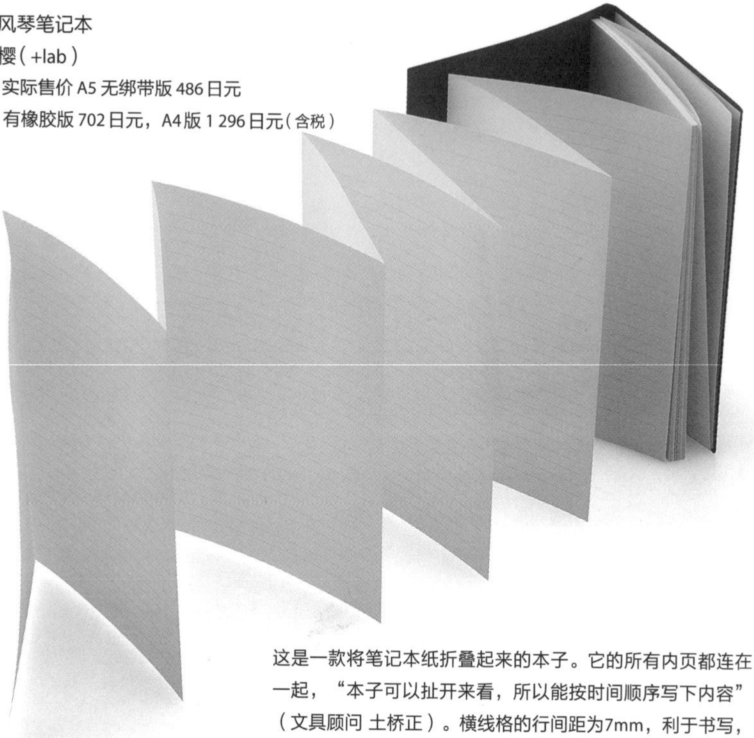

这是一款将笔记本纸折叠起来的本子。它的所有内页都连在一起，“本子可以扯开来看，所以能按时间顺序写下内容”（文具顾问 土桥正）。横线格的行间距为7mm，利于书写，不扯开笔记本纸的话，就能像普通笔记本一样书写。它适合写观察日记和成长记录

1 正常摊开，就可以像普通笔记本那样使用

2 每张纸之间为齿孔连接，可以只翻开想要的那一页

3 有A5和A4两种尺寸。总共48张，除了横线格外，还有素色版、方格版

一下解决线圈压力 “斜线圈”更利于书写

这是一款线圈在斜上方的便签本。不仅可以轻松翻页，书写的时候线圈也不会挡手。除了素色版，还有7mm 横线格和点状方格。由印刷相关企业组成的“印刷加工连”研发

斜线圈更方便翻页。封皮比较厚，所以站着也能方便地写字

斜线圈笔记本
印刷加工连
¥ 实际售价 800 日元（含税）

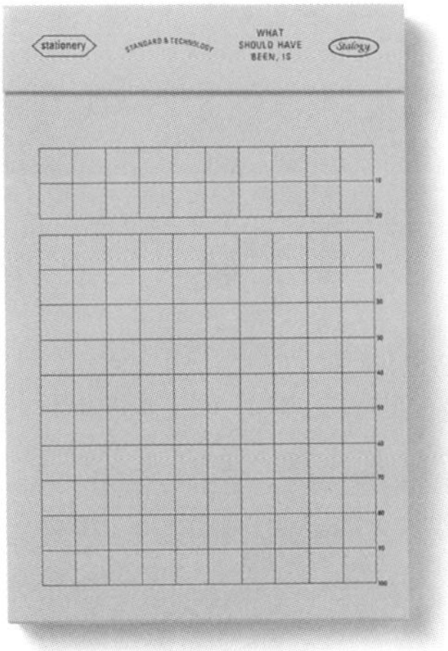

编辑便签（STALOGY EDITOR’S）
日东（Nitoms）
¥ 实际售价 486 日元（含税）

便签与笔记本结合 写完之后能粘贴的迷你笔记本

这是一款能当成便签使用的迷你笔记本。页间采用的是齿孔，所以能轻松撕开，可以把写下的东西粘在笔记本上面进行信息归纳，也可以当作留言本使用。除了磨砂材质的还有素色版、横线格版

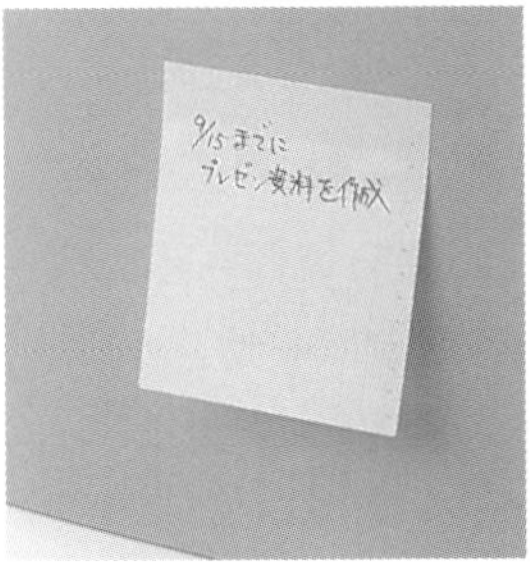

可以把它像便签一样贴在墙面等地方。这样扩大了这个笔记本的使用范围

可替换、增加内页 单手轻松开关的线圈

这种线圈是一款独立研发的可开合线圈，向内按压两侧的橙色按钮即可打开线圈。可以轻松替换和增加活页，所以很适合整理写好的信息等。轻微用力即可关闭线圈

轻轻用力线圈就能打开。把本子放进包包也不会意外地打开

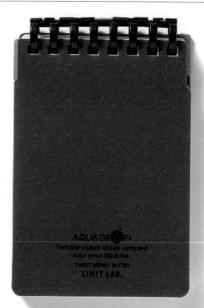

线圈本（Twistmemo）
喜利
¥ 实际售价300日元（不含税）

书写用具是文具中的基础产品。目前，不同的钢笔和笔记本功能都差不多，没什么大的变化。但受近几年文具热潮的影响，功能开始细化。现在这个时代，已成为一个根据自己的心情和爱好，来挑选适合自己的东西的时代。

中村印刷所的“A6笔记本手账 方格+横线”本子，是推特上引起热议的“爷爷的方格笔记本”的手账版。它的优点是可以水平摊开180°，摊开后用起来就像一张纸一样平整。200页中有一半是方格，剩下一半是有日期栏的横线格日记本，也可以当作日程计划表使用。

另外，还有一种可以一次性查看多页纸的本子。这就是山樱出品的“手风琴笔记本”，它是一款由纸折叠而成的笔记本。纸张折叠处是齿孔状，可以像普通笔记本一样使用。拉开笔记本，内容会按时间排列，因此对管理工作状态和记录小孩成长等十分有用。

紧凑且易于书写
轻薄型A5活页夹

这是一款站着也能轻松记录笔记的活页夹。它没有采用普通活页夹的金属材质，而是采用了从上方用树脂夹子夹住纸张的做法，其优点是薄而轻。紧凑的 A5 尺寸也很好用

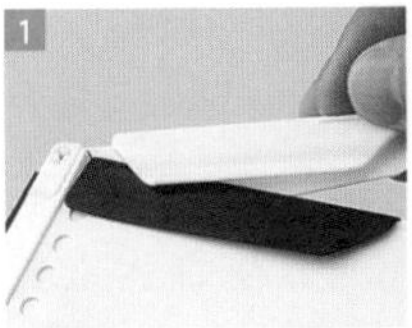

1 活页夹上方用的是双层树脂夹子，拉动夹子就能夹住活页纸

2 尽管减轻了重量，但是书写那一面很坚硬，写字等都比较方便

板夹写字板（Clipfile）
喜利
¥ 实际售价560日元（不含税）

多个口袋将笔记本整合
便于携带的连接型笔记本

这款笔记本可以将A5窄款笔记纸整合至一本。除了笔记本封面和封底内侧，笔记本中间也有透明的口袋。每个口袋里都放一个笔记本的话，最多可以收纳 3 本笔记本，更加便于携带

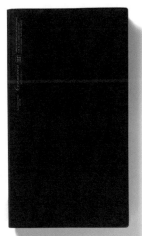

连接型笔记本
三本连接 A5 窄款
蜜蜂联合（UNITED BEES）
¥ 实际售价648日元（含税，笔记本另售）

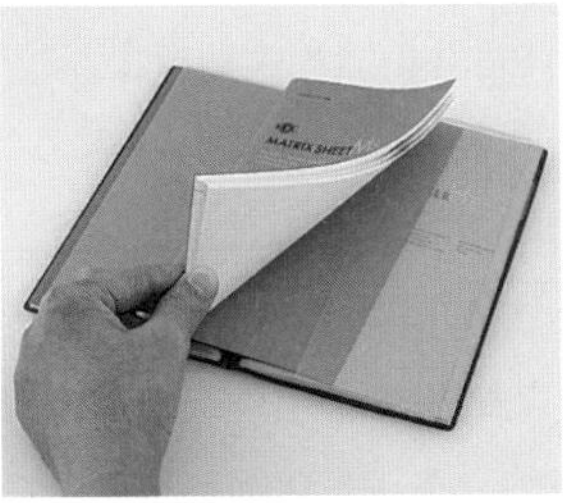

除了该公司的A5 窄款笔记本，其他的笔记本只要尺寸合适都能收纳

蜻蜓铅笔（TomBow）唯一（MONO）橡皮擦

挖掘无意识的“不方便”

在文具之中，是否也有达到功能的极限、无法再进行优化的工具呢？第一个会让人这么想的，就是橡皮擦。消费者也认为，自己并不需要橡皮擦和笔一样拥有越来越流畅的书写手感，只要它能正常地擦掉字迹，就算是发挥自己的效用了。

不过，如果去见识一下蜻蜓铅笔从2011年开始发售的新产品“唯一”系列，我们就会明白优化的空间还十分巨大。

比如2012年8月底发售的“唯一智能”，它是一款能够擦到很细小的痕迹、使用方便、用途颇多的产品。一般橡皮擦最大的功能就是擦除A/B格笔记本中的一个字，或者一行字的字迹，A/B格指的是笔记本的行距为6~7mm的格子，与此相对，最常见的橡皮擦厚度为大约1cm。想将本子上的字迹擦得很干净，就需要剧烈地擦动橡皮，这样做就会擦到线格外面去，上下两行的字迹都会被擦掉。明明只是想擦掉一行字或一个字，却有点麻烦。

不过，可以擦掉细小字迹的橡皮擦其实是存在的，不知为何却没有普及。“明明很方便，但为什么卖不掉呢？”，经过商品开发本部的仔细研究，他们想到了这些橡皮擦大多是和笔连在一起的，要把橡皮擦抽出来很麻烦，而且替换的橡皮擦还很贵。这会不会就是明明很好用，却没有普及的原因呢？因此，他们测量出既不会擦出线格，也不用花大力气就能擦除字迹的橡皮擦厚度，将唯一智能的厚度做到了5.5cm。它便于手持，拿起时手指不会遮挡视线，整体偏长，呈条状，因此十分好用。

2011年，唯一橡皮擦又发售了“唯一省力橡皮擦”，它擦起来更轻松，适合擦拭薄型的再生纸上的文字。此外，还发售了“唯一集屑橡皮擦”，这款橡皮擦出来的碎屑会粘在橡皮上，不会弄脏周围的东西。

蜻蜓铅笔公司的人说，包括唯一智能在内的所有产品创意，都来源于他们针对橡皮擦“冥思苦想那些顾客自己都没有察觉，或是并未高呼的不满”。此前，蜻蜓铅笔也卖过一些可以轻松擦拭、碎屑不散开的产品。但考虑到普及率，还考虑这些产品会不会像连体型橡轻松擦（LIGHT）和唯一省力橡皮擦（AIR TOUCH）一样，是更能节省力气的橡皮擦系列。无尘橡皮擦（NON DUST）则是集屑橡皮擦（DUST CATCH）的前身。此外，还有磨砂橡皮等依然在售

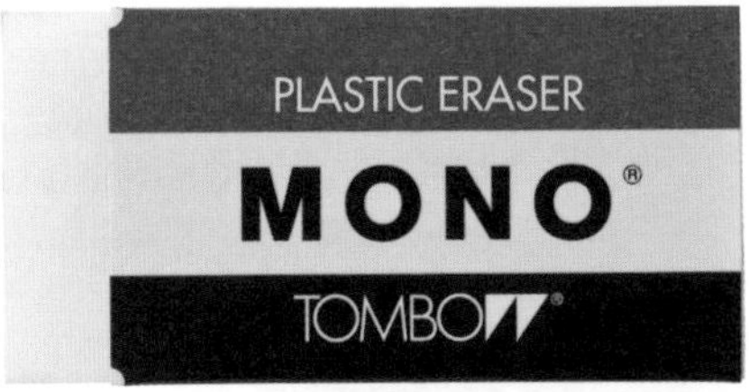

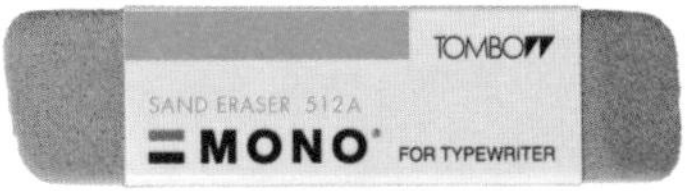

皮一样有着不足之处，如果可以省力，是否还可以做到更省力等。为了突破极限、持续革新，必须具备去人类尚无意识的领域探索的眼界。

唯一智能橡皮擦（MONO SMART）长得像口香糖。为了能让用户像购买普通功能橡皮擦一样购买这款产品，公司在价格的控制上也煞费苦心

原尺寸

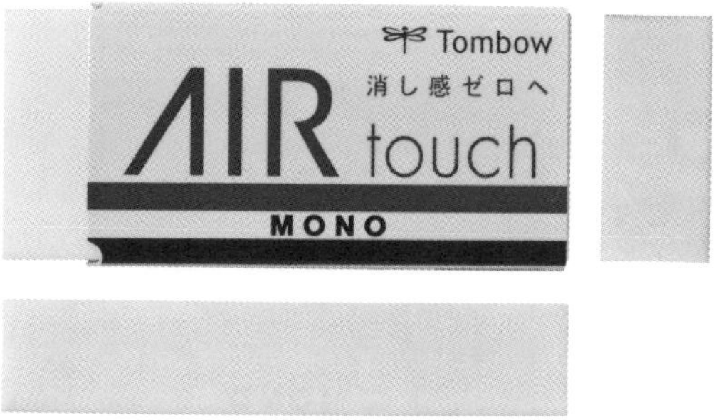

唯一省力橡皮擦（AIR TOUCH）轻轻用力就可擦拭，比这之前的橡皮擦可节省40%的力气。尺寸和普通的唯一橡皮擦一样

唯一集屑橡皮擦（MONODUST CATCH）是黑色的，目的是擦除铅笔痕迹后，碎屑的污渍不会那么明显

作为器具的适当优化

不仅要擦除字迹，还要在保持橡皮擦所有功能的基础上，立足于“更方便擦除”“更方便使用”的观点，对橡皮进行功能优化

这个尺寸用在擦除 6mm 行距的文字时，刚好和文字大小吻合。因为考虑到会把整个格子都写满字的人不多，5.5mm 的厚度刚刚合适

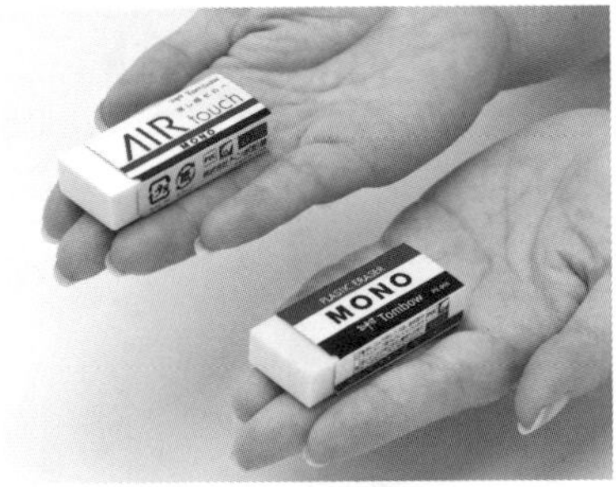

这款橡皮比普通的橡皮轻了 4g。加入特殊配方的润滑油，减轻橡皮与纸面的摩擦

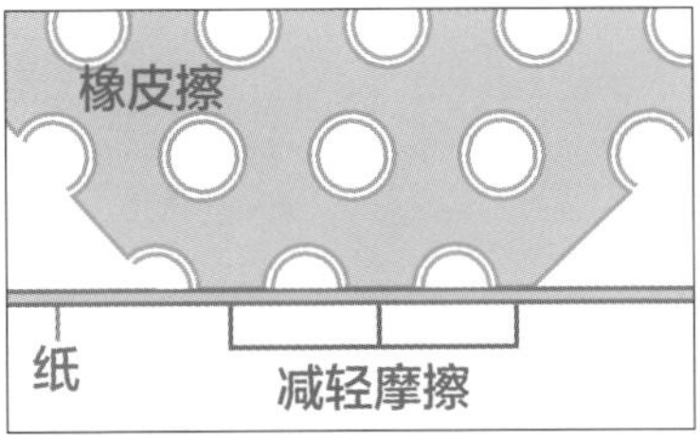

在橡皮擦中加入了 100 万颗中空胶囊，因此更省力

擦除时细长的碎屑会粘在橡皮上

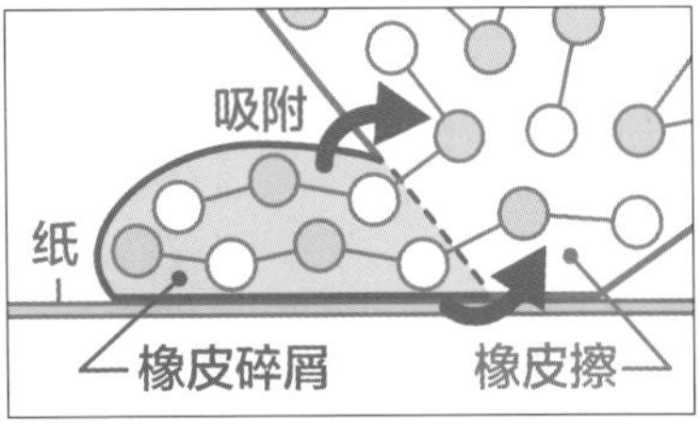

添加吸附力强的新配方聚合物，让碎屑粘在一起

日本国内首屈一指的唯一（MONO）系列产品

这是利用笔尖擦除的笔形橡皮擦——唯一极致细节（MONOZERO）。有方头与圆头两种笔头，笔尖 0.7mm，按动出芯，便于调整橡皮长度，使其不易折断

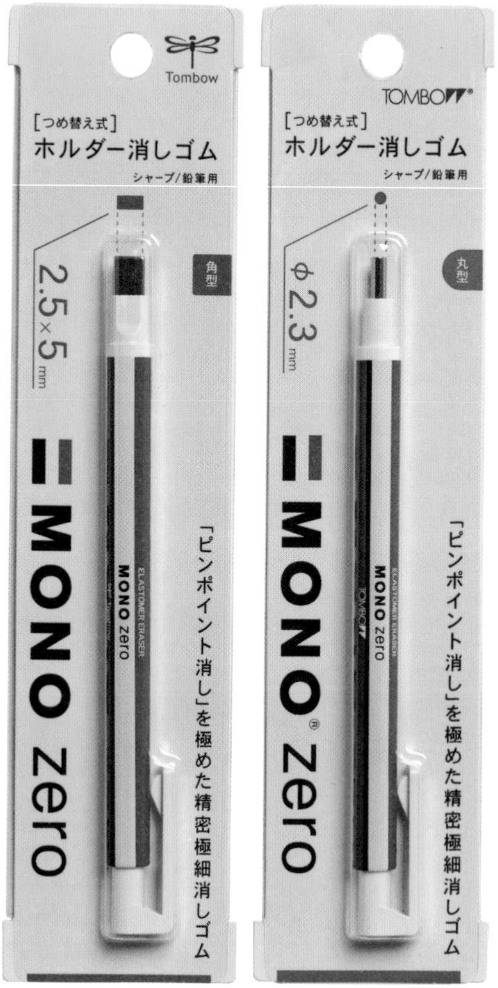

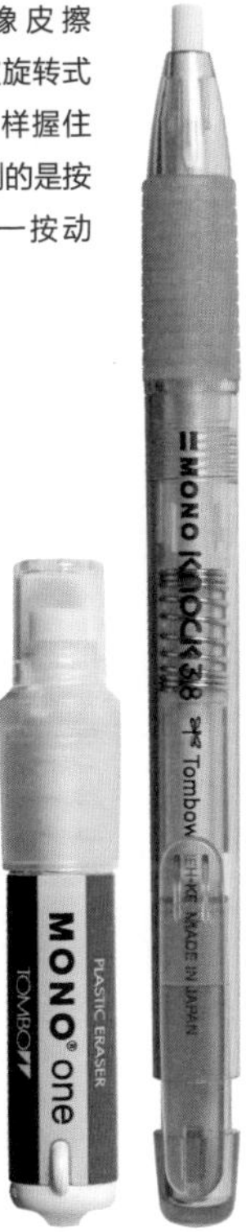

左下的唯一单字橡皮擦（MONOONE）是一款旋转式短橡皮，可以像笔一样握住使用（157日元）。右侧的是按动式笔形橡皮擦唯一按动（MONO KNOCK）

橡皮擦品类中，唯一品牌的销量是首屈一指的。在10~80岁的人群中，唯一的认知率为80%，10~20岁人群中认知率为90%，这是令人相当震惊的数字。平常我经常看到的唯一产品，大多是价格为100日元左右的功能很普通的产品。但即便是这样很普通的橡皮，它也有5种尺寸。而唯一现在共有20种产品。就拿擦除细节的橡皮来说，就有适合擦除图纸上的字迹、图案的专业橡皮等各类产品。

采访 小川晃弘·蜻蜓铅笔社长

不阻碍思考的文具

文具就好比思绪的保驾护航者

小川晃弘
蜻蜓铅笔社长

简介●1977年毕业于庆应义塾大学，1980年在达拉斯大学国际经营学取得学士学位后加入蜻蜓铅笔公司。担任过企划部产品企划课长等职，后任董事职位（企划部部长）。历任专务、副社长后，2003年成为蜻蜓铅笔的社长

日经设计（下称ND）：对贵公司而言，好的文具的定义是什么呢?

——（小川）不管怎么说都离不开使用体验感。尽管文具绝不是扮演生活主角的工具，但它能帮助我们生活，也帮助我们思考。

比如用了书写不流畅的笔，就不能好好地写字，这样人会变得很焦躁，连好不容易涌现出来的灵感都给忘了。还有那些看起来不错，实际上性能很差的文具，用了它们不仅工作效率变低下，连思考都会停止。

橡皮擦也如此。如果不能好好地擦除，就会受此限制而停止思考。我认为文具就好比思绪的保驾护航者。因此，即便是最基础的功能，也必须拥有良好的品质。

ND：您对最近的日本文具市场有什么看法呢？

——我觉得和海外市场相比，日本的市场十分特殊。包括我们公司在内，应该只有日本市场才会如此频繁地研发新产品吧。

尽管研发新产品十分辛苦，但我觉得让大家的生活更加方便，这就是我们的本职工作。“这个真的能用

吗？”让人这么想的产品是不行的。去发掘用户自己都没有察觉到的“这样的话就好啦”这一点，并将它做成实际的产品，甚至连同他们的习惯一起改变，这就是我们专业人士的工作。

为了去挖掘用户注意不到的东西，我们在研发文具的时候特别注重“对顾客进行彻底观察”这一点。观察用户行为这一点不用说，了解人类本身也是文具研发中不可欠缺的一环。

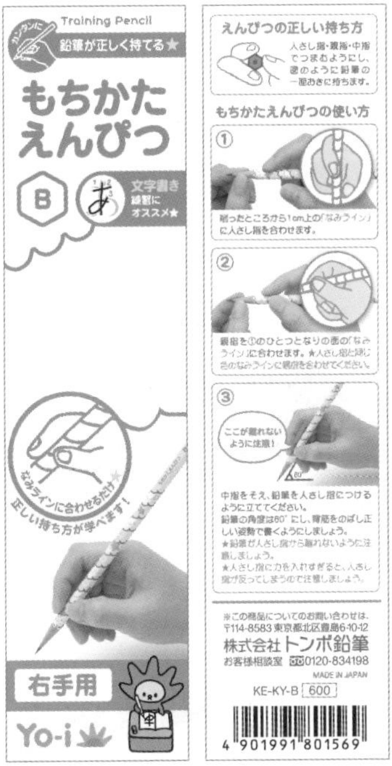

真棒（Yo-i）系列铅笔适合小学一年级学生使用，它比一般铅笔更短，笔身上有标记，用于指导学生握笔姿势

蜻蜓铅笔还有面向学童的铅笔系列。如果用翻盖式，盖子打开后会占地方，比较碍事，而且很多孩子还会碰翻盒子，所以向前一步（ippo！）系列彩色铅笔采用了推拉式的开合设计

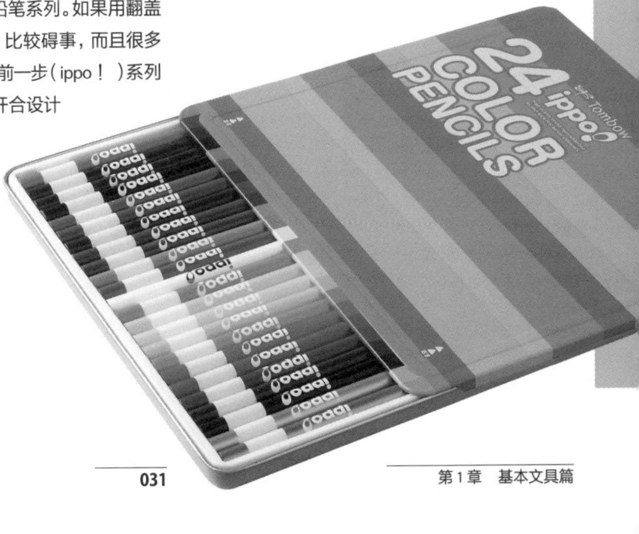

人气商品目录：橡皮擦

2.2mm超薄型笔夹式橡皮擦 可擦除细节、收纳进手账本

纤长橡皮（SLENDY+）
思达（SEED）
¥ 实际售价489日元（含税）

这是一款总厚度仅为3.2mm的笔夹式橡皮擦，它有一块平板夹子，可以夹在手账或笔记本中随身携带。橡皮擦部分厚度为2.2mm，顶端的固定器可以将橡皮牢牢固定住，不易摇晃，很方便擦除细小文字

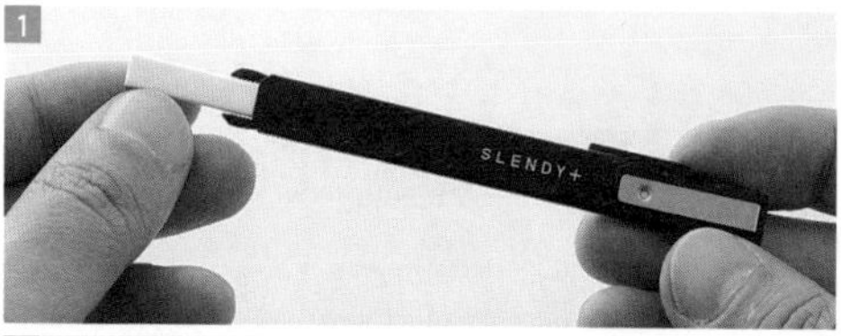

1 按动出芯
2 橡皮整体很薄，厚度为3.2mm
3 4 用夹子把橡皮夹在手账本或笔记本中，几乎察觉不到它的存在。不用特意从笔袋中取出来就能使用
5 可以擦除很细小的文字

● 橡皮相关产品

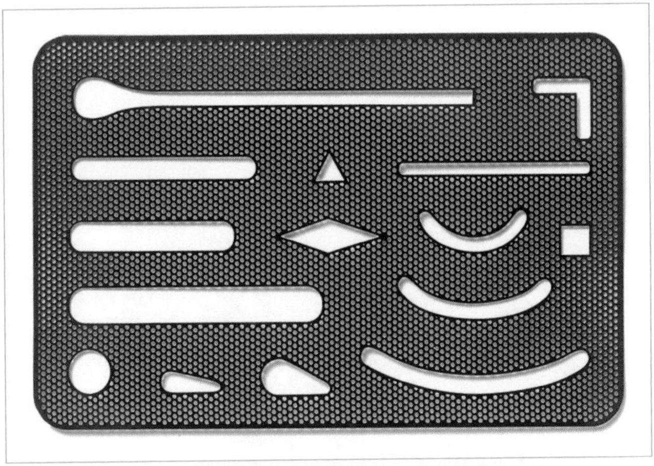

擦图网格板
施德楼（STAEDTLER）
¥实际售价300日元（不含税）

瞄准细小文字 方便记手账的“擦字板”

这是一款绘图或素描用的“擦字板”，十分适合擦除图标或手账文字等十分细小的痕迹。用橡皮沿着板子擦除，只会刚好擦掉想擦的痕迹。网状加工便于分辨擦除部位

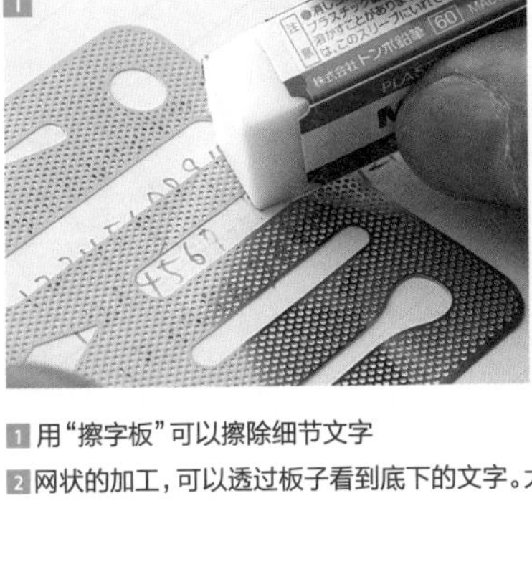

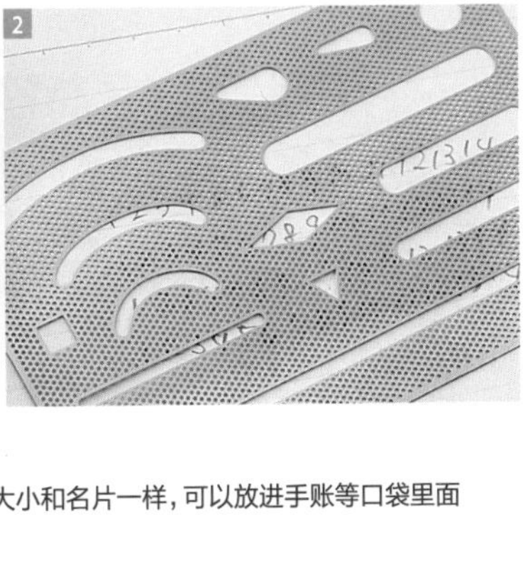

1 用“擦字板”可以擦除细节文字

2 网状的加工，可以透过板子看到底下的文字。大小和名片一样，可以放进手账等口袋里面

套在铅笔上可保护笔尖，也可擦除文字的橡皮笔套

这是一款铅笔盖型的橡皮擦，套在铅笔上可保护笔尖。盖子的顶端很窄，还有一个尖角，因此便于擦除细节。它节省了从笔袋中找橡皮的时间，设计朴素，同时也是一个能提高工作效率的工具

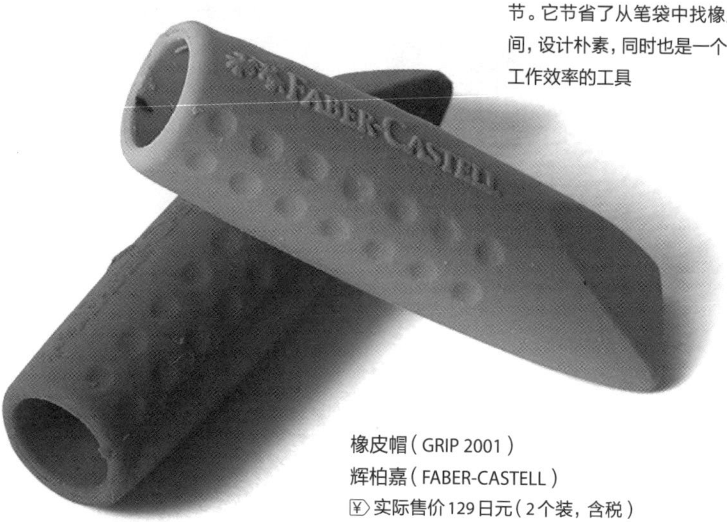

橡皮帽（GRIP 2001）
辉柏嘉（FABER-CASTELL）
¥ 实际售价129日元（2个装，含税）

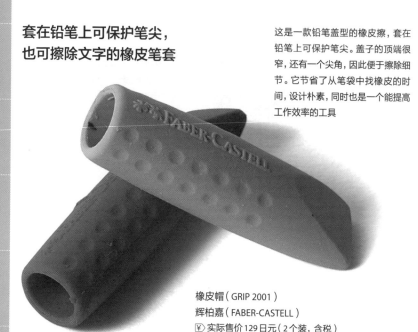

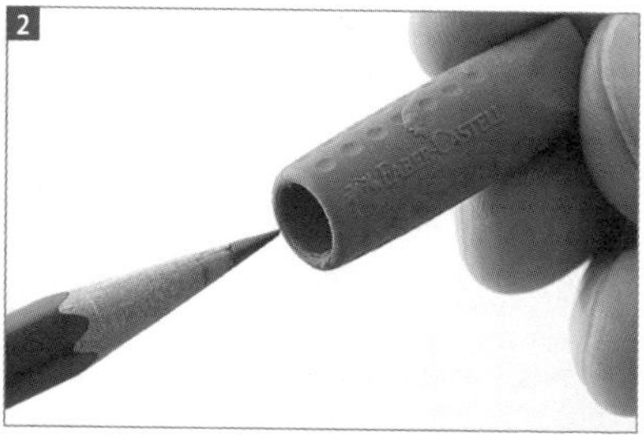

1 橡皮稍硬。用有角的那一端可以擦除细小文字

2 盖在铅笔上可以保护笔尖。套在铅笔上也能当作橡皮使用

瞄准“就那一行”擦除 毫无压力的星星橡皮擦

毫米擦小号

国誉

¥ 实际售价216日元（2个装，含税）

根据笔记本的线格大小，选择刚好合适的一面，就能防止“不小心擦到”其他地方。A线格对应的是“6mm 大小”，B 线格对应的是“5mm”“4mm”“3mm”大小，针对不同细小的部分，有5种不同对应尺寸的“角”。即使橡皮擦磨损掉了，表示尺寸的数字也不会消失。

1 随着使用，橡皮擦会磨损，但是数字不会消失

2 可以根据笔记本的行距选择不同尺寸的那一角。3mm 大小的很适合擦除手账中的小字

百乐（PILOT）笑脸钢笔（KAKUNO）

“售价1 000日元的钢笔”也能做到书写流畅

这是一只在日本国内钢笔市场中“一石激起千层浪”的笔。2013年10月，百乐公司发售了笑脸钢笔（KAKUNO㊀），售价为1 080日元（含税），比普通的钢笔还要便宜些。最初是以10岁以上初学钢笔的儿童为目标用户进行的研发和售卖，然而20多岁对钢笔感兴趣的年轻人也表示了支持，后来又广泛渗透进了各个年龄阶层。

2014年3月笑脸钢笔发售了白管、蜡笔风的粉色和黄色钢笔，一开始的年销售目标是15万支，不过2015年1月的累计销量就已达100万支。

这款产品和3 000日元档的钢笔一样，采用的是同等材质的不锈钢笔尖。握笔部位不是圆形而是流畅的三角形，这样也便于儿童更好地握笔。

将它取名为笑脸钢笔，顾名思义“我要写字”，就是为了让孩子也能愉

笔盖上设计有凹陷，方便手指轻松推开笔盖。为了控制零件数量，并未将它定位成一款“插入”口袋中的钢笔。笔身和笔盖等采用的是再生树脂。有10种不同颜色的笔盖

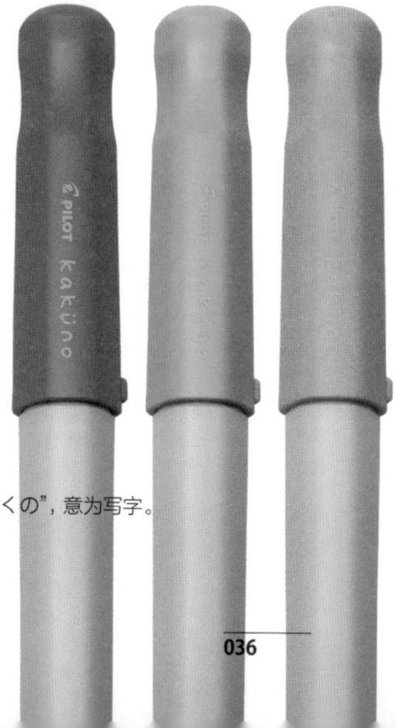

为了方便儿童区分笔尖的正反面，用激光在笔尖上刻印了眨眼（左）和微笑（右）表情

㊀ KAKUNO，来源于日语“書くの”，意为写字。

快地书写（百乐公司）。

虽然售价不高，但它的品质仍然达到了极致。其流畅的书写之感，在文具评论家以及网络用户之间口口相传、备受好评，销量据说因此急剧增长。

在计划中摸索目标用户

其实在笑脸钢笔发售5年之前，百乐公司的营业高层就提出了这样的意见："是否能研发一款1 000日元的钢笔去激活市场呢。"不过，价格低廉的钢笔要投入哪种市场，百乐公司摸索着这个问题，并未开始正式的开发。在2012年一次钢笔相关的用户调查中，受到了来自年轻人的"很酷""很帅气"的肯定，令人倍感意外。此外，儿童市场也传来了好消息，因此笑脸钢笔进入了具体的研发阶段。

2013年2月，百乐公司内部设计师进行了评选，选出了灰色、白色笔身，以及橙色、蓝色笔盖等10种颜色。

最先上市的是以男性为目标用户的灰色笔身钢笔。笑脸钢笔在销售方式上也是煞费苦心，他们并没有把钢笔装在玻璃盒子中，而是摆在店前展示，这样就能立即试用。到2014年，笑脸钢笔又开启了国外销售，势头锐不可当。

根据矢野经济研究所的统计，2014年整个书写用具的市场为943亿日元，比上一年增加了5.5%。笑脸钢笔的热卖，毫无疑问是担当起了拯救书写用品市场的要职。

笑脸钢笔的笔身不像一般钢笔那样是圆形，而是像铅笔一样的六角形，这样不易滚动

斑马护芯铅笔（DelGuard）、白金（PLATINUM）防断芯铅笔（OLEeNU）、派通不断芯铅笔（ORENZ）

拯救考生的不断芯铅笔

学习或考试中铅笔芯突然断掉，这是破坏学生注意力的一大原因。为了拯救这些学生，各个文具厂商都在激烈竞争，研发着“不断芯的自动铅笔”。

斑马于2014年11月发售的护芯铅笔（DelGuard），号称“世上首款无论用多大力气都不会断芯的自动铅笔”，足见其自信。而这其中的秘密在于一种名为护芯装置的新构造。护芯装置有两个机关，以对抗来自垂直面与侧面的力道。

如果在垂直方向施加力道，第一根弹簧会朝上推出笔芯；如果侧面受力，第二根弹簧会朝前挤出前面的笔管，保护笔芯。据说这两个部件会根据受力角度和力度自动调整、工作。

护芯铅笔（斑马）

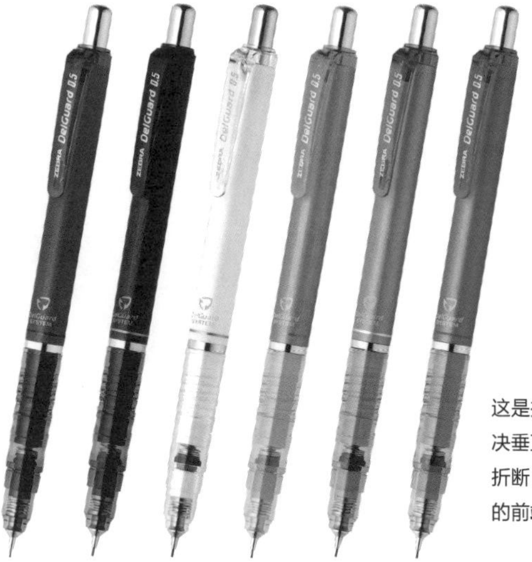

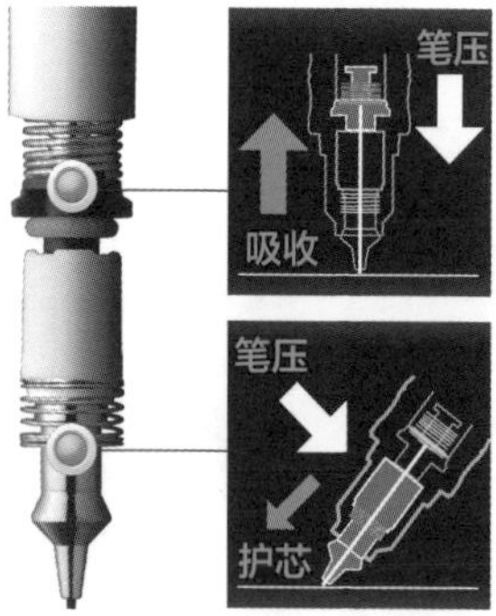

这是护芯装置的演示图。使用两根弹簧，解决垂直和侧面两个方向的受力，令笔芯不易折断。它有6种颜色，为了展现它的构造，笔的前端部分是透明的

防断芯铅笔（白金）

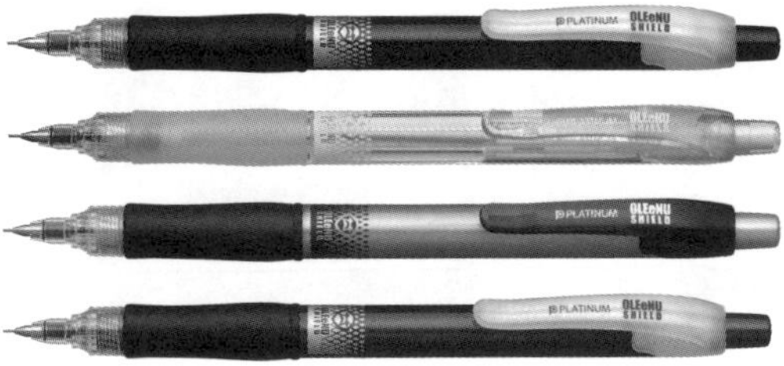

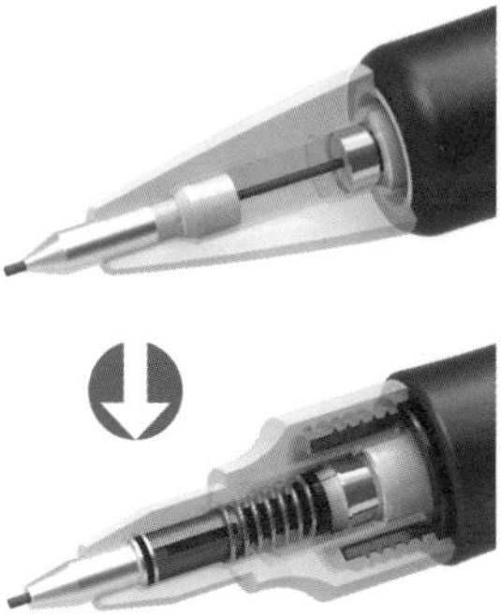

普通的自动铅笔（右上）笔尖处没有防护，这就是“断芯”和“堵塞”的原因。防断芯装置（右下）会持续保护笔芯，笔尖处有双重构造，力求掉落时也不会轻易折断

不断芯铅笔（派通）

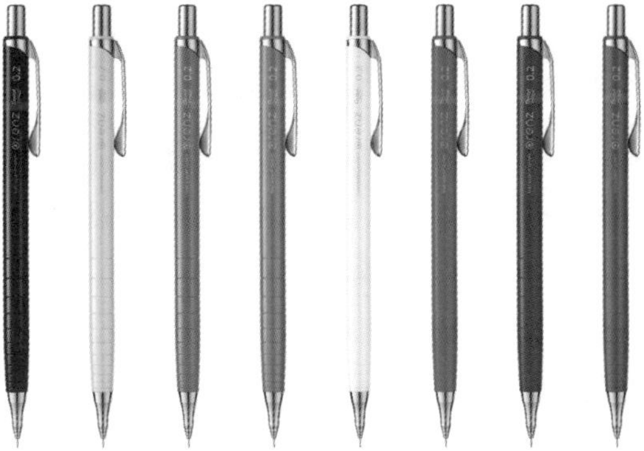

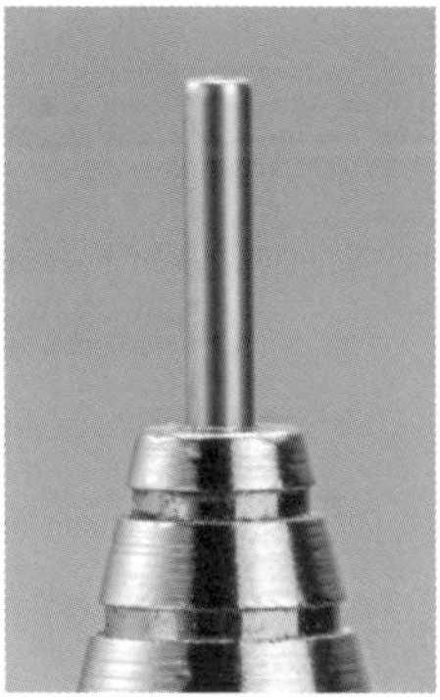

不断芯铅笔采用的是极细笔芯，按动一下，笔芯几乎不会露出来，即可书写。笔管前端外部略带圆形，即使笔芯不露出来，书写的时候也不会挂纸。它共有8种颜色

Q 为什么笔芯不露出来也能写字？

A 因为笔管的前端是圆滑的，所以不会挂住纸面

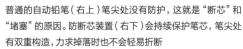

●**实验概要** 我们使用量度为1kg的称，测试了这三款产品。其中不断芯铅笔仅按压了一次，其他都按压了三次。测试角度大概为60°，在这种环境中，缓缓对笔芯施力。到877g时，普通的自动铅笔笔芯就会断掉

测试了一下！

护芯铅笔

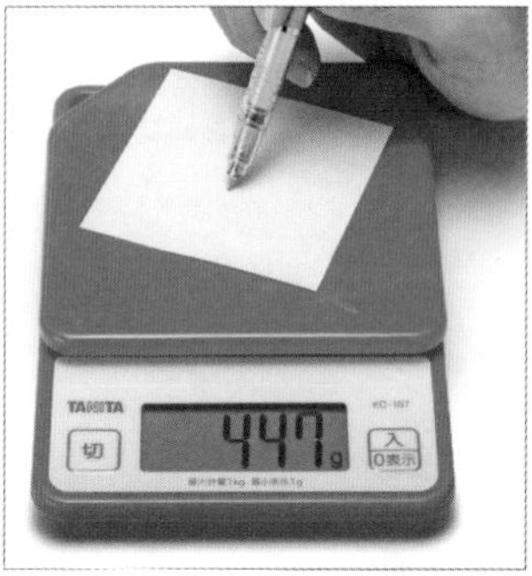

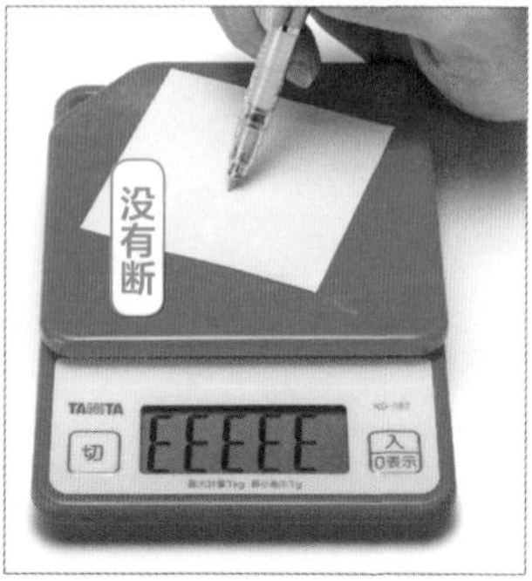

对护芯铅笔施力，在447g时笔芯的保护装置起了作用。持续施力到极限1kg，笔芯并未折断，称出现了乱码。护芯铅笔是测试的产品中最不易折断的

防断芯铅笔

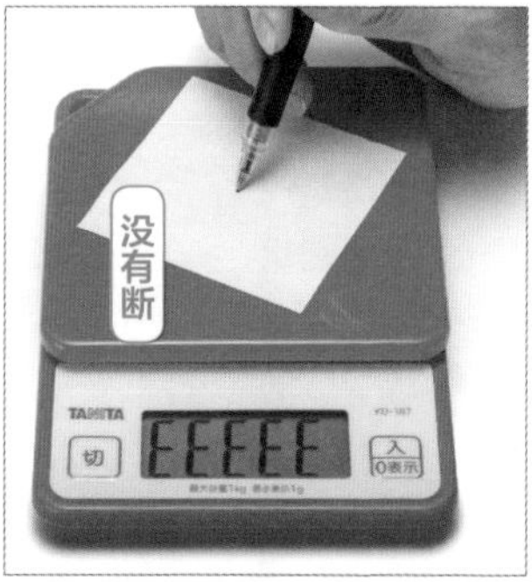

防断芯铅笔的笔芯保护装置（利用内部弹簧顶出笔芯的装置）在侧面受力时反应略微迟钝。不过直到称出现乱码也没有断芯

不断芯铅笔

因为不断芯铅笔的笔芯是0.2mm的极细笔芯，施加力量时与其说是折断倒不如说是“碎裂”。即便如此，只要在普通笔压范围内使用，基本上也不会出现这种现象

白金的防断芯铅笔（OLEeNU SHIELD）（2014年6月发售），不仅在书写时对笔芯进行保护，还力保铅笔在遇到掉落等外部撞击时不易折断。这款产品是对2009年发售的上一代防断芯（OLEeNU）的改造升级。就算从1m高的地方掉落，也能承受一般自动铅笔15倍的冲击力。

普通的自动铅笔，在其输送和固定笔芯的零件——卡扣与前端的笔管之间，笔芯是暴露在外的，这就是笔芯在铅笔内部折断、堵塞，造成"断芯"的重要原因之一。上一代"防断芯"的卡扣到笔管之间这一部分的笔芯一直被保护着，因此防止了断芯。此次的防断芯铅笔在第一代的基础上，还设计了笔尖双重保护装置，让掉落时的冲击力难以抵达笔芯。

防断芯铅笔中不仅有上下吸收垂直方向力道的装置，还保证了书写及掉落时，笔芯不易折断。

尽管派通的不断芯铅笔（ORENZ）（2014年2月发售）是0.2mm的极细笔芯，也不易断芯。其秘密就在于它的笔芯几乎不会露在笔管之外。这是因为派通将绘图铅笔中的设计移植到了普通铅笔之上。他们瞄准的是现在那些喜欢将字写得很小、保持笔记本整洁的高中生。

普通的使用肯定不会断芯

日经设计编辑部这次试用了这三款产品，并测试了它们书写时的不易断芯程度。

在实验中，我们用称测量了施加给笔芯的力道。给人感觉最不易断芯的是斑马护芯铅笔。"护芯铅笔"的笔芯保护装置响应速度很快，即便改变写字的角度或者故意试图折断，笔芯也不会断裂。其次是白金防断芯铅笔，这款铅笔也是利用弹簧向上提拉笔芯，来分散垂直方向的受力。

不过它的保护装置响应速度略逊色于护芯铅笔。另外，对派通不断芯铅笔施力到一定程度时，前面的笔管会瞬间缩回去，与其说是"断芯"，倒不如说是粉碎。

不过，平常使用时肯定不会像本次实验这样施加极端的力道。在编辑部正常使用期间，这三款铅笔都没有断芯，这一点需要备注一下。

注：测量值只是本次实验环境下的数值，仅供参考。

采访 北川一成 · 图形（GRAPH）公司董事长/首席设计师

烫金工艺的橡皮擦成为伴手礼

在东京大学生活协会商店、京都平等院的文创店中，有一款橡皮擦很受人欢迎。它因简约大气的设计，摇身一变，成为一款伴手礼。我们采访了参与制作的图形（GRAPH）公司的北川一成先生，向他询问了产品研发过程等相关问题。

文具方面我是专业人士所以什么都清楚，这种想法会阻碍我们获取新的消费者需求

北川一成

图形公司董事长/首席设计师

简介●1965年生于兵库县加西市。1987年毕业于筑波大学。1989年加入图形公司（原北川纸器印刷股份公司）。追求“无法丢弃的印刷物”技术，站在经营者和设计师双方的立场上，提出了“设计的最佳状态就是一种经营资源”的提议，得到了该地区中小企业、国外知名奢侈品品牌等众多客户的支持。出版作品《转变的价值》。和他相关的书籍有《北川一成的工作法》（枻出版社出版）、《品牌贵在坚持——受全球追捧的设计印刷厂图形公司的经营》。

日经设计（下为ND）：

橡皮擦原本只是文具，却变成了伴手礼，在东京大学生活协会商店（以下简称东大生协）里年销量达5 000个以上，在京都的宇治平等院文创店里，每个月能卖2 000个。这是一种全新的橡皮擦市场开拓方式，备受瞩目。北川先生，这款产品您是如何研发出来的呢?

——（北川）这次的所有产品都是我们自主研发的。每一款产品都召开了产品发布会，并实现了生产。

右侧书页上/这是在东京大学生协商店中售卖的原创橡皮擦。价格为500日元(不含税，下同)。橡皮护套看似有黑红两种颜色，实际上只是把包装里外翻转了而已。这是为装饰卖场花的心思之一。

右侧书页下/这是平等院的文创店中售卖的胶带与橡皮擦。胶带有两种图案，共70张。中间是齿孔，撕开就能用，价格为648日元。橡皮有4种图案，价格为324日元。

满点！の消しごこち
消しクズがまとまる
UTOKYO
The University of Tokyo
UTOKYO

The University of Tokyo
The University of Tokyo

橡皮来自文具厂思达（SEED），但从企划到设计、印刷，所有的环节我们都在参与，也负责销售。

这款产品一开始是为东京大学企划的产品。有一次我去东京大学谈工作时，顺便去了东京大学的学生协会商店。我意识到，来这里的人除了东大的学生，今后也会有考试的学生、游客。

碰巧那时思达研发了新产品，它的特点是综合了“能收集橡皮碎屑”“能轻松擦拭”这两种功能。

于是我们公司负责企划了图形 × 思达（GRA PH× SEED）系列橡皮，并于2016年开始发售。因为有了这次合作，所以后来我们参与了思达新研发的橡皮擦的营销讨论。

不过，这款橡皮擦功能十分强大，考虑到它的材料费等相关问题，如果按照普通橡皮100日元(不含税，下同）的价格来卖，那就过于便宜了。因此我们想到了在东大生协将它作为伴手礼来销售的办法。如果是伴手礼，我们觉得卖500日元也可以，于是2016年8月就开始了销售。

ND：烫金工艺十分精致。你们在发布的时候对产品价格有过建议吗?

——有的。我们采用了可以批量生产的特殊烫金工艺，目的是让消费者能直观地感受到这是一款高级橡皮擦。作为礼物来卖的话，东京大学学生协会的成员们也没有提出“价格太高”的意见，几乎直接沿用了我的方案。

橡皮的护套和橡皮完全贴合，轻轻用力就能推出。护套的折线也需要专业技术。我们不仅参与了设计和印刷，连这个也负责了。所以即便采用特殊工艺，我们也预估了制作成本。因此可以很具体地对产品价格进行建议。

ND：这个设计尽管很简约，但也很抓人眼球。

——设计不仅仅要表现设计师的想法，还应该归纳信息。重点就是设计师不要用力过度吧。

ND：2016年1月开始发售的平等院橡皮擦，价格是如何设置的呢?

——平等院的文创店里，有很多修学旅行的学生光顾。为了让他们能用有限的零花钱买到便宜的产品，我们将平等院的橡皮售价控制在了324日元。

而且，为了打造伴手礼的感觉，我们采用了日本国宝凤凰堂和云中供养菩萨等图案用烫金工艺来体现。

平等院的橡皮擦卖得特别好，所以这次我们还设计了同系列的胶带来售卖。从2017年8月开始，3个月时间内这款胶带就卖出了2 000个。

ND：为了做出热卖商品，文具厂商应该做些什么呢？

——很多人很容易囿于这样的刻板印象——“橡皮擦是非数码文具”，所以他们会想“设计复古一点就行了”。但是，我们的主要目标用户——小学生和初、高中学生，他们不会去感受文具中的复古情怀。

要了解现在的用户想要什么样的文具，首先必须意识到“我可能什么都不懂”。不仅仅是文具厂商，我认为无论什么工作都能这么说。

如果有了“我们都是专业人士，什么都懂”这样的意识，那就获取不到新的资讯和用户需求。一旦意识到“我就是这样的”，就无法同时去思考其他东西。

据说在最新的神经科学领域中，有“想象完全依赖于记忆”这样的说法。人们闪现的念头其实也是自己记忆中的东西。为了从这些念头当中提取出具有划时代意义的创意，则需要每天增加经验，将其转化为自己的记忆。

读书、与他人邂逅，乃至失败都是宝贵的记忆之一，都是创造的源泉。

咖路事务所（Carl）完美剪刀（XSCISSORS）

追求极致裁剪之感，无处不在的匠人之心

这是一种顶端略平的两段式刀身，因此刀刃更加锋利，裁剪的手感十分流畅。刀片采用了平滑的3段式曲面施工

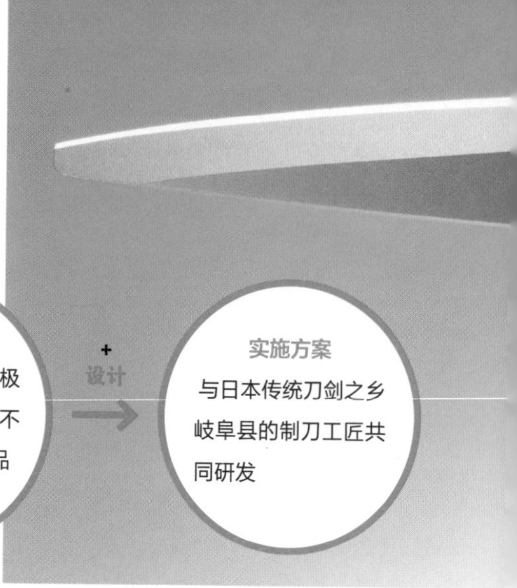

开发理念

文具剪刀也要追求极致的裁剪力，做出不同于其他公司的产品

+设计 →

实施方案

与日本传统刀剑之乡岐阜县的制刀工匠共同研发

2017年7月，东京国际展览中心（Big Sight）举行了第28届国际文具及纸制品展（ISOT）。此次展会中，咖路事务所研发的文具剪刀完美剪刀参与了评选，荣获了日本文具大奖功能部门的冠军。完美剪刀的价格为每把7 000日元（不含税），价格高昂，但其“干脆利落”的极致裁剪手感，以及尽管是一把文具剪刀却极具工业之美的设计，令其鹤立鸡群。2017年9月1日，完美剪刀在东京银座的大型文具商店伊东屋开始预售，总是一到货就迅速售罄、断货，备受消费者关注。岐阜县关市是日本著名的传统刀剑之乡，此次完美剪刀就联合了当地的制刀厂参与设计。这是一款注入了制刀匠人心血的手工剪刀，因此无法量产。

这种稀缺性，以及匠人手工制作剪刀的使用手感令人很感兴趣，使得完美剪刀成为一款人气商品。

咖路事务所是一家主营“刀类”文具、办公用品的公司，他们的主打产品有裁纸机、铅笔刀、打孔机等。办公等使用的普通文具剪刀大多售价为

300日元左右，那他们为什么要开发一款价格高达7 000日元的剪刀呢?

谈及理由，负责业务执行的开发营业部的统括部长樋口一德解释道："我们公司一直都在制造精度很高的裁纸机等器具。以前也出过普通的文具剪刀，但是我们还是想研发一款能将'剪'发挥到极致、突破极限的剪刀。"

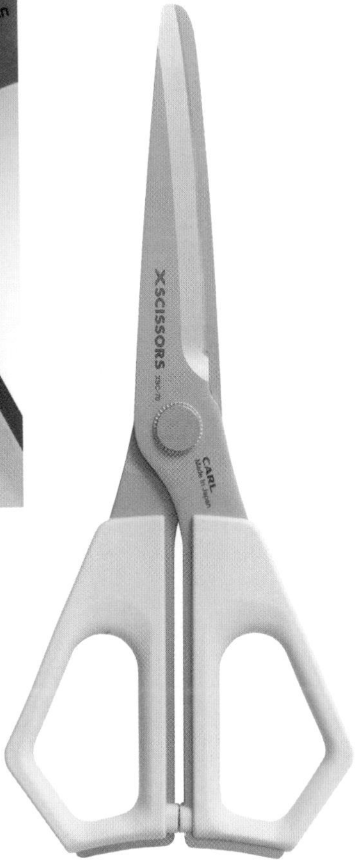

完美剪刀的握柄有黑、红、浅灰三种颜色。因其简约的造型和极具工业美的设计，获得了2017年的日本优良设计奖(Good Design Award)

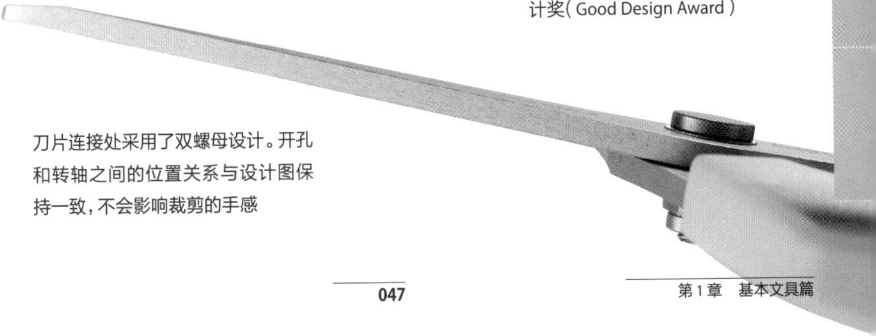

刀片连接处采用了双螺母设计。开孔和转轴之间的位置关系与设计图保持一致，不会影响裁剪的手感

完美剪刀的研发始于2016年5月。据说这次的目标是，做出一把像裁剪轻薄布料的缝纫剪那样的“‘哗’地一下伸进去，剪裁之感如丝绸般顺滑的剪刀”。之前岐阜县关市的制刀厂匠人们参与过咖路的裁纸机和铅笔刀制作，因此这次他们再度联手。

实现极致剪裁手感

完美剪刀的刀片采用了不锈钢板，厚度达3mm，是一般文具剪刀的两倍。刀片越厚，传递到剪裁横截面的力度就越大，因此两块刀片的刀尖就不会因裁剪物过厚而左右错开。而且在“刀刃打磨”的工序中，制刀工人会采用手工“湿水打磨”的技法，一把一把地打磨出顶端略平的两段式刀身。这种两段式刀身的打磨技法是打磨菜刀等产品时用的方法，它可以让刀尖更加锋利，保持良好的剪裁手感。据说普通文具剪刀中就没有这种两段式刀身。

普通文具剪刀

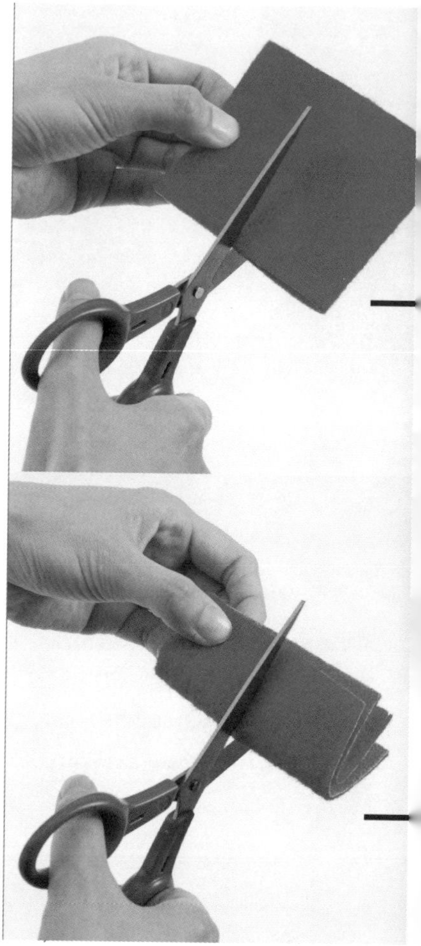

完美剪刀

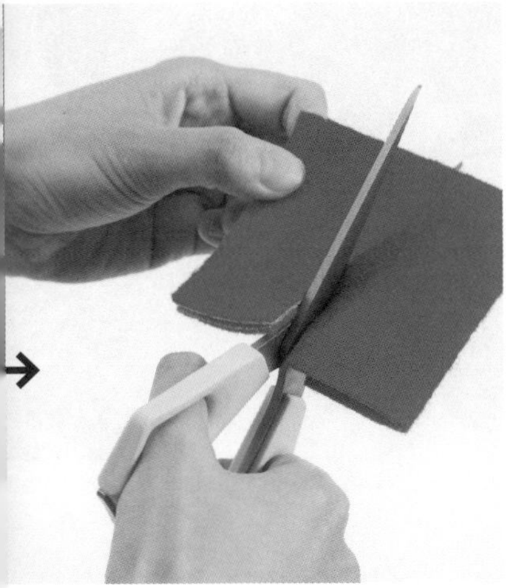

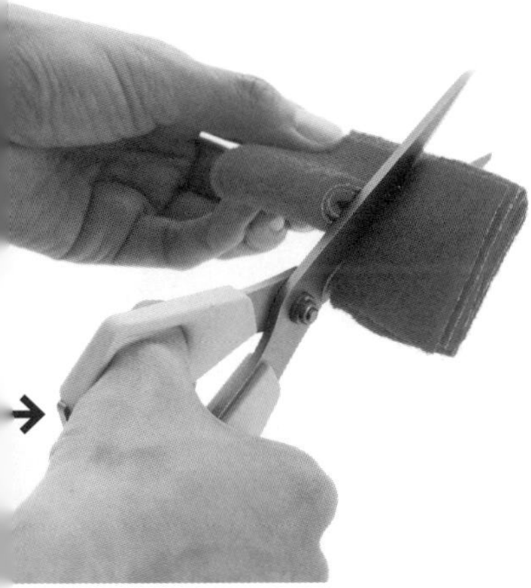

普通的文具剪刀很难裁剪毛毡制品等厚布料。如果布料再厚一些，就更加不好剪了（左）。用完美剪刀的话，普通文具剪刀很难剪的厚布料“唰”地一下就轻松剪开了（右）

而且，普通文具剪刀的不锈钢材料只做到握柄中间部分，而完美剪刀的不锈钢一直延伸到了握柄末端。这种设计可以让力道更容易传达至剪刀顶部，这样就更容易地剪开厚的材料。

在连接两块刀片的支点“加缔”工序中，采用的是双螺母连接的方式。其原因在于，如果用一般的机械压力冲压连接部位，会让刀片在使用过程中逐渐错开，影响使用。握柄部分也采用了左右对称的设计，不论是左撇子还是右撇子都能很好地使用。

制作中废掉了1 500把剪刀

在2016年样品制作阶段，刀片厚度是2.5mm。研磨工艺也不是湿水研磨，而是干法研磨，刀身也不是两段式。

此时并未收获如丝般顺畅的裁剪手感。经过不断试错，逐渐将刀身加厚到3mm，研磨方式也变成了湿水研磨，并改成了两段式刀身。刀片贴合的

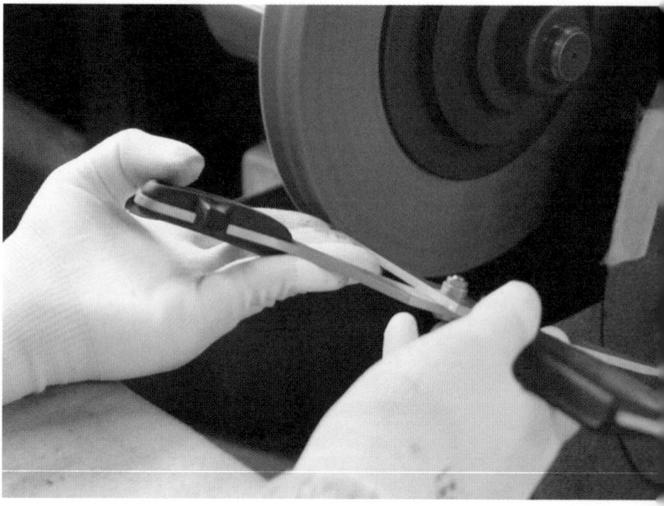

内侧部位采用湿水研磨，形成微小的圆弧状，刀片顶部也磨得更为锋利。

产品的预计发售时间定在2017年7月，2017年5月，以此为目标开始投入量产时，却一度遭遇停产。据说是因为无论如何都达不到想要的那种剪裁感觉。原本预定7月前要生产3 000把剪刀，此时已做出了1 500把成品，却全部被废弃了。

“刀的基本功能——剪切方面没有问题，但在剪细长物品时，感觉刀尖比根部受力更大，这让人不能接受。”（设计部部长福永康二）

完美剪刀的刀刃部分都采用的是R1100弧度，这就是刀尖和底部产生受力差异的原因。于是调整底部、中部和前端的R值后，开始了重新制作。

细分的话，包括检查在内完美剪刀的制造工序共有40~50道。每道工序都有工人检查修改，因此每天的产量还不到100把。即便如此，公司还是持续专注进行着生产，2018年年初开始，完美剪刀在日本各大主要文具店中开辟出了销路。

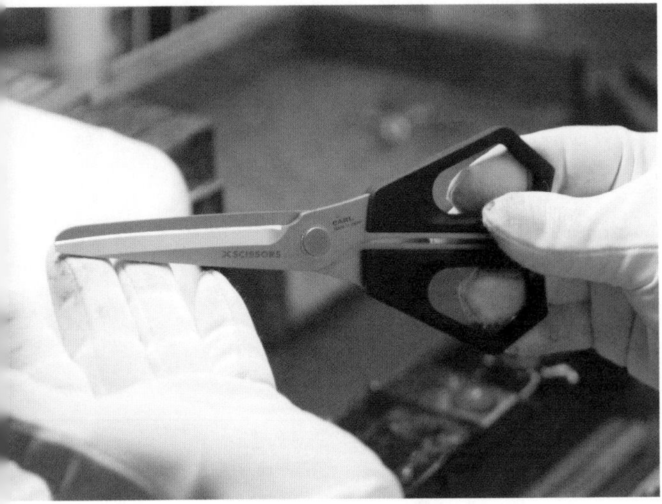

用打磨机研磨的工人（左）与检查工人（右）。完美剪刀的每一道工序几乎都由工人检查，每把剪刀都是手工制作而成的

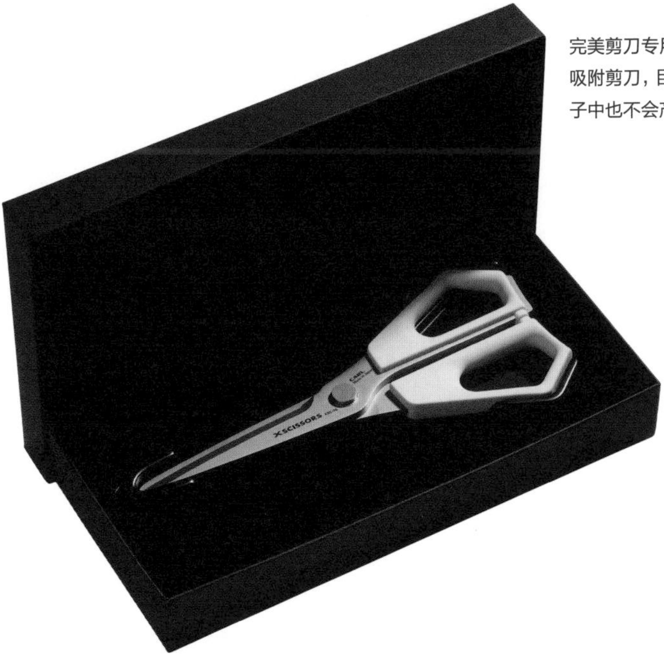

完美剪刀专用收纳盒。用磁铁吸附剪刀，目的是让剪刀在箱子中也不会产生晃动

普乐士（PLUS）弧线剪刀（fitcutCURVE）系列

销量达1 000万把，因30°弧线而生的舒适剪裁感

文具办公用品商普乐士于2012年1月发售了家庭用剪刀弧线剪刀系列产品，这款产品的人气相当高。它发挥了普乐士公司独立研发的“伯努利曲线剪”的优点——不论用剪刀底部还是刀尖，随便哪个部位都能轻松裁剪的良好品质。

不论是剪刀底部还是刀尖部位，不管从哪个地方去剪，都会自然地呈30°，这就是伯努利曲线剪刀的设计。

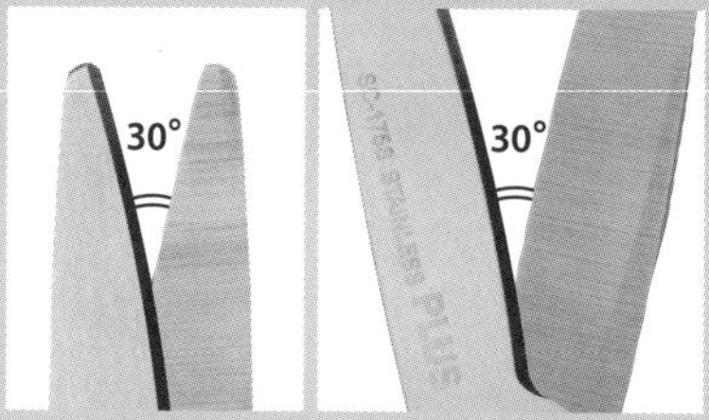

伯努利曲线剪
两块刀片呈平缓的弧形状。这个弧形保证了不论刀尖还是底部，剪裁的角度都是最为适合的30°

防磨损垫圈
这是一种保持剪裁手感的构造。为了保证连接刀片的螺丝不易磨损，添加了树脂材质。这是普乐士首创的工艺

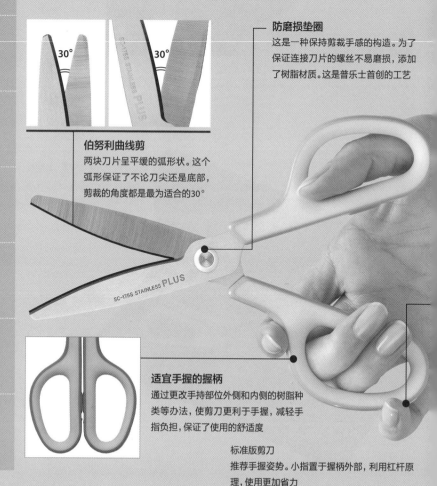

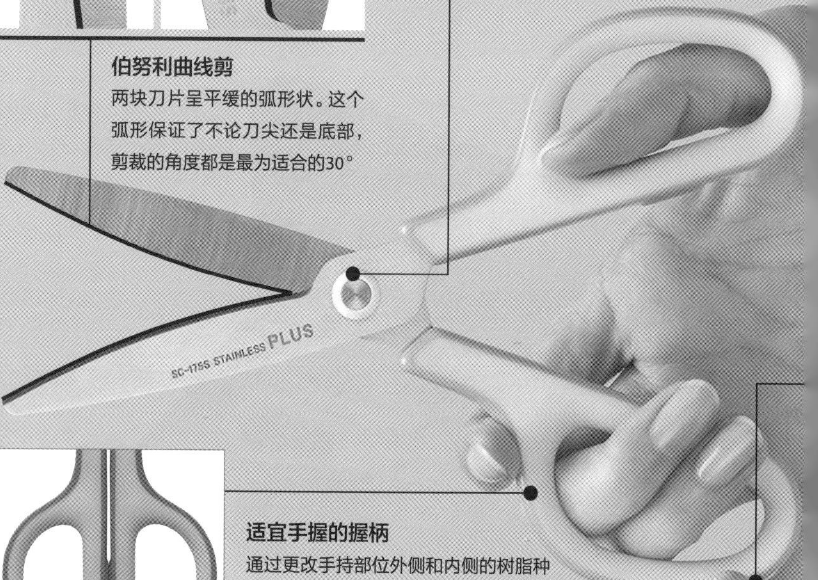

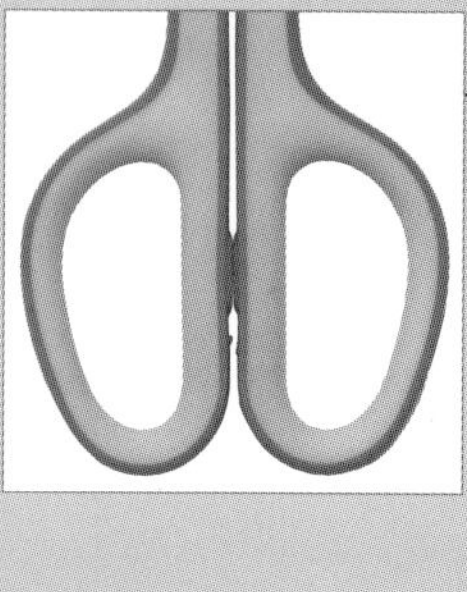

适宜手握的握柄
通过更改手持部位外侧和内侧的树脂种类等办法，使剪刀更利于手握，减轻手指负担，保证了使用的舒适度

标准版剪刀
推荐手握姿势。小指置于握柄外部，利用杠杆原理，使用更加省力

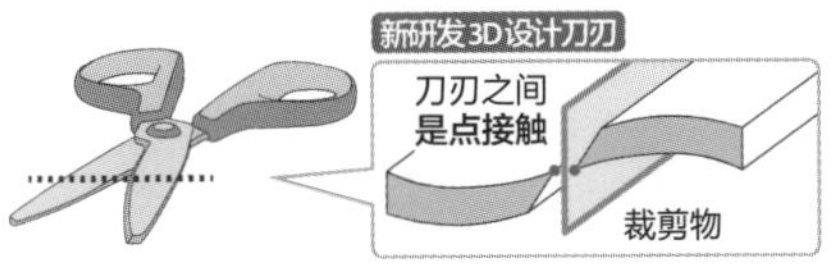

↑新研发的“3D设计刀刃”，刀刃之间为点接触

（图片提供：普乐士公司）

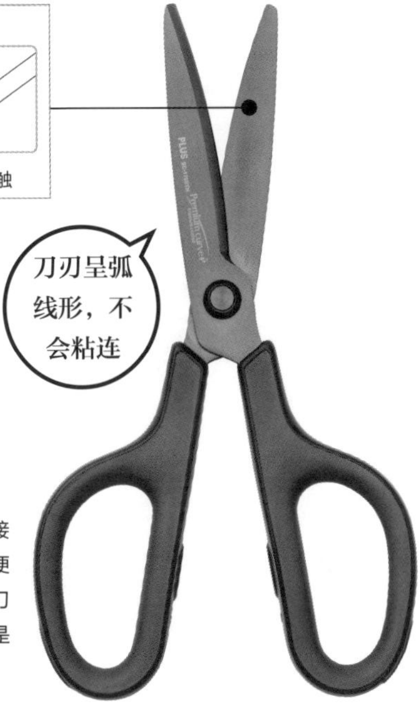

超级镀钛剪刀

普乐士团队研发出了将刀刃接触面减少到极限的构造，即便剪胶带也不会变得黏糊糊。刀刃表面采用镀钛工艺，优点是不易生锈

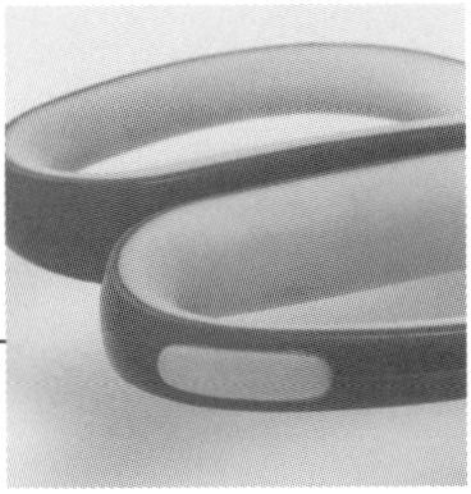

小指指托

小拇指停靠的部位采用了和握柄内部相同的弹性树脂材料。握柄两侧均有相同设计

水洗镀钛剪刀

刀片比之前的系列产品更厚。左侧的刀片改为锯齿状设计。握柄采用防水树脂材料，可以整刀水洗

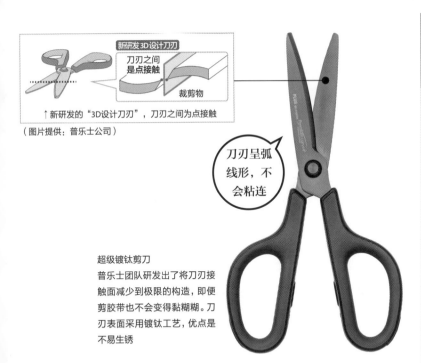

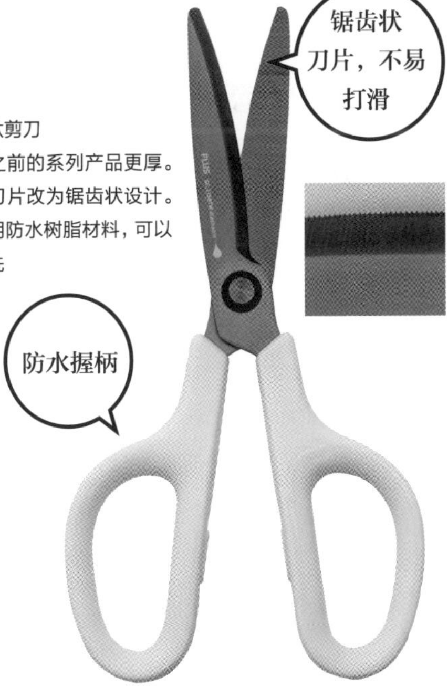

带锁装置
十分安全

单手
轻松使用

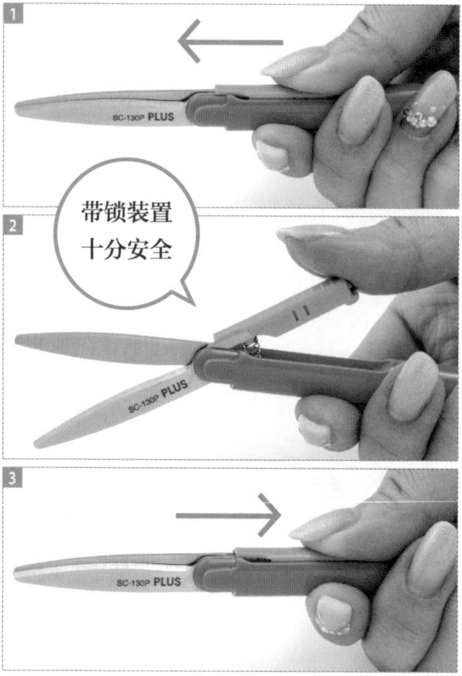

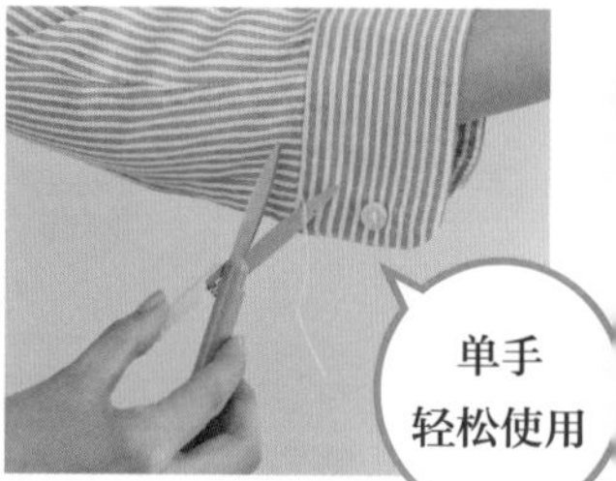

单手就能解锁，在外时也
能快速取出并使用。刀身
较长，也适合剪裁细线

体形纤细
便于携带

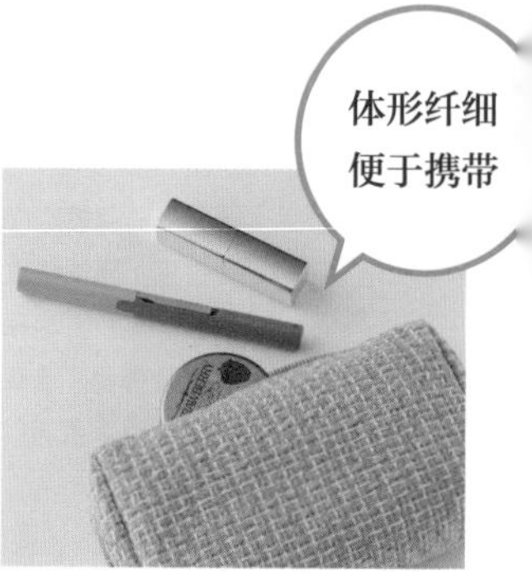

剪刀和睫毛膏一样呈管状，放进化妆
包里面也不占地方。为了让剪刀不
在包里滚动，握柄和剪刀套做成了
椭圆形

1 考虑到安全，取下套子后剪刀也是合上的。朝着箭头方向（←）滑动握柄，即可解锁

2 解锁后弹簧弹开，剪刀打开。按压握柄即可使用

3 用完后将握柄朝箭头方向（→）往回推就能锁住。就算忘记锁握柄，盖上剪刀套也能自动锁住

因为裁剪物品最为适合的角度是30°左右。

这是通过对各种软、硬材质剪裁物进行研究后，得出的最适宜剪裁的刀刃角度值。因参考了数学家伯努利的对数螺旋研究成果而得名。

除了这款产品，普乐士还相继研发出了许多符合日本对细节要求的新商品，比如剪胶带时不会产生粘连的超级镀钛剪刀，以及可以剪海藻等易滑食物的水洗镀钛剪刀等。尽管它们的售价比300日元的低价剪刀贵了一大半，但是不到1 000日元的价格还算合理，所以人气急速高涨，发售后四年间，弧线剪刀系列产品的累计销量就达到了1 000万把。

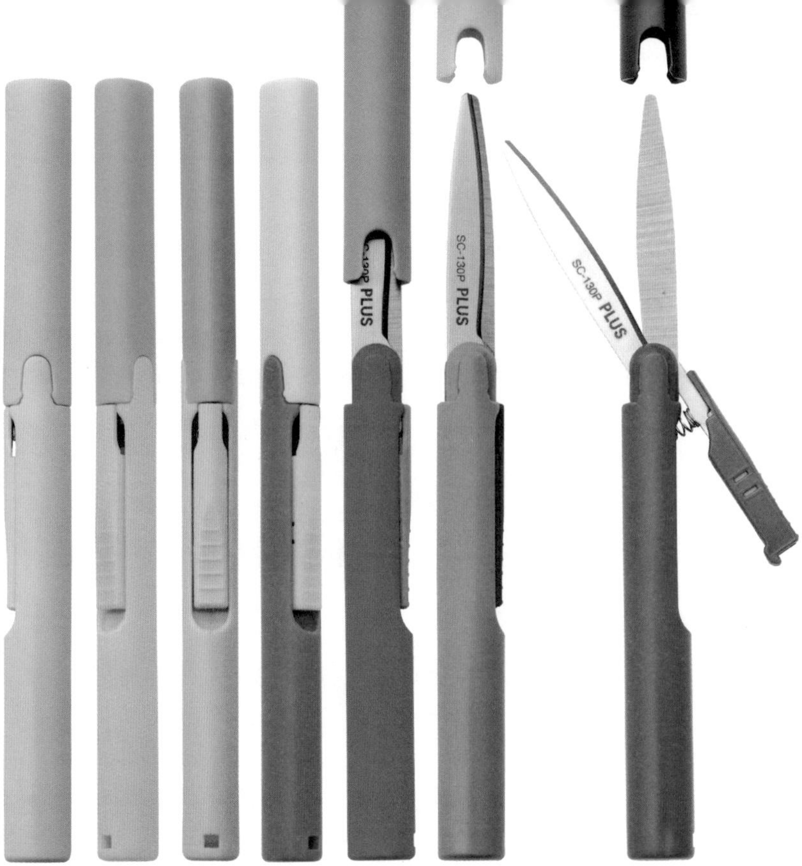

小树枝弧线剪刀有7种颜色。剪刀全长135mm，直径12mm。刀身长42mm，在便携型剪刀中属于偏长的

2015年11月，普乐士又发售了一款便携式剪刀小树枝弧线剪刀，其目标年销量是30万把。

朝着万能的便携式剪刀前进

小树枝是弧线剪刀系列的最新产品，它全长135mm，是一款纤巧型剪刀。它的名字Twiggy，译成中文为小树枝，正来源于其纤细的外观。“作为一款便携式剪刀，携带的时间比使用时间更长。好用是它的先决条件，不过我们还想办法把它做成了能利落地收进笔袋、化妆包中的尺寸。”（普乐士公司）

小树枝的研发始于两年之前。对于轻便型的剪刀市场，各个文具厂商都有涉足。普乐士公司回忆说："2011年时各个公司的产品都已很齐全。我们公司进入这个市场的时间最晚，因此我们想做出一款能解决便携式剪刀中存在的问题的产品。"

研发之时，普乐士公司对便携式剪刀做了使用调研。据调查，在1 000个调查者中，约半数女性说自己会带着剪刀出行。有3成多的人说，剪刀的主要用途是剪衣服上的线头和商品标签等"线状物"。约6成的人说会"咔嚓咔擦"地剪零食袋、折扣券等薄的塑料、纸等。基于这个调查，研发团队试用了其他公司的剪刀，发现"它们都各有长短，没有一款能满足用户所有需求的万能便携式剪刀。用了伯努利曲线剪之后，我们决定研发一款既好用又方便的功能出众的产品"。

好用与方便并存

出于对安全的考虑，即便没有盖上保护套，小树枝的刀片也是闭合的。朝刀尖的方向滑动握柄解锁，内部的弹簧展开后，刀片就打开了。这款剪刀构造简单，研发中遇到最大的难题据说是如何使弹簧带动刀片顺畅地开合，同时还要保证良好的使用感受。

剪刀的两块刀片，从底部到刀尖都朝内侧微微弯曲，这种构造称为"弯剪"，刀刃越弯曲，剪刀就越好用。不过与此同时，刀片间的摩擦会变大，因此开合需要更大的力道。

小树枝刀片的闭合靠的是大拇指的按压，而刀片的展开则全依赖于弹簧的弹力。因此，如果要追求剪刀的好用性，采用更加弯曲的刀身，就需要加大弹簧的弹力。

小树枝弧线剪刀系列产品出厂数量（累计）

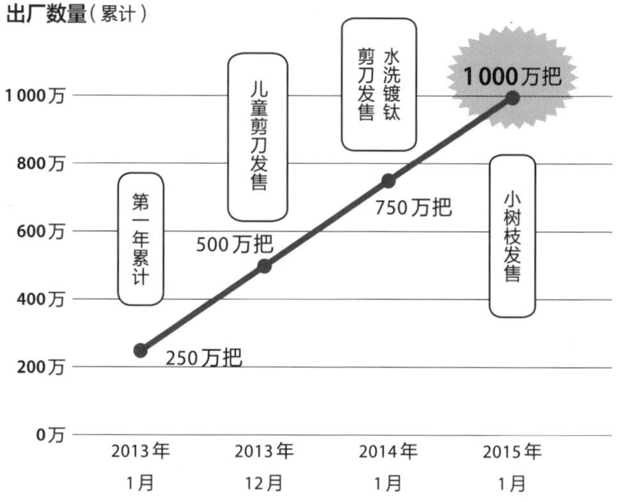

不过为了保证剪刀的便携性，从产品开发之初就有一点无法让步，那就是要将剪刀的尺寸控制在普通圆珠笔的大小之内。因此，剪刀内部的弹簧大小也是有限的。还有一点也很重要，就是要选取不易老化的材质，研发团队反复测试了弹簧片、树脂等各种各样的弹簧材料。

小树枝的保护套和剪刀使用了不同的颜色，据说这是“我们的主要目标用户是20~40岁的女性，但便携式剪刀对她们来说不过是一种爱好品。为了让无论多大年龄、无论什么性别的人群都能选择，我们选取的都是不过于花哨的颜色”。

鸡肉皮都能轻松剪开

弧线系列剪刀不仅拥有出众的使用感受，便于手持的握柄也是其魅力之一。除了小树枝与水洗镀钛剪刀，其他所有剪刀的握柄都采用了两种树脂材料，握柄内侧使用的是比较柔软的树脂。剪厚纸等东西时手指也不会痛。如此出众的握柄功能设计，据说来源于产品设计师岩崎一郎。

这款产品共有8个品种，分别是常规款剪刀、加长款剪刀、涂氟剪刀、镀钛剪刀 、超级镀钛剪刀、水洗镀钛剪刀、儿童用剪刀、小树枝剪刀。为了解决剪胶带时粘连刀片的烦恼，涂氟剪刀的表面采用了镀氟工艺。镀钛剪刀以耐用性著称，可使用50多万次。

而超级镀钛剪刀则同时拥有这两个功能，它是这个系列中最为高级的产品。它并未采用表面镀氟的方式来解决粘连问题，而是将刀片表面做成了立体的曲面，将剪刀与手之间的接触减少到了极限。用手去触摸刀片，就能感受到刀刃之中有着平缓顺滑的凹陷。

2014年发售的水洗镀钛剪刀是一款厨房专用剪刀。它的特点是握柄能防水，其中一块刀片上有细小的锯齿形，剪食材十分方便。

剪刀本身的基本构造和以前一样。只是在细节之处下了功夫，每一处零件都追求极致，品质要做到“比好更好”，这可以说是典型的日本制造精神吧。

人气商品目录：剪刀

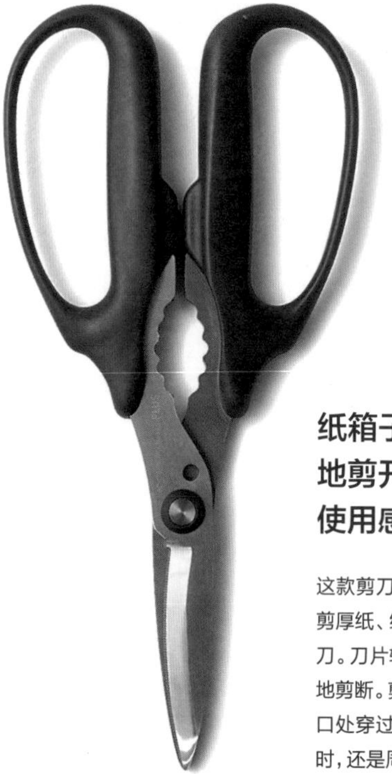

弧线剪刀万能型
普乐士
¥ 实际售价 1 450日元（含税）

纸箱子、金属、CD都能“咔嚓咔嚓”地剪开，继承弧线剪刀系列品质的使用感受，不勒手的剪刀

这款剪刀继承了大热的弧线剪刀系列优良的使用感受，能剪厚纸、纸箱子、金属板、金属丝、CD 等，是一把万能型剪刀。刀片较厚，有细密的锯齿可使物品不会滑动，可以很好地剪断。剪刀正中间有一处剪金属丝的缺口，将金属丝从缺口处穿过，捏住刀柄就能剪断。不管是处理纸箱子等垃圾时，还是周末做木工活时，都能看到它活跃的身影

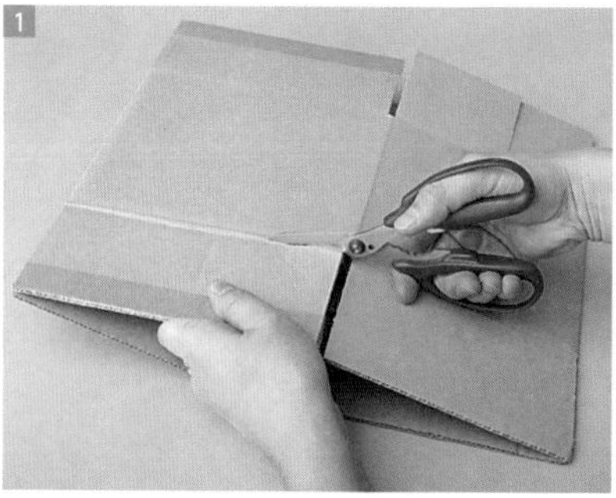

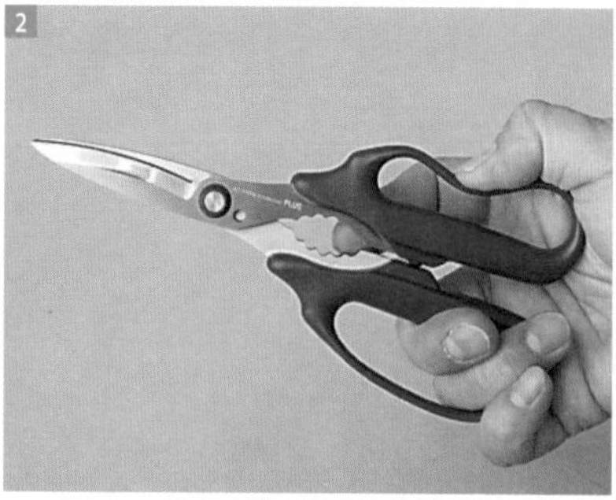

1 继承了弧线剪刀系列的伯努利曲面刀身，连纸板都能“咔嚓咔嚓”地剪开
2 握柄柔软，用久了手也不会痛

不用朝里按而是“拉开剪”，左右不对称的刀片让剪裁更加轻松

一般的剪刀需要“按下剪”，但这款剪刀的特点是，它采用了左右不对称的刀片，能“拉开剪”，拥有顺畅的剪裁手感。除了强大的功能，其简约而流畅的线条设计也是卖点之一。它是仲林公司和“制刀之乡”的岐阜县关市老店匠人共同研发的产品，有镀钛和镀氟两种镀层可选

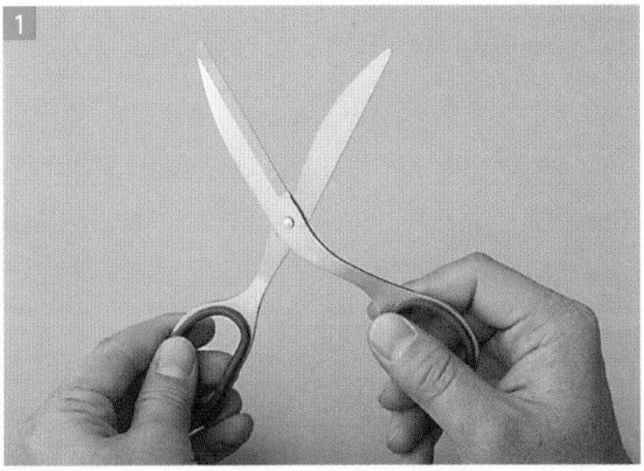

流线牵引镀钛剪刀（HIKIGIRI SLIM）
仲林
¥ 实际售价 1 380日元（含税）

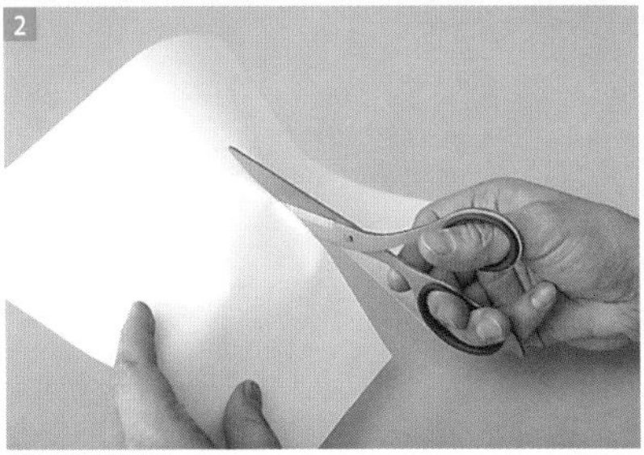

1 功能和设计美感兼具的2种刀片
2 剪裁手感完美，握柄左右不对称，十分省力

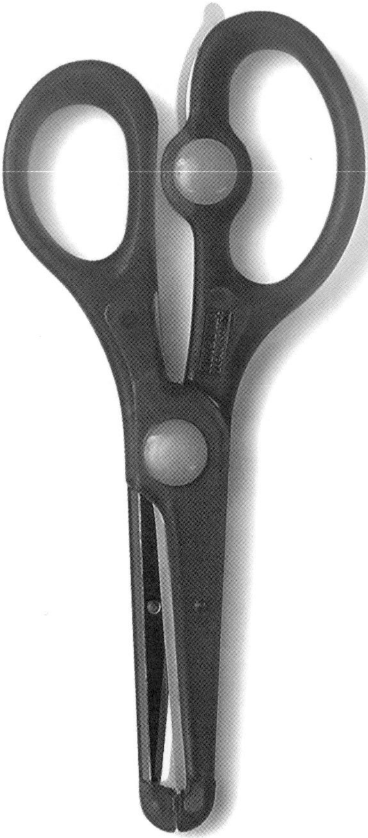

儿童安全剪
（Kutsuwa）
¥ 实际售价397日元（含税）

被刀片剪到也不会受伤，兼具安全性与实用性

这是一把将安全性做到极致的儿童专用“第一把剪刀”。刀刃不算锋利，比较平缓，用手触摸也不会割伤。除了握柄部分，刀身也被塑料覆盖，不用担心被割到。令人意外的是，这些并没有降低它的裁剪流畅感，实用性也很强

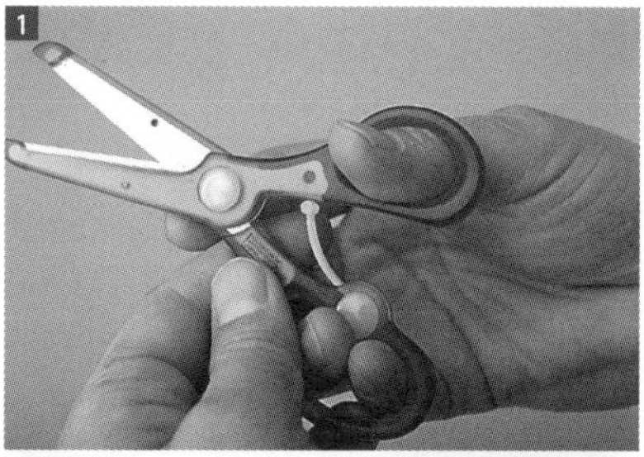

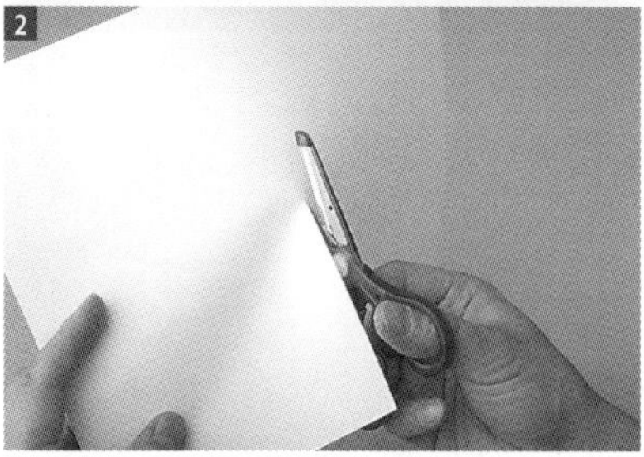

1 剪刀上有可收纳的弹片，握力小的孩子也能享受剪裁的乐趣
2 不逊色于普通剪刀的剪裁手感

剪刀与美工刀的“双刀流派”，不占地的笔管型剪刀

这是一款剪刀与超小美工刀的二合一产品。剪刀部分是涂氟的曲面刀身，剪裁之感十分流畅。背面有一把极小的美工刀，可以裁切出报纸、杂志的片段，剪开包装。它采用了笔管式设计，收纳性和便携性十分出众，可用于多种场合

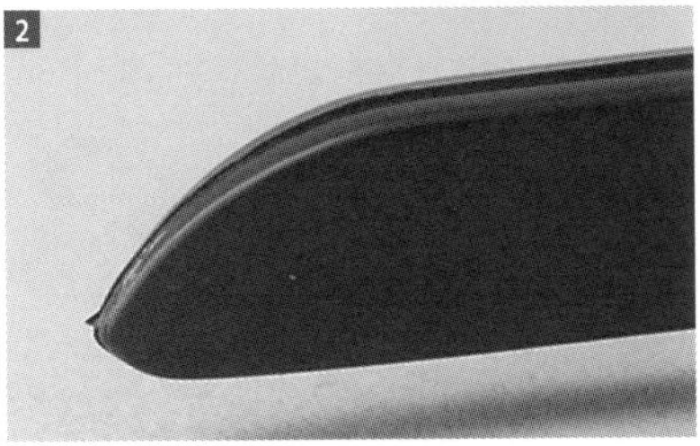

1 握柄部分适宜持握，与外观相反，曲线形的刀片十分锋利

2 尽管刀片很小，却足以裁剪报纸等物品

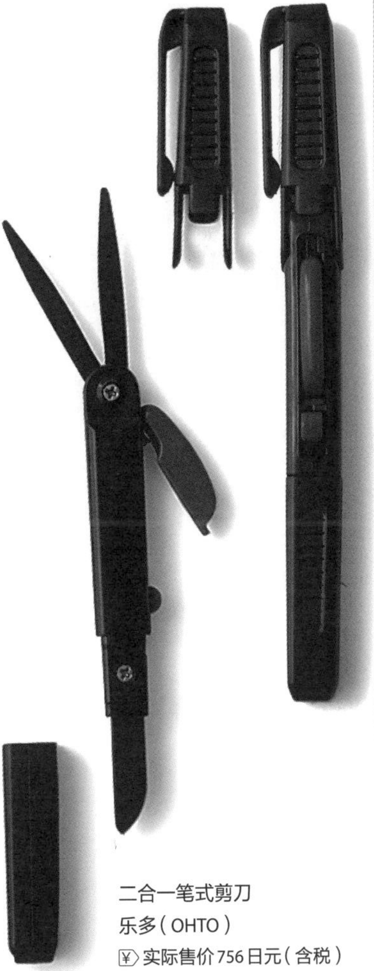

二合一笔式剪刀

乐多（OHTO）

¥ 实际售价756日元（含税）

国誉（KOKUYO）无针式订书机（Harinacs）系列

复苏“百年前技术”的日本制造工艺

通过透明孔可以看到装订部位，这也是人气的秘密

发售

2009年12月

无针式订书机（双孔型）

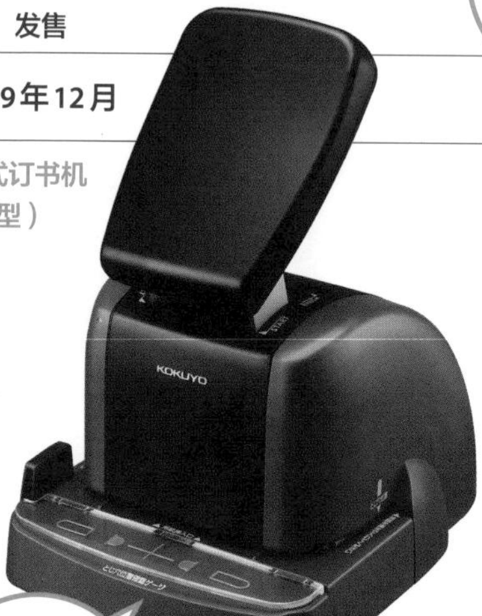

整体形状像小兔

一次可以装订 10 张打印纸，按一下手柄就能装订两个地方。同时还能给文件打孔，可收纳进2孔文件夹中

2010年7月

无针式订书机（手握式4张型）

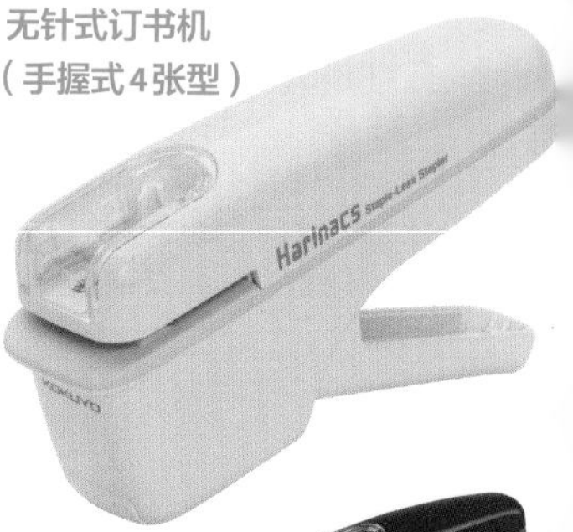

这是手握式订书机的初代版本。可以简单地装订4张打印纸。带有一个可以确认装订位置的小窗口

＊2016年1月停产

＊其他还有绿色、浅蓝色、粉色

●无针式订书机的销售数量变化（累计）

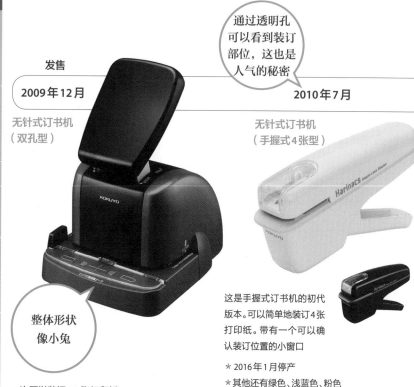

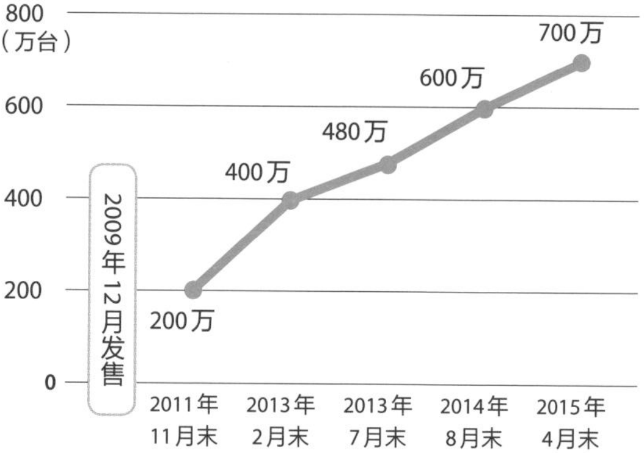

整体形状
像鲸鱼

曲线给人
柔和之感

2011年5月

2012年2月

无针式订书机（手握式8张型）

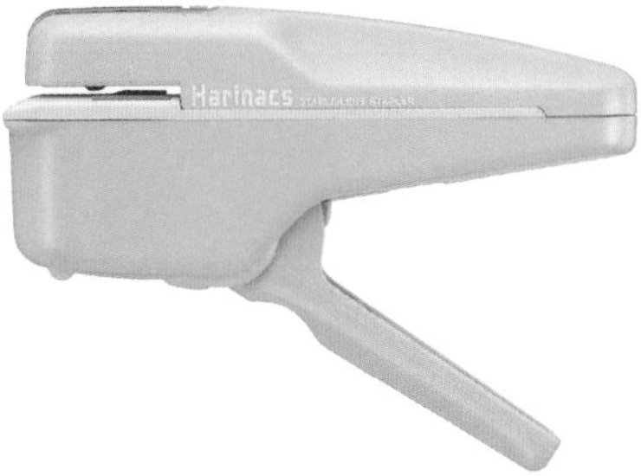

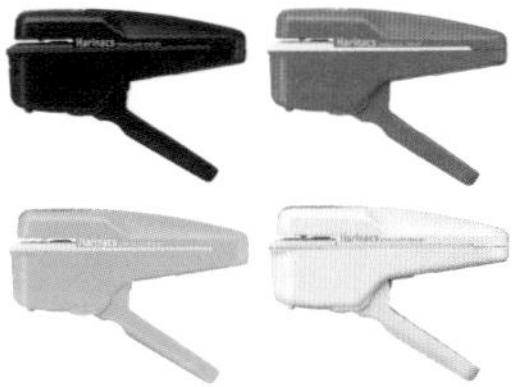

这款订书机不仅可以装订8张纸，装订孔也变成了箭头形状。采用这种构造，就算被撕扯，纸张也很难散开，提高了“装订力”

＊已停产

无针式订书机
（桌上12张型）

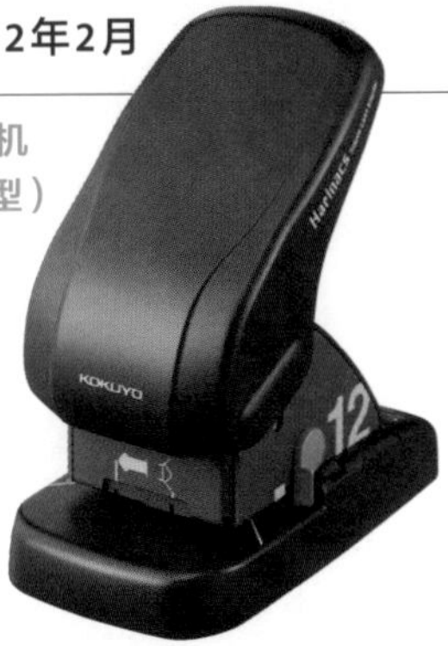

这款订书机可以装订 12 张纸，是业界最多的。因为是一孔装订，所以不会影响纸面整洁

●手握式8张版本订书机的进化过程

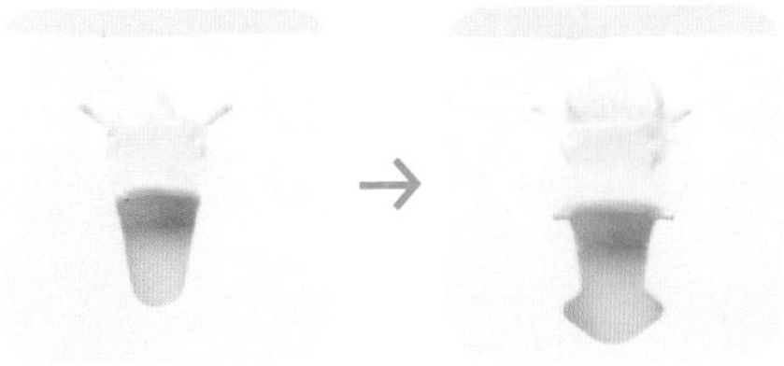

纸张的“舌头”前端变成了箭头形状，压进小孔后会被牵扯住。因此纸张装订数量翻倍了

无针式订书机于2009年12月发售，而后国誉又扩充了它的一系列产品，截至2015年4月末，无针式订书机的累计销量已达700万个，是一款大热的产品。不过，实际上无针装订纸张的技术早在100年前就存在了，这就是所谓的“绝迹技术”。无针式订书机的开发团队在已绝迹的技术之上，改良了功能与尺寸，成功地迅速普及了无针式订书机。这种坚持不懈、锐意进取的精神，正是日本制造精神的象征。

来自国誉文具事业本部创意产品事业部创意战略部的青井宏和，是产品企划改革小组的课长，也是无针式订书机的开发者。据说他想出无针式创意的契机来源于办公室的垃圾箱。在公司的垃圾箱和碎纸机前，停留着很多人，问他们原因，听说是在为垃圾分类和碎纸取订书钉。青井课长说，他自己以前也经历过领带被订书钉扯到然后散开的事件，于是才会想能不能做出一种没有针的订书机。如果没有针，那就不会混进其他东西里面，这样也能降低误吞食风险，垃圾分类等等都会变轻松，好处颇多。

青井课长认为“如果一个企划会令人很快想到诸多好处，那它就是一个好的企划”。于是他立刻请文化财产的负责人给他收集了专利相关的信息，自己也思索着不使用针装订纸张的方案。

也正是那时，他们才知道无针式订书机采用的“刀片切入纸张，将纸的‘舌头’折叠插入后，就能把纸订在一起”这个技术，早在100年前就存在专利了。青井课长的研发人员第六感告诉他：“这个技术可行，而且还有很大的改善空间。”

小小机身中有10多个专利

即便无针式订书机在100年前就存在了，除了一部分特殊用途外，它并没有被普及，这是为什么呢？这是因为它的缺点是“尺寸太大，装订能力也不强”。为了弥补这些缺点，青井课长瞄准了最基本的“刀片以及装订的构造”。这就好比是人的心脏，因为“尽管已经过去100年了，却一点进步都没有”，所以在他眼中反而改善的空间还十分巨大。

结果，这个心脏部位经过改良，装订量增加了许多，这就是无针式订书机成为大热产品的核心。

无针式订书机的构造是这样的：最初纸的“舌头”是一个I形，青井课长打算把这个形状改成H形，这样一来纸的“舌头”就能以对折的状态向下凹陷，如果是I形，凹陷的孔径太小，“舌头”太厚无法穿过，孔会开裂。相反，H形的开孔因为是对开的，孔径会更大，这样更多的“舌头”就能穿过去。而且如果开孔更容易穿过，那么装订就会更省力。

但是这个H形却遇到了一个难题。因为比起I形开孔，这个形状的刀片形状更加复杂。最开始讨论的是使用两块刀片组成H形状，但这样会增加制作成本。青井课长提出了使用金属板且无须特殊加工就能轻易制造的办法。使用H形刀片的订书钉，以及H形刀片的制造方法，荣获了2014年的“全国发明表彰”中的“发明奖”。顺便说一句，无针式订书机系列整体，总共取得了包括刀片及订书机（专利第5152232号）在内的10多个专利。

持续倾听顾客的心声

在这样的背景下，国誉于2009年12月发售了无针式订书机（双孔型），正当此时，社会对环保的关注度十分高，因此它又引发了热议。随后，2010年7月发售的小型“无针式订书机（手握式4张型）”同样也成为大热产品。

但是，日本制造者不会就此停下脚步。那之后他们也积极地回应着客户的反馈，继续不断地制作出新的改良产品。

2011年5月发售的“无针式订书机（手握式8张型）”，将纸的“舌头”前端改成了箭头形状，使用这种构造，装订的纸张将难以被扯开，且装订量是之前的两倍——达到了8张。2012年国誉又生产了一种仅有手掌大小的紧凑型订书机。2013年发售的手握式订书机，将装订10张纸变成了现实。

2014年10月发售的无针式订书机，是收到用户“不想在文件上打孔”的需求建议后，对核心技术做出重新设计的最新产品。他们并没有执着于之前的“打孔后……”的构造，而是诚恳地满足了用户的愿望，并且还高出了他们的预期。这种精神也是日本制造业所独有的风格吧。

	无针式订书机（紧凑型）	无针式订书机（手握式10张型）
发售	2012年2月	2013年9月

手掌大小，可装订5张纸

经过再次改良，可装订10张纸

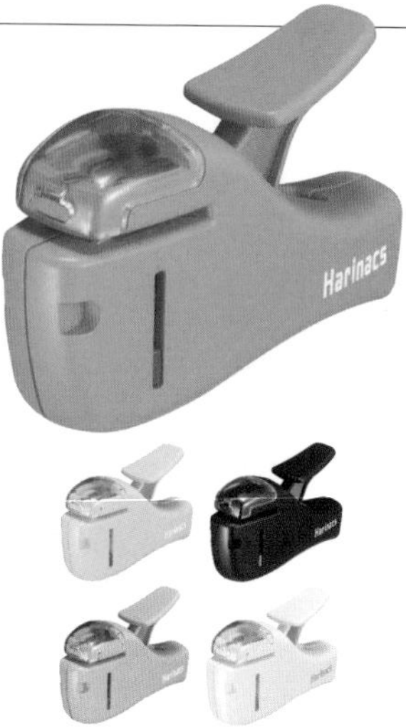

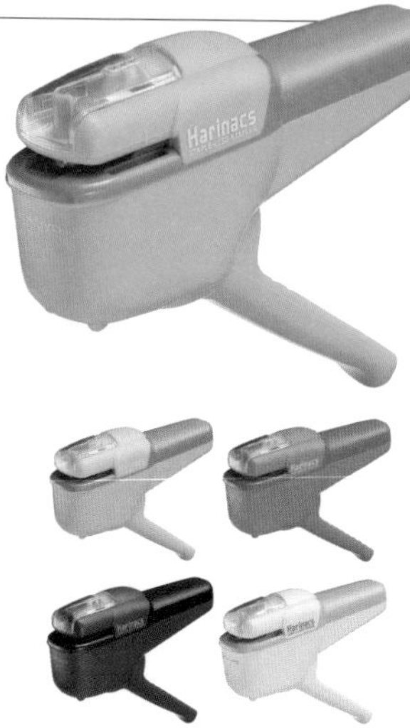

紧凑型订书机的尺寸和手掌差不多。这让女性更易于手持，尽管尺寸小，也能装订5张纸

*已停产

倾听了用户心声后，国誉将装订10张纸变成了可能。而且比起8张纸版本的订书机，它的体型缩小了15%。握柄部分的形状经过改良，更便于操作

获得“发明奖”的刀片！这是日本独有的“改善”精髓所在

●装订原理

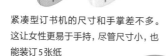

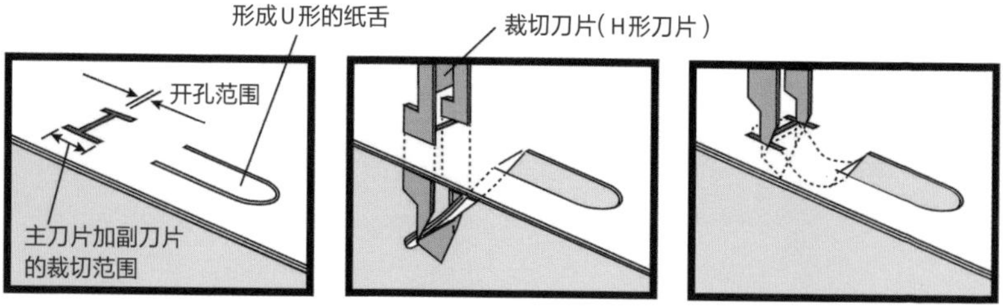

①按压握柄后，H形和U形的刀片将分别切入纸中

②切入的同时，U形的纸片穿过刀孔

③握柄回到原处时，U形纸片被牵引至纸面之上

*为方便示例，上图省略了刀片

用约200kg的压力压着纸张

无针式订书机
压纹订书机

2014年10月

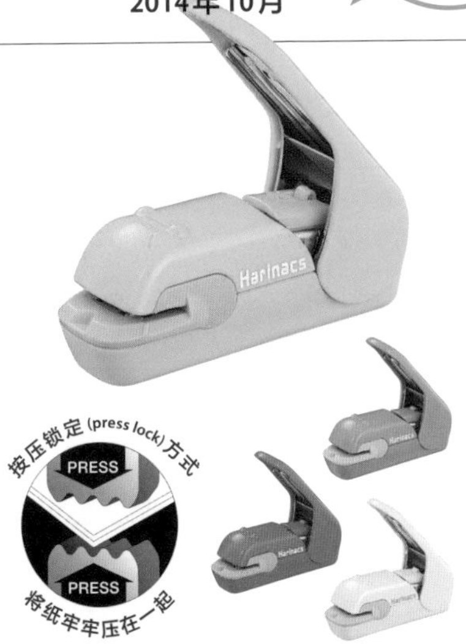

这款订书机采用了不打孔的压纹装订方式。金属刀刃对纸张施加巨大的压力，纸张即可压着在一起。可以装订5张纸

无针式订书机
紧凑型 α

2015年9月

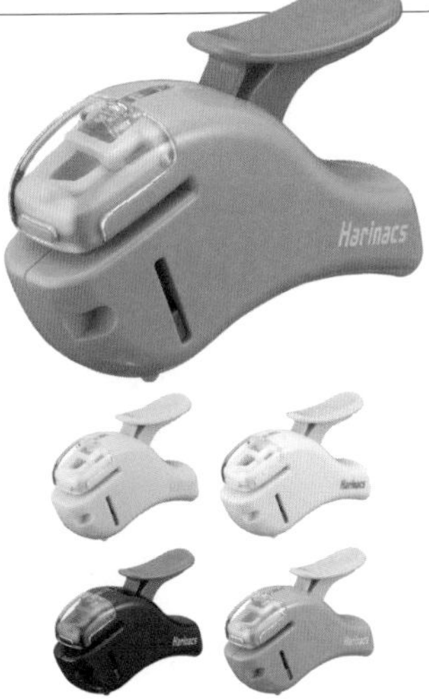

装订时手的负荷（冲击力）减小 20%，轻轻松松装订文件

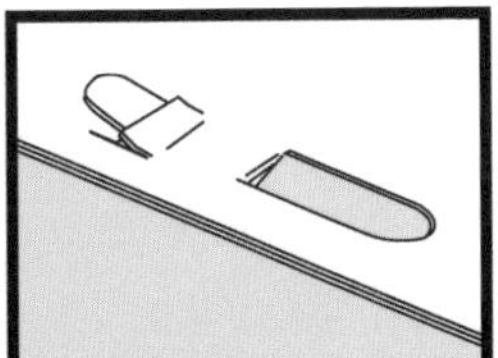

④裁切下来的纸如图所示被折进去，纸张就订在一起了

●刀片的制作方法

无须特殊工艺，使用一块金属薄片，就能简单做出刀片

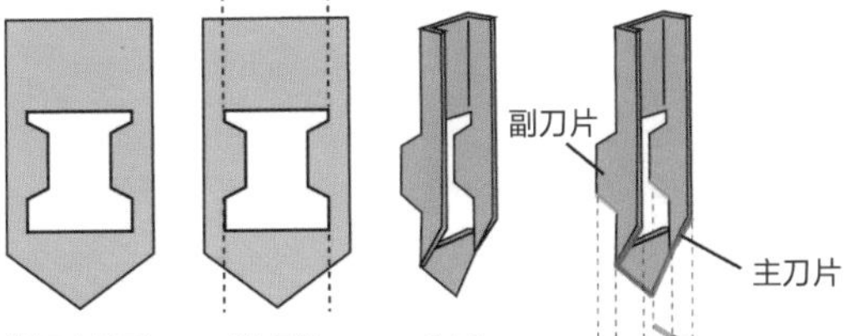

裁切出外形　　沿虚线部分内折　　完成

蜻蜓铅笔（TomBow）公司唯一人体工学（MONO ergo）修正带

利用3D打印达到“手工制作”的柔软感

2013年3月蜻蜓铅笔公司发售了唯一人体工学修正带，它的形状贴合了人体手部曲线，就像河滩上被磨平棱角的石头一样，令人忍不住想要伸手触摸。其特征是外观设计柔和，便于涂开，让人自然而然就能掌握正确的握法。

据蜻蜓铅笔公司说，他们在日本国内修正带市场中的行业老大地位，已维持了10多年之久。不过问题在于，目前的市场已经非常成熟，“现在消费者对修正带的认知基本上是100%”。为了在这个乍看上去已经饱和的市场中继续成长，他们需要“先行一招”。因此，蜻蜓铅笔公司瞄准了那些“使用中途修正带就断裂，因为不会用就对它敬而远之的用户群”。如果能让他们战胜自己不擅长使用修正带的意识，那这个市场肯定还有继续扩大的空间。就这样，蜻蜓铅笔公司开始了唯一人体工学的设计研发。

非数字化+数字化

这款产品的设计目的，就是追求修正带的极度实用性。它的设计诞生也是一个极其“非数字化”的过程。共同参与研发的金泽大学柴田克之教授和蜻蜓铅笔公司的设计师用发泡塑料手工刨出了修正带的整体形状，在此基础上制作了样品，进行用户测试。然后再根据测试的结果，继续手工刨刮发泡塑料的形状。这种以人的感受为重点的设计过程，毫无数字化介入的余地。不过在这个过程中还有一样东西不可欠缺，那就是3D打印机。

利用发泡塑料可以在一定程度上做出产品形状，但若要用它进行精确的实验，还是有所欠缺。在实验中，表面处理是左右实验结果的一项重要指标，而发泡塑料本身太轻，达不到令人满意的表面处理效果。

因此，蜻蜓铅笔公司将手工制作的发泡模型用3D扫描仪数字化，再用一种名为3D触觉式设计系统（Free Form）的3D模拟器，将数字化的模型表面处理得更为平滑。另外，他们还在产品表面还做了防滑等处理。设计研发时的工序为：一边将模型的重量调整为实际产品的重量，一边使用3D打印机不断打印输出，进行实验。

正是有了这个手工制作的模型，那些细致的圆弧和曲面才得以呈现。再加上只有数字化才能达到的精细处理，最终才能进行之前无法达到的精准的用户测试。

改变内部设计之力

正如本书第70~71页所述，他们采用的是一边测试一边修正的设计开发步骤。如此基于人体工学的用户测试，在蜻蜓铅笔公司对修正带的开发中，尚属首次。

那么首先要如何实验，如何基于实验结果去提升产品的好用度呢？为此，他们设定了一个前期实验时间。

柴田教授用他们觉得很好用的发泡塑料，做出了一个看不到内部构造的模型，再利用3D打印机打印出了可用于实验的产品进行用户测试。针对测试结果对产品加以改善后，研发团队再次对使用者进行了主观的体验调查，据说平均得分提高了15%。

看到这个结果，蜻蜓铅笔公司决定下一款主打产品也采用相同的开发步骤。首先在前期实验中得出为什么，然后在这个基础上进行样品制作。一边对照现有产品的形状，一边重复实验，最终变成了现在的形状。

之后在讨论装置设计与内部构造时，3D打印机也经常被提及。如果要沿用之前的零件，那尺寸要怎么做，不得已要改变尺寸时，能不能不改变使用手感、不损失商品魅力，就这些问题，他们进行了反复的验证。

最终他们决定优先采用最初的设计方案，重新研发新的内部构造。这种根据实际情况去做检验的态度，是他们进行产品制作的精神引领。那就是不能以制作方便为重，而要以用户体验为重。

如果没有3D技术，就不可能做出这个产品，不过实际上蜻蜓铅笔公司的产品企划和设计团队都说“3DCAD这种数字化的设计方式，我们一点也没有经手”。

担任制作产品3D扫描和3D数字化的，是3D相关销售与设计研发顾问的K's设计实验室公司中的工作人员。即便生产商没有掌握3DCAD相关的知识和技术，只要去做，就能从3D打印技术中受惠。

前期实验阶段

即产品研发之前的研究阶段。确定用户测试的方法后，设定准备时间，以便确认实验的有效性

这是金泽大学柴田克之教授制作的测试模型。没有去考虑内部构造和具体的产品制造可行性

进行了多次用户测试后，根据结果进行改善

经过努力改善后，用户的主观评价分数提高了15%

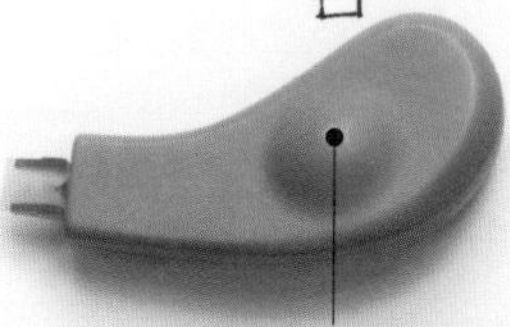

改善例1:

内侧做了一个隆起，这样食指放在上面就更轻松

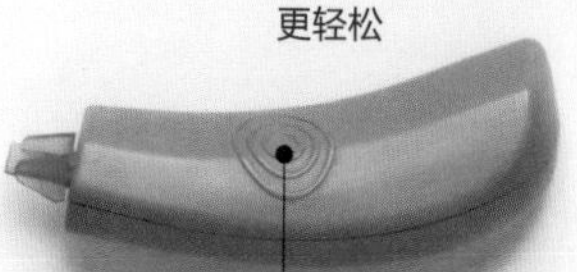

改善例2:

添加了放手指的标志

因此在实际的产品研发阶段，也采取了这种实验手法

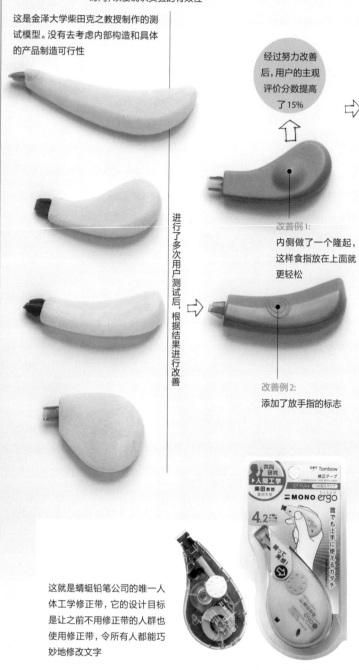

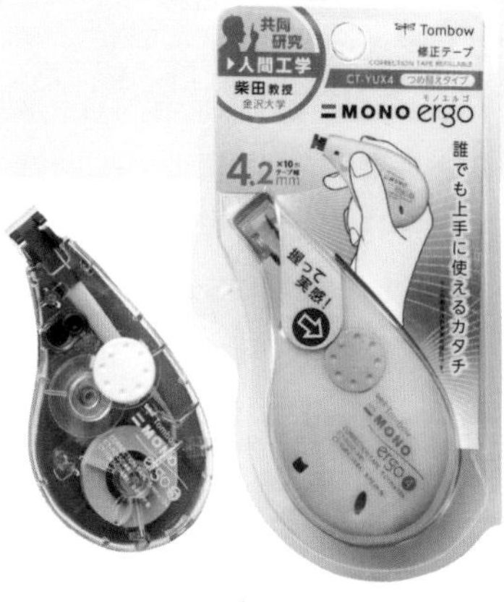

这就是蜻蜓铅笔公司的唯一人体工学修正带，它的设计目标是让之前不用修正带的人群也使用修正带，令所有人都能巧妙地修改文字

设计研发阶段

采用主打产品的规格开始设计研发，连修正带的内部结构也考虑在内

在前期实验中，研发人员了解到手和产品的接触面越大，就越好拿。因此设计形状时将修正带的便于手持性放在了首位，接着进行了用户测试

以前的产品也是采用 3D 扫描、打印出来的。同等条件下的比较

从前的产品

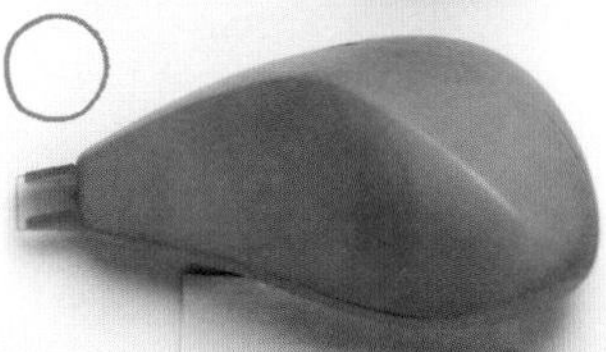

虽然也很好拿，
但是不好涂开，
趣味性也很低

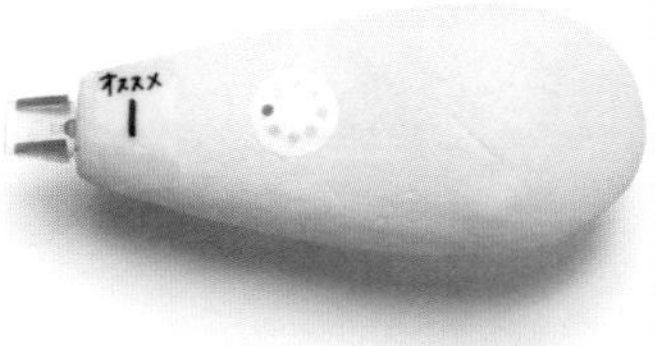

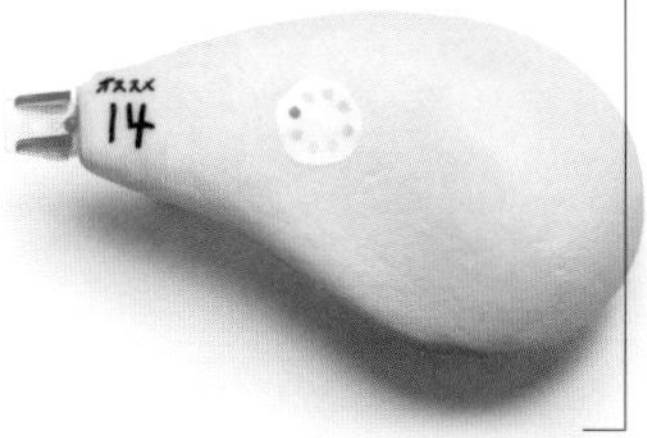

总共制作了10多个发泡塑料模型，选了其中3～4个进行了3D打印，然后拿去测试

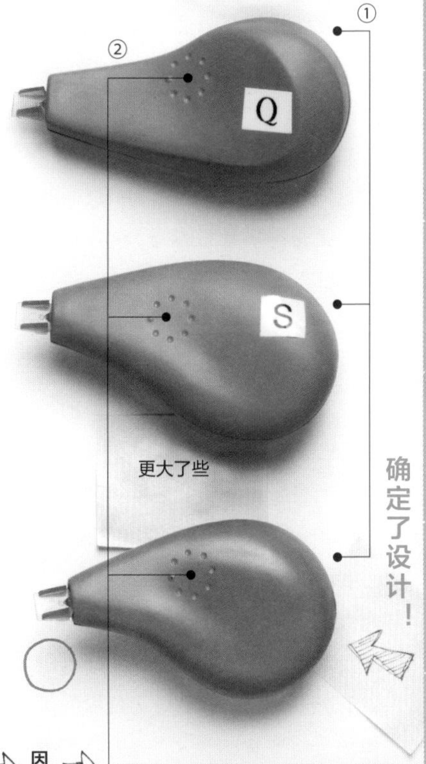

根据测试结果，明白了以下两点：

①修正带如果与手接触过多，尽管会更好拿，但这样手指就不能控制更细微的操作，不好涂开

②有很多用户并不会像厂家想象中那样使用

⇨ 因此 ⇨

①这个形状，增加了食指和大拇指之间的“趣味性”

②增加了手指放置位置提示

文具的名字为何大多诙谐有趣?

恐怕只有文具行业才会开发和售卖众多具有独特名称的产品吧。尤其是最近的自动铅笔市场，命名相似的产品真是层出不穷。

用诙谐的产品名来表现产品的特征，会给用户带来很深刻的印象。

比如三菱铅笔的铅芯旋转笔，旋转笔芯就能让笔芯一直保持削尖的状态，可以持续写出很清晰的小字，于是它因此得名。自2008年3月发售到2015年3月，铅芯旋转笔的累计销售量已达5 000万支，是一款大热产品。

让我们再来看看本书38~41页介绍的不断芯自动铅笔吧。

白金公司的防断芯铅笔和派通公司的不断芯铅笔，它们的功能通过名字都表现得非常清楚。斑马公司的护芯铅笔也一样，从侧面对笔强力施压，其中一个金属零件就会向笔的前端挤出以保护笔尖，为了宣传这个结构，他们就把铅笔名字取成了“Del”(日文意为“出来”)。

自动铅笔的市场重心在日本国内，用户多为学生。参与文具顾问等工作的土桥正先生说：“因为我们的目标用户是这些学生，所以产品的名字就要突出它的功能性，还要易于理解。这样也更容易在网络上形成口碑效应。”

备选名字准备了100多个

正因为要追求独特，所以名字就不好取。每个公司都会列出100多个备选产品名，调查注册商标后，再在会议上公布最为推荐的名字。既不能使用与预售产品相类似的名字，还必须用简短的词语来表示产品的特点。

铅芯旋转笔也有非常多的备选名字。“为了给人笔芯可以转动的印象，‘转转笔或者滴溜溜笔削尖笔’等名字都在备选之中”。

派通公司的“不断芯铅笔”一开始也因为要展示新构造，选择了伸缩笔(pipe slide sharp)这样的名字，但是优先考虑到易懂性，他们最后选择了不断芯铅笔。

斑马公司也一样，备选名字有“芯、不断哦”等，斑马公司称“避免用长品名去解释功能，而要清楚明了地表现，这才是我们公司的特点”，所以这款产品最后把名字定为护芯铅笔。

除了自动铅笔，文具市场中还有很多如本文74页照片中展示的独特文具，其中最引人注意的莫过于国誉。

名如其形

国誉文具的可调节文件夹拉伸夹（NOViTA）是一款随着放入文件数增多，册子就会变大的文件夹。它也可收纳少量文件，当文件增多时，册子就会自动变大。以前的文件夹有一大难题，如果文件放多了文件夹就会变成扇形，文件卷曲、产生折痕，连壳子都很难合上。而拉伸夹的背部有多个铰链，文件袋和封面的连接部位左右错开，因此解决了这一难题。

2010年，国誉发售了A4尺寸的拉伸夹后获得了好评，因此又发售了明信片尺寸、照相簿尺寸等各种尺寸、用途的文件夹，这个系列的总销量超过500万册，是一款大热商品。

因为可以很直观地表现产品“背幅会拉伸”这个最大的特点，拉伸夹因此而得名。国誉公司说：“文具是低价且常用的东西，用这种‘名如其形’的命名方式，能让消费者更容易亲近，更能获得他们的喜爱。”

的确，看他们的产品名，除了拉伸夹，还有无针式订书机，以及翻书手指套翻翻圈（MEKURIN）、可装订大量文件的“猛烈”等，大多都是很诙谐且能清楚表现产品特点的名字。再比如面向女性的精致剪刀“激灵灵”，很适合漂亮、有型的女性，也展示了产品的易于裁剪之特性。同时它也是一个和预想的用户形象重合、能让人联想到剪刀“剪”的特性的名字。

国誉的通用设计易翻页笔记本哗啦翻（paracuruno）中，本子的开口方向分为上下两个部分，上半部分与下半部分呈反方向的斜切设计，切口处有圆滑的角度，所以不管往哪一面翻，都能很顺畅地“哗哗哗”翻页。为了表现这种“哗哗哗”的翻页声，就从日语的“哗啦啦”和“翻页”中各截取一部分，起了哗啦翻的名字。

作家本（Ca. Crea）

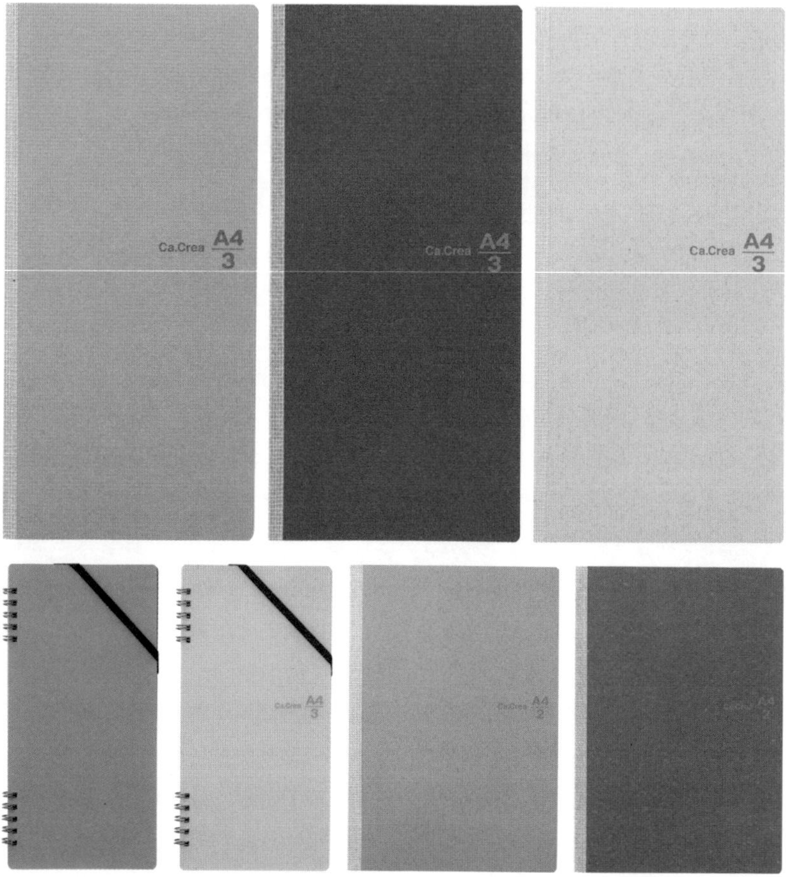

普乐士文具公司发售的作家本（Ca.Crea）笔记本，其目标用户是作家。它的尺寸有A4的1/3等各种大小的尺寸，是一款便于书写的笔记本。“作家本”的产品名称来源于“书写（日语：KAKU）”和代表“创造性”的词“creation”这两个词语，“Ca.Crea”是他们自造的词汇。“它整体细长便于携带，线装本也很方便开合。我们的提议是将它作为一款前所未有的全新笔记本来开发。之前也有‘Ca.Creaner’这个提议，不过它给人带来一种很强烈的面向女性顾客销售的印象，所以后来就改成了‘Ca.Crea’”

水可擦记号笔

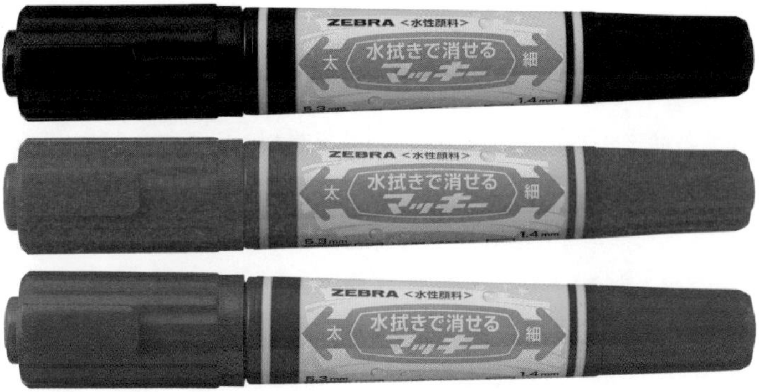

斑马公司于2014年6月发售的“水可擦记号笔”，在油性记号笔马克（makki）的基础上对墨水进行了改良，尽管用的是水性墨水，不过在玻璃、塑料、金属等滑溜溜的表面上都能书写。这款产品利用了马克笔的知名度，直接用名字对产品的功能进行说明和推广

太阳星（Sun-star）文具用一款护指套“指尖艳子”，毅然进入了这一片朴素的商品领域。商家在卖场放置了很显眼的图片，再加上这个名字的效果加成，自2014年11月发售以来，指尖艳子已卖出了7万套，远超预期。“在护指套中加入了荷荷巴油以及乳木果油等保湿成分，很受女性欢迎。为了突出这一点，候选的产品名还有‘指尖前辈’和‘艳子前辈’等”

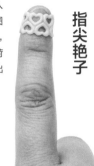

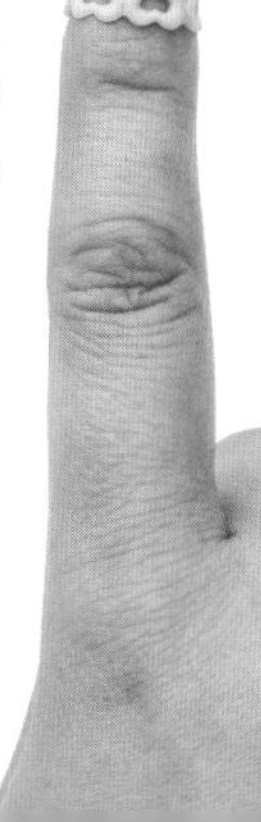

指尖艳子

一个长音产生巨大不同

话虽如此，国誉文具里的确是有专职取名的岗位，但也并不意味着产品的取名要动员全公司，或是采用流水线般的取名方式。产品名称其实是由每个产品的企划和研发团队在考虑。

不过“决定名字的时候，我们会和营业部的负责人交流讨论”。最开始在企划研发团队内部，拉伸夹这款产品决定要使用的是“piatte”这个名字。它在意大利语中的意思是“平滑”。但是营业部提出了“这个名字很难记，也不容易理解产品特点”的意见。

实际上，以前国誉也出过和它相同理念的产品。1997年发售之后因为销量不佳，仅仅2年就停产了。它的名字叫意味拉长（NOBITA）。面对这次以全新名字“piatte”发起的挑战，营业部面露难色，提出了“NOVI—TA”的建议。

这个名字和之前相比，仅仅增加了一个长音，但发音和语感相差太多。拉长音节后，就变成了有点时髦的外语音调。其实，在意大利语中也有表示崭新的词语，就叫“Novitá”。在产品标志中，用一个小写的i代替了大写，就是为了表现这个读音。“为了让大家把这个音拉长一拍去读，我们尝试在I后面加一个符号，或是加一个冒号，总之尝试了很多办法”，最后确定下来的是拉伸夹(NOViTA)这个商标。

名字中暗藏的玄机最终被用户体会到了。拉伸夹成为大热商品，3年时间就扩充到了100多个种类，发展成了一个巨大的产品群。

因为不会接触，所以叫无接触(FLANE)

美工刀无接触拥有之前的美工刀所不具备的三大特征：第一，刀片采用了镀氟涂层，所以不会因为胶带等产生粘连，可以长久使用。第二，伸缩刀片的卡扣不在侧面而在顶端。这样整个侧面都可以手握，更省力。第三，眼睛不用看刀片就能替换。它的替换刀片卡扣构造像握柄一样，因此可以夹住刀片，无须用手接触就能替换。这样不仅降低了受伤的风险，手也不会粘上防生锈的油污。

决定品名时，该宣传这三个特点

中的哪一个特点呢？“便于手持的特点，只要看到产品就能一目了然。而且有很多其他公司的产品都在强调便于手持性这一点。相反，不用接触就能替换刀片的做法藏于产品表面之下，仅从外在无法分辨。”

正因为这是最不好宣传的特点，所以国誉决定首先用产品的名称来推广这一点。

他们想出了20~30个能表现不接触刀片的商品名，不断讨论的同时还调查了商标注册情况，最终锁定了几个备选。“文具是很多人都很熟悉的商品。比起刻意营造氛围或那些意识流的名字，最为重要的一点是便于消费者理解。”

像无针式订书机（harinacs）这样的，尤其是大家都不太熟悉的产品“从产品名字中最能理解到产品特征。任谁一听这个名字，都能透过名字看到它的特点，我们很重视这一点”。而且，产品命名还需要考虑语感和读音是否好听，是否适合用户群等。为了对这些因素进行综合判断，增田组长说“先想象一下我们的目标用户说出产品名的情形，再检查一下是否有不合适的地方”。

拉伸夹

NOViTA

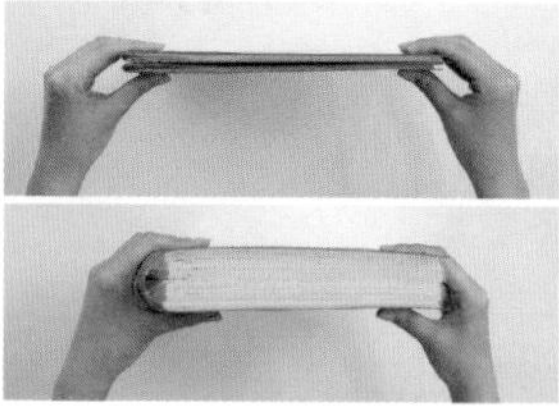

这是一款会根据文件量改变背幅厚度的文件夹。用一个小写字母“i”来表示长音。它是一款透明文件夹(文件套为透明的类型)

哗啦翻

Campus® paracuruno

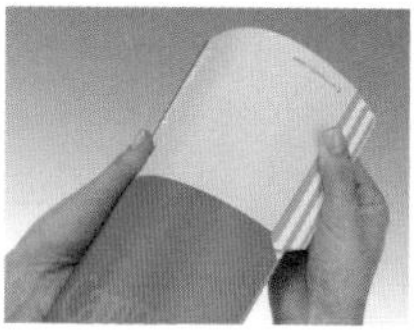

这是一款采用了通用设计的易翻页笔记本。“我们对简单的本子，做了进一步的易翻页优化。”(村上智子，创意产品事业部纸文具 VU 小组组长)。为了给人带来这款笔记本可以“哗啦哗啦、咕噜咕噜”的翻页印象，没有使用大写字母，而是用了小写字母。而且国誉没有直接使用日语罗马标音，而是把 ku 改成了 cu，变成了 paracuruno，这样会给人以更为圆润的印象

大容量文件夹

GAVATTE FILE

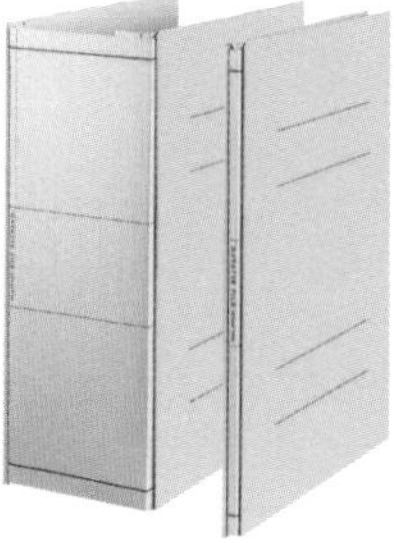

这个文件夹乍一看像是一个普通的平面文件夹，不过它可以改变背脊宽幅，是一个能收纳很多文件的超大文件夹。它是一个已经发售 20 多年的寿星级产品。主要面向的是政府办公厅客户，所以在一般店面中很少看到

激灵灵

KIRIRI

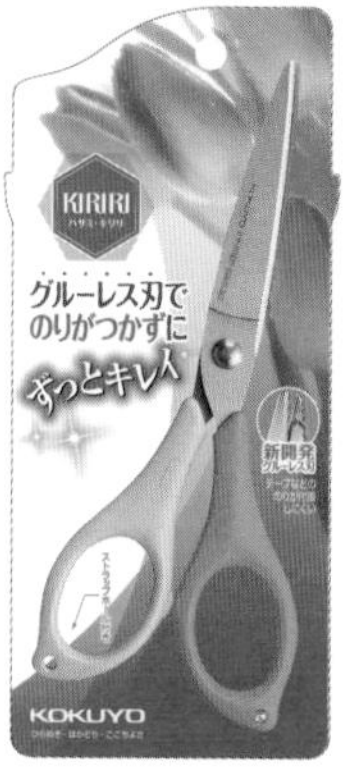

这款剪刀可以放在笔架中，看上去十分漂亮。它的左右颜色不一样，握柄上还有水钻以及一个小孔，可以悬挂吊饰

无接触（FLANE）

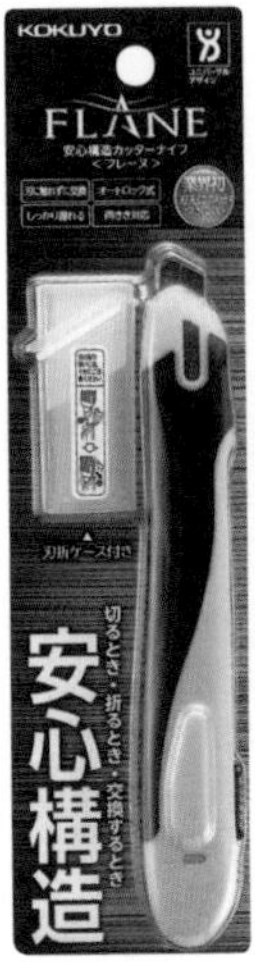

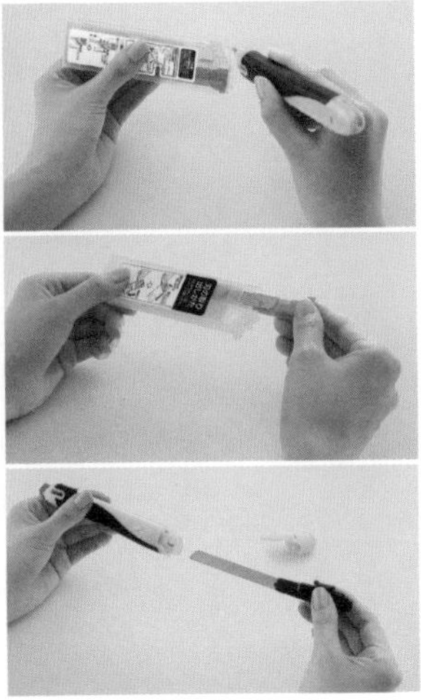

左/这把刀的构造十分安全。
产品商标能表现裁切东西的锋利之感，黑色为主调的卡纸也能表现其锋利之感、高级之感
右/打开替换刀片的盒子，只会有一片刀片出来。拉出刀片，就能夹在握柄上，手不用接触刀片即可替换

翻翻圈（Mekurin）

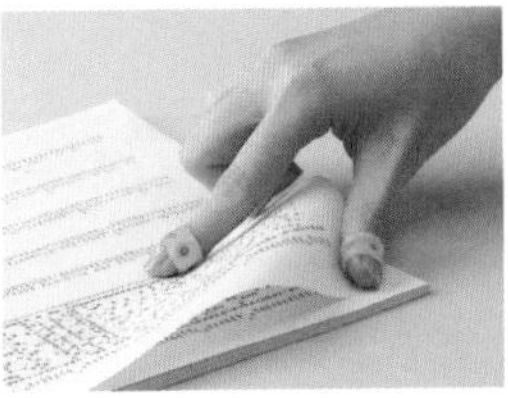

这是一种圆环式的护指套。因为有开孔，所以透气性好，长时间使用也不会闷手。它扭转了以前“护指套＝办公用品”的印象，很受主要目标用户女性的喜爱，其设计给人一种它属于化妆用品的印象

无针式订书机（Harinacs）

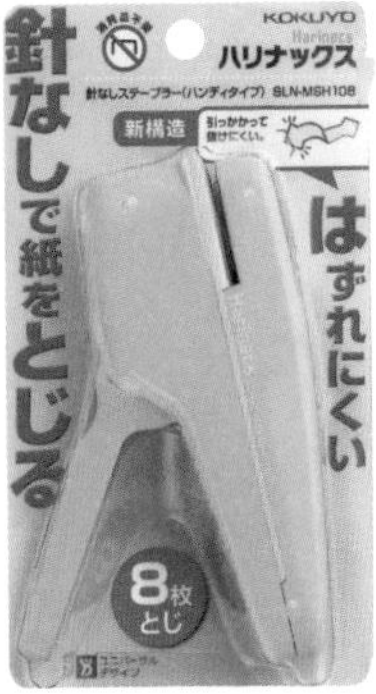

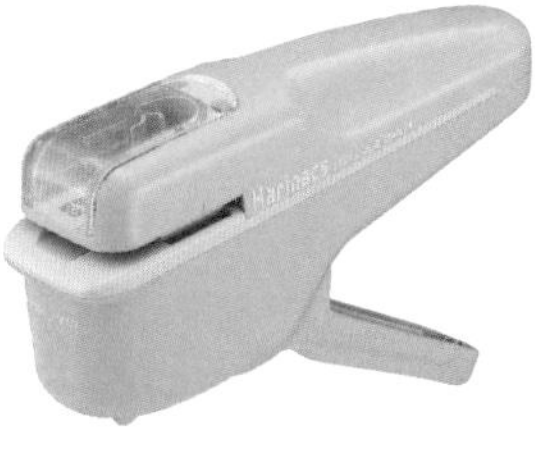

因为要给人一种“好使”的印象，所以商标没有追求新奇，而是使用了沉稳的字体

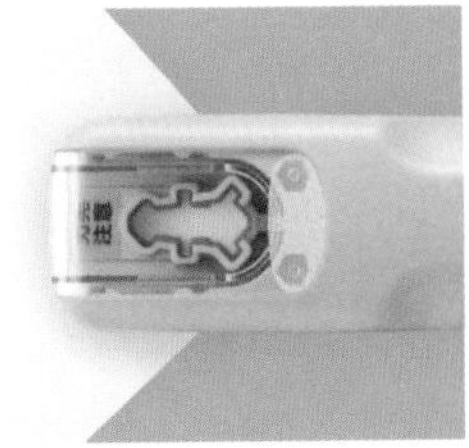

刀片切入纸中，使纸弯曲折叠，将不用针就能装订文件变为现实

第 2 章

创意文具篇

文具大厂的创意能力

新型文具的样式

锦宫（King Jim）打字笔记本（Pomera）与其他

以脱颖而出的颜色在量贩店中制胜

橙色为制胜关键色

产品的活页延伸至整个侧面，所有部位都做了涂胶保护处理。这么做在颜色上消除了金属感，体现出产品的高级。一般的电子词典会在顶盖中打上巨大的商标，而为了不影响橙色面板的整体效果，“pomera”的商标字体控制得十分细

锦宫数码文具的打字笔记本（Pomera）发售于2008年，发售后不到半年时间，销售量就超过了一整年的业绩目标，最终累计销量达到了最初预估的3倍多。至今仍有众多拥趸。

它是一款专为文字输入而生的产品，用法极其简单，也有很多人说，它就是因此才成为大热商品。不过，严格的配色策略才是这款产品成功的关键。正因为功能十分简单，如何在配色和设计上制造新鲜感，这就是重中之重。

打字笔记本的配色是从否定现有数码文具的配色开始的。从打字笔记本的产品特征来看，要把它和电子词典摆放在一起，才更可能卖得出去。不过，为了把它与电子词典区别开来，担任初期模型设计的设计师指出："为了不让消费者误认为这是电子词典，我们一开始就决定了不使用银色金属盖板。"

另外，因为打字笔记本的目标用户是男性，所以厂家将黑色与白色放入了备选列表之中，这是不管买什么消费者都能放心选择的固定色。但如果陈列在量贩店中的只有黑色与白色，那么一眼望去，很有可能会被埋没其中。所以很有必要增加一种在店内十分显眼、极具视觉冲击的颜色。

表面拒绝金属色

要说在量贩店中最为显眼的颜色，脑海中首先浮现的便是红色，然而红色现在也是泛滥成灾了，并不稀奇。从打字笔记本的功能来讲，它是一款迄今为止尚未出现在任何数码文具分类中的新产品。设计师想将它的颜色打造成为一种能够代表锦宫提倡的"数码时代新文具"的定义色或者标志色。正因为它是一种文具，所以也希望它拥有一种高级手账本那样的、握在手中就十分自豪的颜色。

设计师决定先去调查一番，他在文具杂货店中四处观察，打探类似的文具都使用了些什么样的颜色。随后他发现在高级的进口杂货文具中，橙色十分常见。

"既然决定了要用橙色，为了营造出高级感，那就要特别注意一定不要变成那种廉价、暗哑、给人印象不深的颜色。"

例如，要表现出像钢笔一样的鲜艳感，就要使用成本稍高一些的显色性好的抗UV涂料。因为一般的哑光涂料会浑浊，好不容易设计出来的橙色就会变暗淡。

尽管销售商指出"如果显色过于明显，不是反而会留下指纹吗？"，锦宫反驳道"如果顾客真珍惜到了那个地步，至少会自己用抹布擦掉指纹。"

打字笔记本盖板之外的配色也用足了心思。为了能在量贩店中凸显存在感，搭配黑、白、橙这三种颜色，形成强烈的对比，它采用的是黑色的哑光保护涂料。活页的部分也全部都使用了保护涂料，每个细节都在极力避免造成这是电子词典的误会。

●打字笔记本的配色选择过程

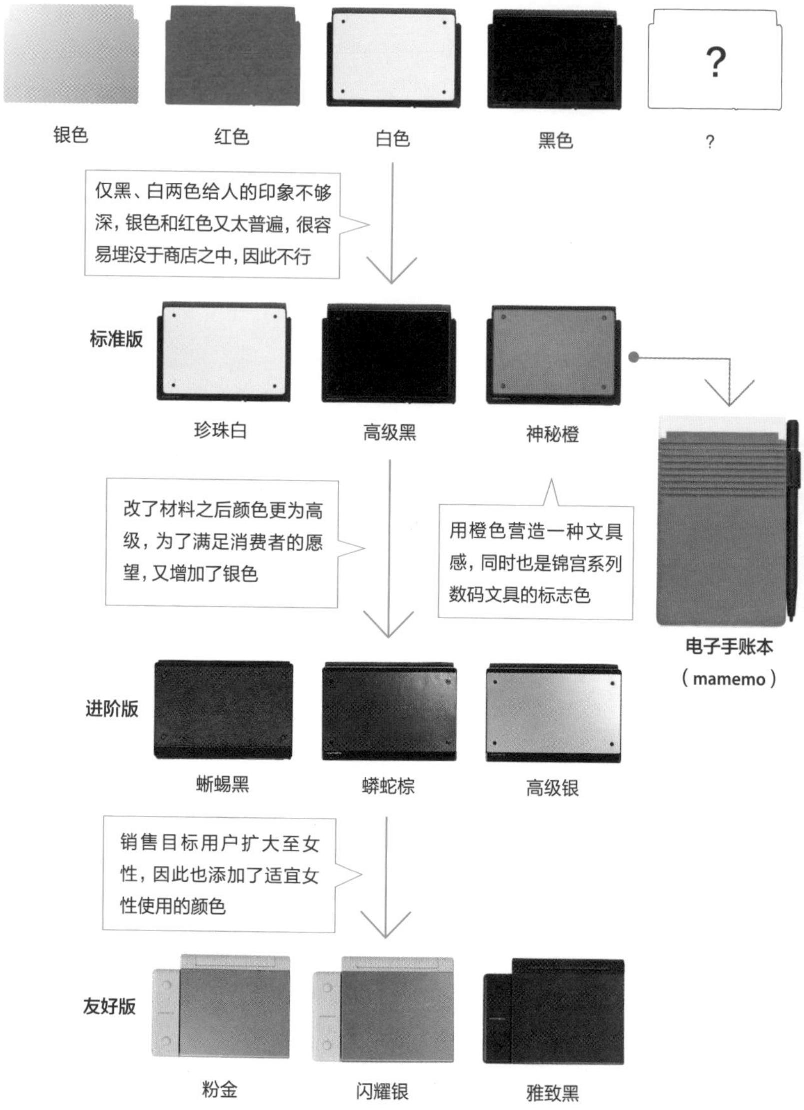

银色
红色
白色
黑色
?
?
仅黑、白两色给人的印象不够深，银色和红色又太普遍，很容易埋没于商店之中，因此不行
标准版
珍珠白
高级黑
神秘橙
电子手账本
（mamemo）
改了材料之后颜色更为高级，为了满足消费者的愿望，又增加了银色
用橙色营造一种文具感，同时也是锦宫系列数码文具的标志色
进阶版
蜥蜴黑
蟒蛇棕
高级银
销售目标用户扩大至女性，因此也添加了适宜女性使用的颜色
友好版
粉金
闪耀银
雅致黑

初代打字笔记本“DM10”有黑、白、橙三种颜色。接下来发售的进阶版“DM20”是黑、棕、银三色。到了“DM5”，有粉金、闪耀银、雅致黑三色，这是参考了粉饼盒和口红等产品的基础上制作的颜色。虽说是迎合女性市场，不过出于女性之中也有人偏好男性审美的考虑，所以保留了黑色

初代（上图）折叠键盘的颜色是白色，进阶版是黑色。键盘上的文字不是印刷，而是激光镭射上去的

正如前文所说，黑、白、橙三色的打字笔记本发售后成为大热商品。单就颜色来看，令人讶异的是橙色的销量竟然比黑、白色要少一些。不过，相差的数量并不至于让人为之侧目。一般而言，就算是大热的商品，不同颜色的产品销量相差巨大的情况并不少见。打字笔记本这种差异不大的情况，说明不仅是所有产品陈列在一起时，单独分开来看，它的用色选择也很准确。2008年11月发售之后，打字笔记本又于2009年追加了高性能的进阶版“DM20”。正因为初代的产品销量很大，这一代的用色选择更为谨慎。如果采用了卖不掉的颜色，不仅会积压库存，整个系列产品的人气都会下降，这样就本末倒置了。

为了增加进阶版的高级感，使用了黑色与棕色的皮革材质。因为是皮质的，所以比普通的黑色与棕色更为高级。同时也应消费者要求，追加了最开始被否决掉的银色。白色与周围的哑光感黑色边框相呼应，比普通的银色更能凸显高级之感。另外，将白色键盘改为黑色，键上的刻字改成金色等，用这些方法实现了整体的暗色系设计。采用这样的配色，更能凸显产品的高级感。

现在，这种颜色也用在了主体颜色更为柔和的低配版本中，这样一来用着反而更为顺手，女性用起来也不会觉得奇怪。

正确使用凸显色、基本色

锦宫的颜色策略细致之处，不仅体现在打字笔记本这一款产品之上。锦宫的产品中，还有一款长盛不衰的文件夹，它选用了黑、蓝、绿、黄、红这五种基本颜色。其中，蓝色文件夹的销量呈压倒性地高。把所有颜色放在一起卖的话，总销量里有7成是蓝色。其他颜色的销量十分低。而这之中，黄色文件夹的销量最低。

不过，锦宫并不会撤销黄色，其巧妙地运用黄色作为“凸显色”。将这些文件夹摆放在店中，放眼望去，在有黄色和没有黄色的情况下，产品的销量是不一样的（参考下图）。如果把黄色拿开，其他所有产品瞬间就黯然失色，变得毫不起眼。

锦宫与子公司共同开发了一个面向女性消费者的文创品牌太菲（Toffy），而太菲采取的是全面禁止新增颜色的策略。太菲的品牌色只有樱桃粉、酸橙绿、蔗糖白、朱古力棕这四种颜色。无论任何产品，基本上都用的这四种颜色。即便要增加颜色，也只会采用与这四种颜色放在一起不会产生冲突的蓝色和黑色。

不过因产品的不同，也会出现无论使用哪一个基本色都无法和产品形状搭配的情况。此时会通过将棕色替换为黑色作为调整，以保持品牌的整

锦宫的文件夹基础5色。有了黄色，其他颜色会更为显眼。尤其是蓝色特别突出。如果没有黄色，蓝色就很容易和黑色融为一体

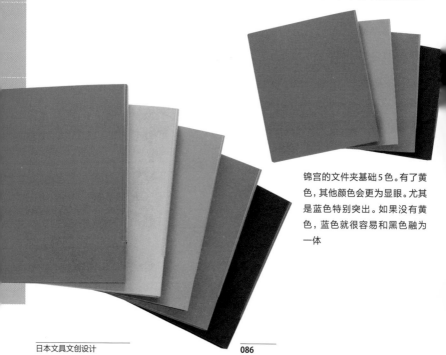

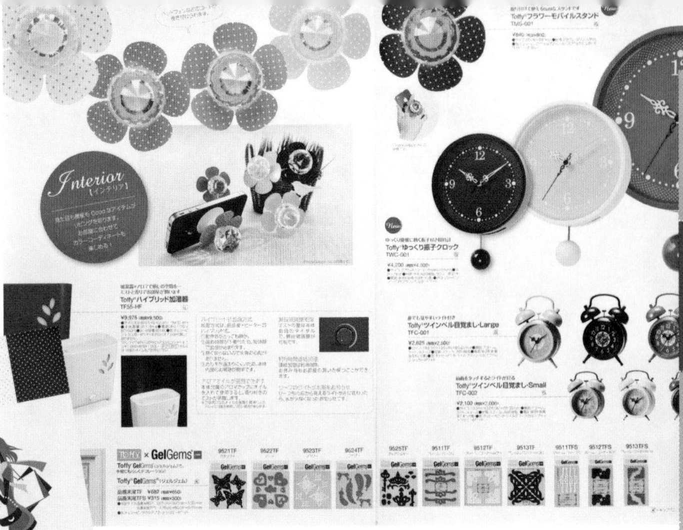

太菲的产品目录封面基础四色（下）。打开之后（右），会发现产品里面其实有一种颜色和封面并不相同，但并不会令人产生不和谐的感觉

体统一性。因为粉色最为畅销，所以据说唯有粉色会用在所有产品之中。

太菲的基础色十分明艳，也可以说是“毫无烟火气息的颜色”。因此也会出现很难和家具等搭配的情况。不过这么做却是为了“享受生活，赋予生活新色彩”。

如果使用浅色系，那就和以前的日用品没有差别了。而且，太菲的目标用户是年轻的职场女性，她们难以选择大胆的职业装颜色，难以在公共场合表现自己的个性。正因如此，不少人都想私底下或在一定范围内去表现自我。

同行业的其他公司和批发商等都说“这些配色如此极致，非常大胆”。但是这种彻底和烟火气息划清界限的做法却十分奏效，很多有收集癖好的人也很感激这种做法。不同颜色的产品之间，销量也没有差别。不过，如果一直使用这四种颜色，可能会有厌烦的一天。据说他们也计划在不影响原有色彩氛围的基础上，以后更换四种基础色中的一种颜色。

锦宫（King Jim）贴纸收纳册“生活记录·成年人的收藏”

数码文具与非数码文具分开使用

锦宫文具出品了打字笔记本以及能用手机拍摄的手写笔记本和手账本，使信息数字化的拍照本（SHOT NOTE）（2011年发售）等产品，引领着日本的数码文具市场。拥有如此傲人成绩的锦宫文具中，最近最受欢迎的一款产品是能记录生活并粘贴在手账本上的贴纸——“生活记录”。这个系列总共有甜蜜（SWEET）、购物（SHOPPING）、礼品（GIFT）等12种不同用途的贴纸，2015年8月发售之后，就于3个月内创下了高达10万册

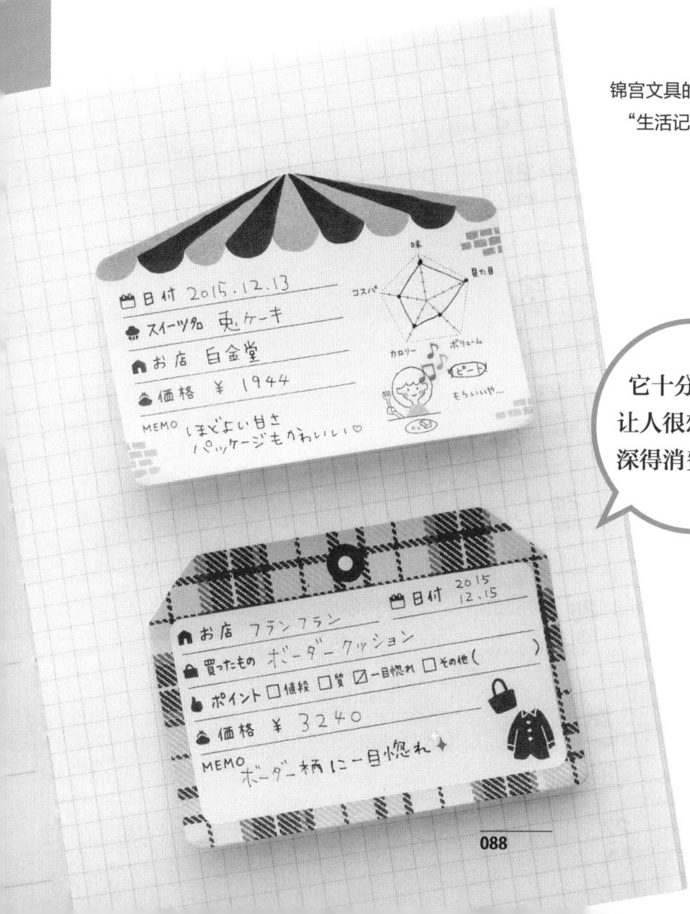

锦宫文具的贴纸
“生活记录”

它十分可爱，
让人很想使用，
深得消费者喜爱

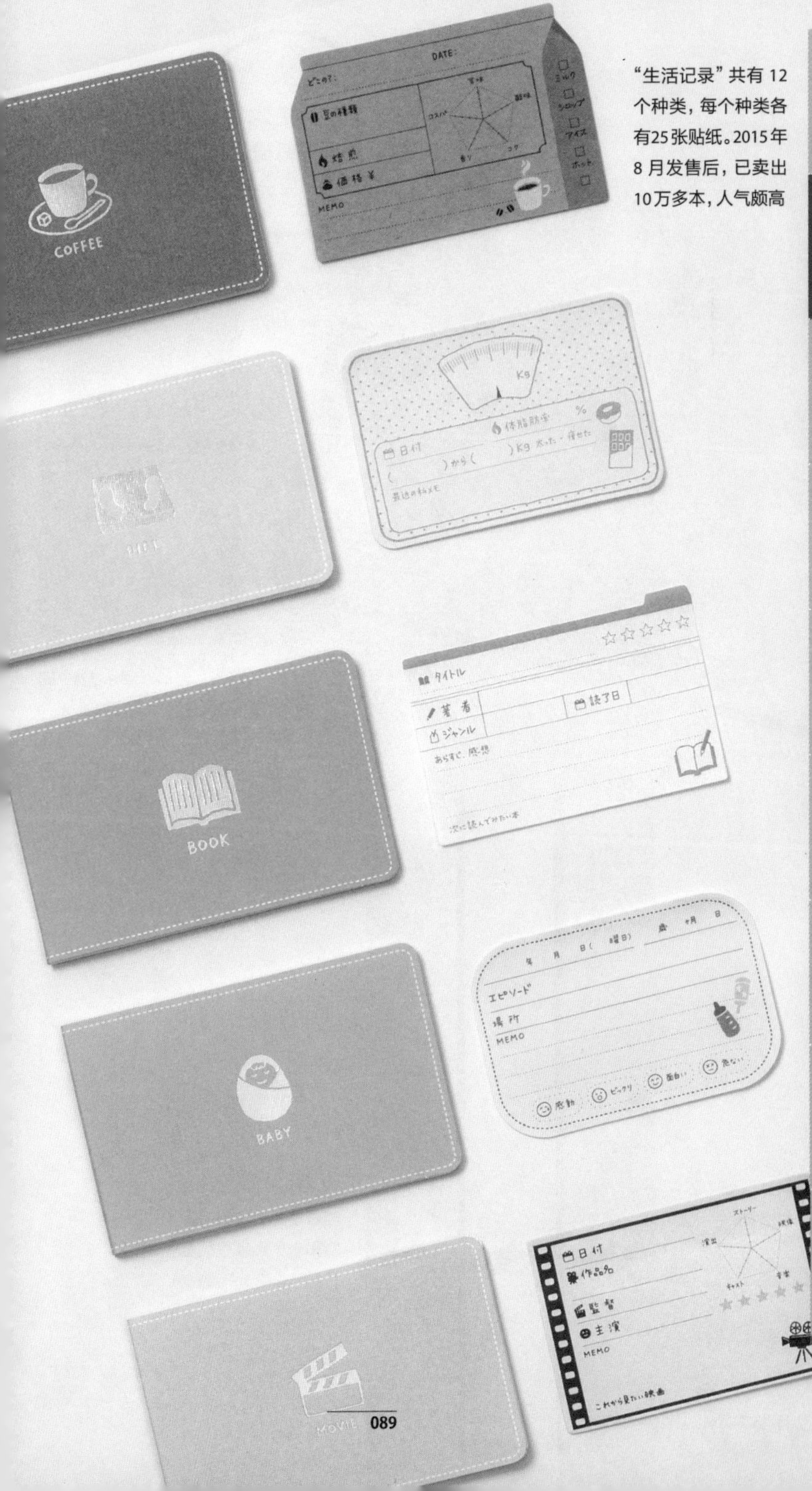

“生活记录”共有 12 个种类，每个种类各有25张贴纸。2015年 8 月发售后，已卖出 10万多本，人气颇高

装饰手账本的贴纸册子

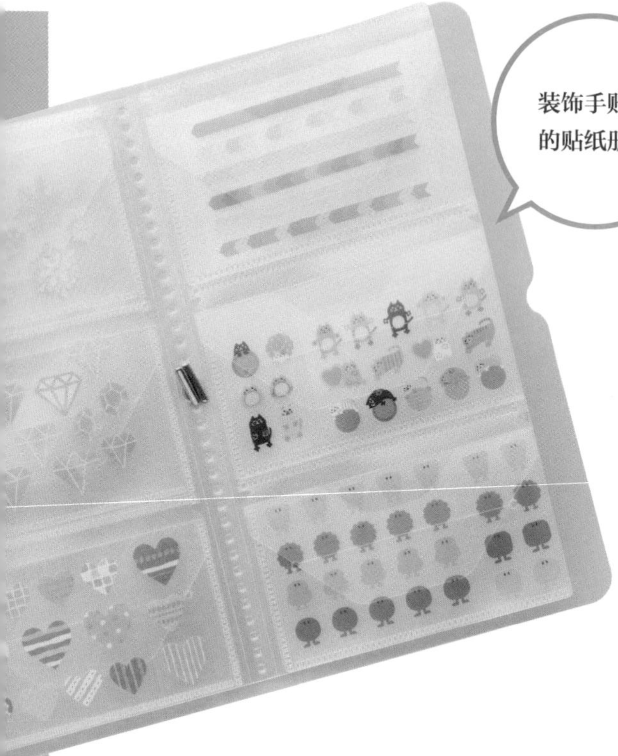

这是锦宫2015年4月发售的"成年人的贴纸收纳册"（不含贴纸）。它是一种专门收纳装饰手账本和笔记本的贴纸之类的册子。里面有信封状的口袋，用来收纳薄贴纸

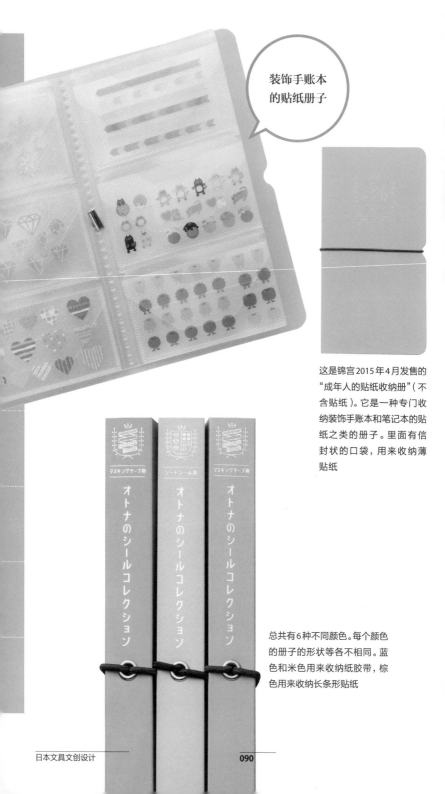

总共有6种不同颜色。每个颜色的册子的形状等各不相同。蓝色和米色用来收纳纸胶带，棕色用来收纳长条形贴纸

的销售量。

令人稍感意外的是，以数码文具著称的锦宫文具，它的非数码新品也做得十分出色。“本来拍照本这款产品，其设计目的就是要让手写文具更加方便，因此才会通过它让手写信息数据化。为了提高纸质笔记本的查找效率，才研发了这款产品，数据化只是实现这个目的的手段而已。”（锦宫文具）并不是说数码文具一定就比非数码文具更好。

满足消费者想要留下记录的心愿

“生活记录”是一款能够满足消费者心愿的产品，通过“生活记录”，他们可以记录阅读过的书籍、观赏过的电影。尽管很想在手账本和笔记本上记录各种各样的信息，但也有一些消费者“不知道该写什么”，“生活记录”的研发团队理解他们这样的心情，并支持他们留下记录。

据锦宫文具分析，“生活记录”热销的原因在于“消费者喜欢的是将各种信息记录进手账这个过程本身”。如果要探寻更深层次的原因，可能就是深藏于女性心中的“装饰手账”这种文化吧。非数码文具今后的发展方向，就在于消费者能够随心所欲地装饰手账。降低手写记录的门槛，满足消费者按自己的想法使用手账的心愿，现在这种文具才能受消费者欢迎。

锦宫于2015年4月发售的“成年人的贴纸收纳册”也是一款支持消费者随心所欲装饰的产品。这款专用于收纳装饰贴纸的册子，不仅可以方便地保管贴纸，还满足了顾客的收集欲望。

另外，据说名片行业的数码化进程也在加剧。因为名片上记录的电子邮件和电话等信息，会在电脑或手机上用到，所以考虑到搜索和打字的因素，数码化的名片有着压倒性的优势。不过由于交换名片的文化已经根深蒂固，因此将纸质名片转换为电子信息的设备和软件也很受欢迎。

锦宫文具的数码文具与非数码文具销量，现在差不多各占锦宫的半壁江山。因数据化而生的产品会变成非数码产品，反之亦然。顾客根据不同的用途，可以选择使用锦宫的数码文具或非数码文具，因此锦宫源源不断地产出众多的大热产品。

不要被绝大多数欺骗

使用独特的产品开发方法，发展如日中天的办公用品商——锦宫文具。
专注于单一功能，敢于启用成熟的技术，精准把握消费者心理。
他们的产品策略是通过怎样的流程诞生的呢？

日经设计（下称ND）：我觉得锦宫的大热产品中，有很多都精准地捕捉到了消费者“这就是我想要的东西”的心理。如何才能抓住消费者的心理，然后利用这种需求做出一款大热商品呢？

——（宫本）你所谓的大热商品，我觉得应该是很多人都支持的产品吧。不过，这些产品里面，有很多东西并不是所有人都会买的。

我是从每年报纸上刊登的“大热商品排名”中发现的这个事实。有时这个排名中的产品，我几乎都没有。我仅仅买了其中一个。

我有点担心“自己是否已经落伍”，于是问了问我妻子还有年轻的女儿，以及公司的员工，他们都买了哪些东西。结果他们也最多各买了一两个不同的产品而已。于是我发现所谓的“大热商品”，也就是“10个人里面有1个人”会买的东西。

10个人当中有1个人，尽管这个数字看起来少，不过已经是相当高的比例了。假设日本总人口有1.2亿，那也就是说会有1 200万人购买，或者说会卖出1 200万个产品吧。实际上能达

就算10个人中有9个人说完全不想买，这也没问题

宫本 彰
锦宫文具社长

简介●1988年进入祖父创立的锦宫公司。参与过标签打印机贴普乐（TEPRA）的设计，打造过大热商品，也担任过市场营销职位。1992年起任职社长至今

到如此高销量的产品特别少。再加上消费的低迷，如果不是“十分想要”“一定会买”或者是“期待已久”的产品，就卖不出去。

反过来说，不是10人当中有7人对这个产品“一般想要”，而是10人之中有9人说“完全不想要”，即便如此，只要这其中有一个人“一定会买”，只要得到这一个人的强烈支持，那么这款产品就有很大可能会热销。

如果在企划阶段就能发现这种产品，那它就会成为极其热销的商品。我发现了一个规则——9∶1就意味着1/10。从那之后，让产品符合这个规则，就是我们公司制胜的绝招。

ND：像打字笔记本这样的产品，也符合这个规则吗?

是的。打字笔记本的企划提案出来时，有董事和员工就说“这种东西能卖掉吗？”，遭到了他们的强烈反对。当然我也是反对的（笑）。当时的状况真的相当糟糕。不过有一个独立董事说“这样的产品我等了好久！”，他表示了强烈的支持。这样就符合了我们的规则，于是我们才下决心开始打字笔记本的研发。

ND：很难去同意研发一款连自己都觉得“卖不出去”的产品吧?

因为文具用品是比较私人的商品，所以大家很容易用自己的观点去判断“如果是我，会想买这个吗？”，这是不对的。必须要先把自己的观点放一边，然后去计算到底有多少人会“想买这个”。

要我说的话，我就不由自主会认为“这个应该可以吧”的产品就能做成商品。但“这个应该可以吧”这种层次的产品，现在谁都不会买。我刚刚也说过，像现在这个荷包捂得紧紧的时代，如果不是“超级喜欢”，那消费者根本不会买单。

我觉得人的脑袋中原本就有一张欲望清单。欲望的清单中，哪些东西想要都是按一定顺序排列好的，其中饮食那些的位置会非常靠前。所以就算他们觉得想要，但如果只是“买了会比较方便吧”这么想的话，那这个顺序就排在20名左右，即“即便想要但并不会买”这种心态。因为如果从清单最上面开始往下买，还不到第20名左右钱就花完了吧。如果沦为第20名，那和第100名也没什么差别。

有很多产品就是叫座却不叫好的，这就是原因。就算嘴上说着“想要”，也不一定就意味着“想要到会花钱买”的地步。

老实说，几乎大部分产品都属于“有了会很好玩，不过并没有到要买的地步”“有人送我的话会很高兴”这种而已。先抛开自认为的“我觉得可以”的这种个人主义，“考虑要不要花钱买”这样的人也有一小部分吧。虽然比较理性，但我认为抓住消费者“我一直想要这个”的心理，这就是成功的关键之一。

ND：研发产品的时候，公司里的员工是怎么说的呢?

常言道：“九局三振也可，有一次本垒打就够了。”对公司员工，我也是采用的和大热商品同样的规则。如果失败了，马上不做就行。在造成重大损失之前就撤退，即便是败9胜1，也可以用本垒打的成绩来抵消。

实际上，提出打字笔记本的那位员工，之前也失败过无数次。所以，我不会因为他总是失败就不让他继续做下去，我也不会这么去说。

再者，很多人经常说“如果失败了会伤害公司名誉”，其实根本不会造成伤害。那种产品很快就被人遗忘，甚至连名字都不会有人记得吧。所以，即便失败了，也不会对任何人、任何事造成伤害。就算一直失败，为了能够打出一次本垒打而挑战的信念才是重要的。

派通（Pentel）背诵剪报记号笔（AnkiSnap）

联合手机应用，发售四年间累计销售量达65万支

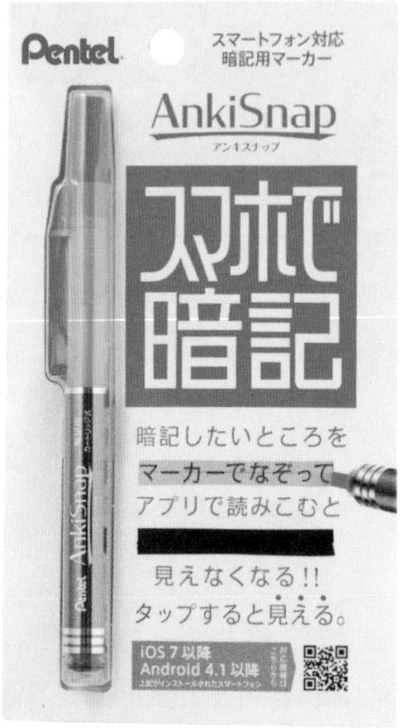

商店中售卖的背诵剪报记号笔（AnkiSnap）这个橙色的记号笔（左），不过这里面的二维码才是重要的。将这个在手机应用（右）中打开就能使用。适配系统为iOS9.1以上、安卓4.1以上版本

开发理念

作为能联合手机应用的考试“背诵”工具而推进

+设计 →

实施方案

核心用户成功地从最初的高中生变成职场人士

这款文具自2013年发售以来，截至2017年10月，累计销量已达65万支。这就是派通公司研发的背诵剪报记号笔。

说它是文具，但它其实是橙色记号笔以及和手机结合使用的应用的总称。背诵剪报记号笔的目的是帮助那些在考试等方面有“背诵”需求的人，用手机拍摄教科书和参考书等图像，再将需要背诵的地方盖上黑条，可以将此部分显示或者隐藏起来。其卖点就是通过手机“能够随时随地学习”。

在这个迎来IoT（物联网）的时代，不少文具都和手机结合了起来。但也有一些最初被认为独一无二，却没能聚集人气和中途退出市场的产品。在这样的境况下，背诵剪报记号笔从2013年开始跨越过了好几个障碍，最后成功地扩大了销量。2017年9月，背诵剪报记号笔的应用进行了大型更新，背诵剪报记号笔3.0版本上线，加速了这个势头。

它的使用方法如下：首先用户花500日元（不含税价格）购买一支装在背诵剪报记号笔盒子中的派通荧光记号笔，盒子中有一个二维码，自己在手机上免费下载一个背诵剪报记号笔的应用后，扫描这个二维码，即可使用这个应用软件。接下来，用荧光笔在本子上将自己想要背诵的部分画上线，然后启动应用，拍下这一页的照片，画线的这个地方就会变成黑色。

参与研发的经营战略室宣传课课长田岛宏说：“在背诵剪报记号笔之前，也有一种助于背诵的红色盖板产品。不过在电车等比较拥挤的地方，很难添加文字和推开红色的盖板。于是我们想到了利用手机，就能随时随地高效背诵的办法。”

2017年2月，一则推文写道：“不知不觉间红色盖板时代结束了。”借此机会，背诵剪报记号笔在网上引起了热议。这则推文也被报纸、杂志和电视采用，背诵剪报记号笔的势头更加凶猛了。

用户买的是二维码

实际使用的时候，能感受到操作很流畅，文字很快就会变黑。点击图片上的黑条，文字马上就能从隐藏变成显示状态，藏起来的文字就能看到了。3.0版本中不仅新增了5种荧光笔颜色，还追加了检查答案的新功能，十分受欢迎。

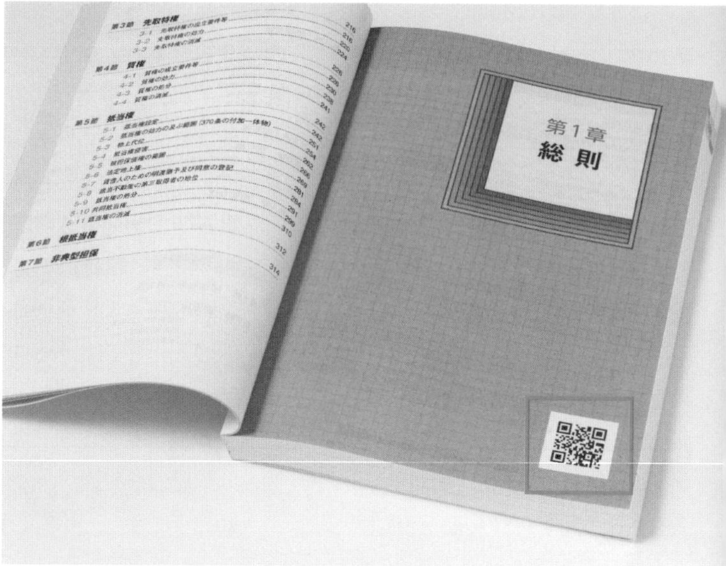

东京的法律教育学校律法思维（Legal mind）于2017年9月出版的《手机记忆 司法代书人 民法Ⅰ》就能和背诵剪报记号笔结合使用。书中每一章都有一个二维码，用背诵剪报记号笔读取后，各章节的每一页内容都可下载至背诵剪报记号笔，重要的内容则自动涂黑。预计到2018年5月总共会出版8本相关书籍

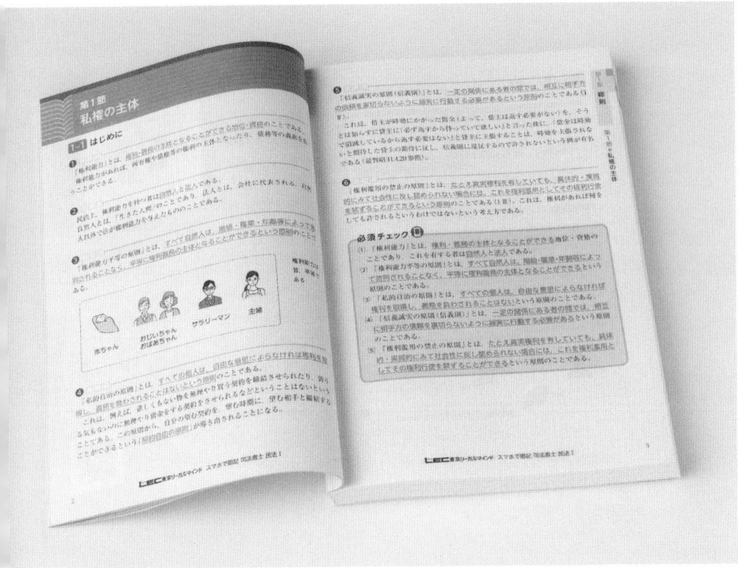
第1節
私権の主体
1-1 はじめに
赤ちゃん
おじいちゃん
おばあちゃん
サラリーマン
主婦
必須チェック

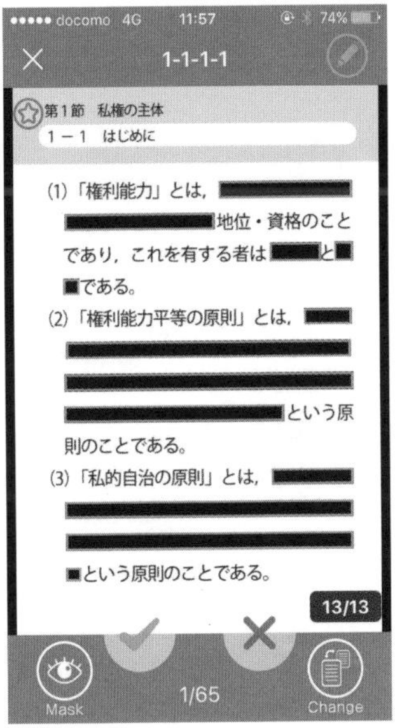
●●●●● docomo 4G
11:57
74%
1-1-1-1
第1節 私権の主体
1－1 はじめに
(1)「権利能力」とは，[redacted]地位・資格のことであり，これを有する者は[redacted]と[redacted]である。
(2)「権利能力平等の原則」とは，[redacted]という原則のことである。
(3)「私的自治の原則」とは，[redacted]という原則のことである。
13/13
Mask
1/65
Change

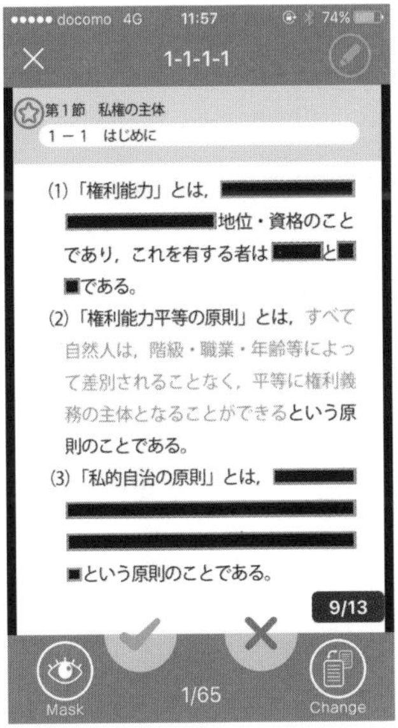
●●●●● docomo 4G
11:57
74%
1-1-1-1
第1節 私権の主体
1－1 はじめに
(1)「権利能力」とは，[redacted]地位・資格のことであり，これを有する者は[redacted]と[redacted]である。
(2)「権利能力平等の原則」とは，すべて自然人は，階級・職業・年齢等によって差別されることなく，平等に権利義務の主体となることができるという原則のことである。
(3)「私的自治の原則」とは，[redacted]という原則のことである。
9/13
Mask
1/65
Change

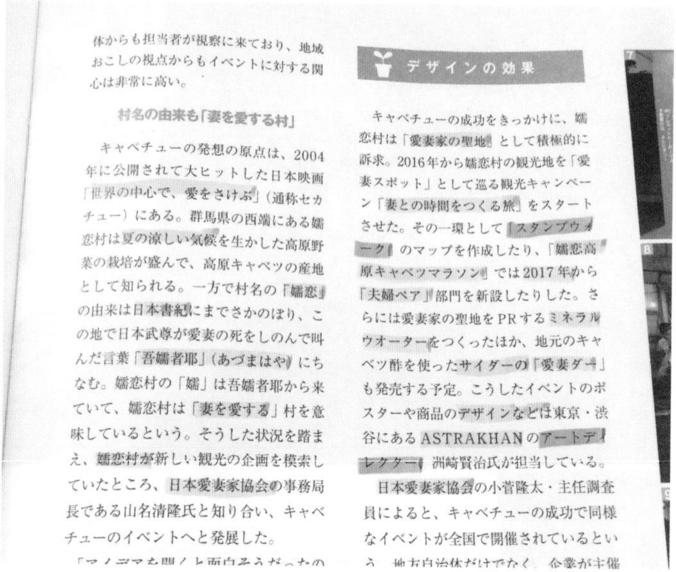

体からも担当者が視察に来ており、地域おこしの視点からもイベントに対する関心は非常に高い。

村名の由来も「妻を愛する村」

キャベチューの発想の原点は、2004年に公開されて大ヒットした日本映画「世界の中心で、愛をさけぶ」（通称セカチュー）にある。群馬県の西端にある嬬恋村は夏の涼しい気候を生かした高原野菜の栽培が盛んで、高原キャベツの産地として知られる。一方で村名の「嬬恋」の由来は日本書紀にまでさかのぼり、この地で日本武尊が愛妻の死をしのんで叫んだ言葉「吾嬬者耶」（あづまはや）にちなむ。嬬恋村の「嬬」は吾嬬者耶から来ていて、嬬恋村は「妻を愛する」村を意味しているという。そうした状況を踏まえ、嬬恋村が新しい観光の企画を模索していたところ、日本愛妻家協会の事務局長である山名清隆氏と知り合い、キャベチューのイベントへと発展した。

デザインの効果

キャベチューの成功をきっかけに、嬬恋村は「愛妻家の聖地」として積極的に訴求。2016年から嬬恋村の観光地を「愛妻スポット」として巡る観光キャンペーン「妻との時間をつくる旅」をスタートさせた。その一環として「スタンプウォーク」のマップを作成したり、「嬬恋高原キャベツマラソン」では2017年から「夫婦ペア」部門を新設したりした。さらには愛妻家の聖地をPRするミネラルウオーターをつくったほか、地元のキャベツ酢を使ったサイダーの「愛妻ダー」も発売する予定。こうしたイベントのポスターや商品のデザインなどは東京・渋谷にあるASTRAKHANのアートディレクター洲崎賢治氏が担当している。

日本愛妻家協会の小菅隆太・主任調査員によると、キャベチューの成功で同様なイベントが全国で開催されているという。

用荧光笔在本子上将自己想要背诵的部分画上线，然后用安装了背诵剪报记号笔应用的手机拍摄此页照片，画线的这个地方就会被隐藏起来

5 种不同颜色的荧光笔，可以按目的区分使用，点击隐藏条就能显示答案。用它可以自查学习情况，还可以用图表显示出来

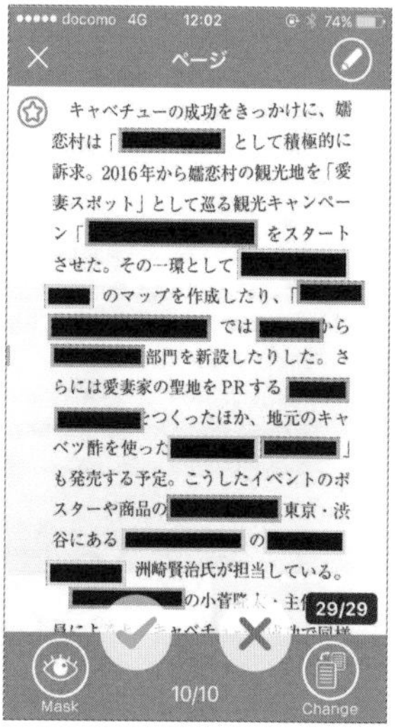

虽说背诵剪报记号笔商店中的文具包中有橙色的荧光马克笔，但只要颜色一样，不管哪个厂家的马克笔都可以使用。尽管派通的荧光马克笔采用的是专用颜料，不过为了提升识别率，也保留了一定的空间。实际上，包装中的二维码才是重要的，相当于用户花500日元（不含税）购买了一个手机应用。不过，作为一个文具商，就算是卖应用，实际上还是归类在了文具中，因此促销时还是用荧光马克笔的照片在做宣传。应用软件有1年的使用期限，如果要长期使用，可以再次购买。

背诵剪报记号笔收获人气的原因之一，就是它很敢于更换自己的核心用户。发售之初瞄准的目标用户是频繁使用手机的高中生，不过很难获取这个市场。公司判断高中生花500日元购买的门槛比较高，所以2015年推出的背诵剪报记号笔2.0版本目标用户就改成了职场人士。通过与专业院校东京律法精神学校联合调查消费者需求后，面向司法代书人等这类有资格考试需求的人群销售，最后获得了稳固的销量。2017年9月，背诵剪报记号笔又与东京律法精神学校携手销售专用的书籍，其畅销的势头无人能挡。

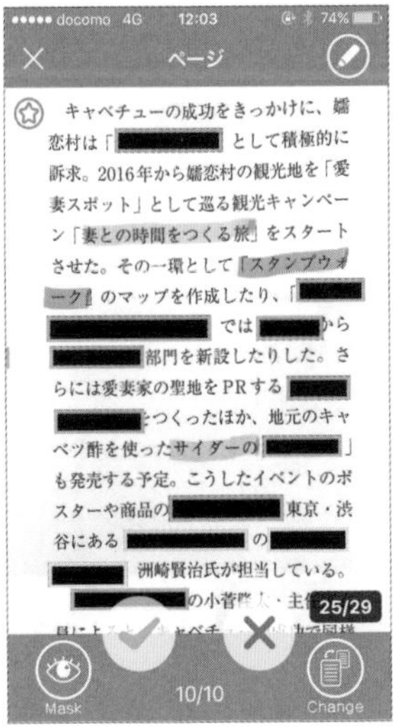

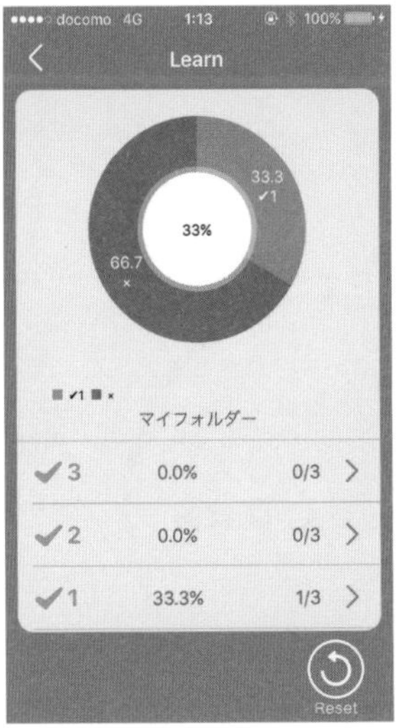

国誉（KOKUYO）手账本人生大事援助（life event support）系列

通过用户调查增加产品系列，活跃整个功能化笔记本市场

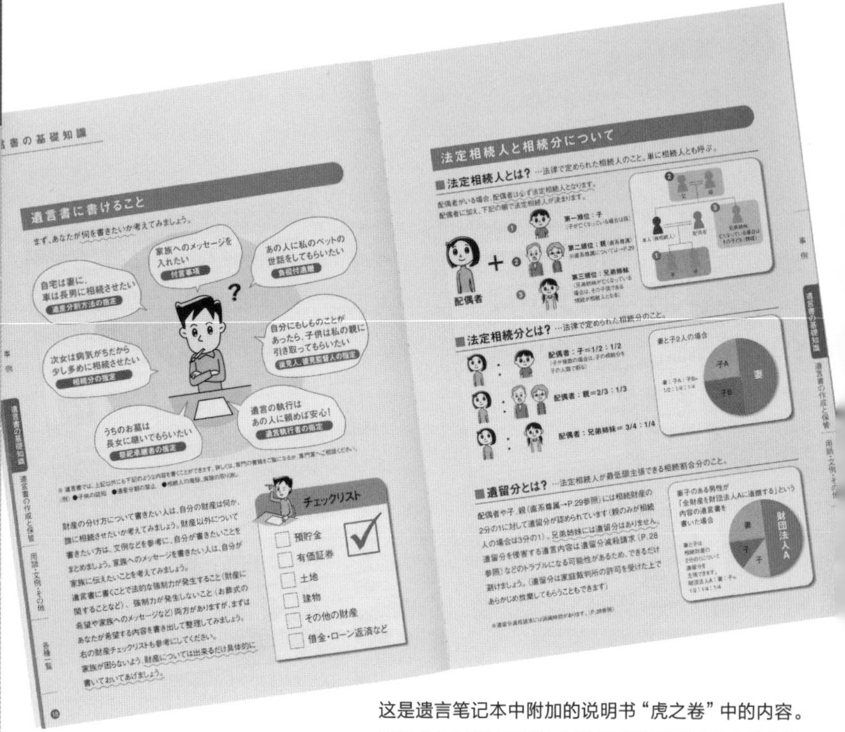

这是遗言笔记本中附加的说明书“虎之卷”中的内容。照着“虎之卷”写的话，谁都可以轻松写出具有法律效力的“自书遗言”

研发理念

满足用户“自己书写”具有法律效力的遗嘱的潜在需求

\+ 设计 →

实施方案

使用便于理解的漫画和图片，让不同年龄段的人都能轻松使用

遗言笔记本是一个有书写用纸、信封、保存用的纸板等的套装产品。书写用纸包含 2 张草稿、4 张正式书写纸，总共 6 张。为了证明是原件，正式的书写纸采用了一经复印就会出现水印文字的防伪技术。厂家对这款产品的建议零售价为 2 500 日元（不含税）

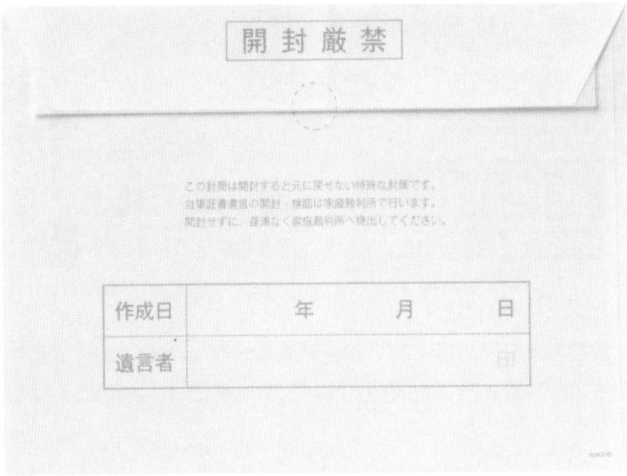

国誉文具出品了一系列能够记录自身行为的原创产品人生大事援助系列，其中包括能轻松搞定具有法律效力的遗嘱“遗言笔记本”，以及为了死亡而准备的临终笔记本“以防万一笔记本”，还有记录纪念日、礼物交换的“珍视与人交流的笔记本”等等。2009年6月开始，国誉逐渐追加了新的产品，截至2017年3月末，人生大事援助系列的累计销售量已突破了100万本。在购物网站亚马逊上，“遗言笔记本”和“以防万一笔记本”分别在“便签”和“特殊功能笔记本”分类中斩获畅销排行榜的冠军（截稿日期2017年11月8日）。

这些笔记本如此长盛不衰的重要原因，来自国誉公司挖掘出了客户“想写”遗言的潜在需求，以及通过用户调查捕捉到精确的用户需求。以制造出不论老少都能轻松使用的产品为目标，国誉逐渐扩大了功能性笔记本的市场。据说国誉通过扩充同系列产品线，填充了文具卖场中的日程表、日记本、记账本等“特殊功能笔记本”的区域，与其他公司的临终笔记本一起促进市场走向活跃。

从左至右依次为“以防万一笔记本”“珍视与人交流的笔记本”“珍视健康笔记本”。半B5大小，含塑料本套。临终笔记本为了避免“死亡”的字眼，产品名定为“以防万一笔记本”。封面上写着LIVING&ENDING NOTEBOOK

以前，写遗言或者临终笔记在人们心中的印象就是“为自己的死亡而准备的东西”，而现在大家的意识也在逐渐朝“这不是为了自己，而是为了家人而写”而转变。这种意识的转变也算是人生大事援助系列产品的一大功绩吧。人生大事援助系列产品的负责人，文具事业本部商品本部记录与印刷VU企划二组的田谷佳织说：“我们的产品被很多媒体报道成‘临终准备浪潮’中的先驱者，这促使产品销量上升，提高了我们的知名度。”

调查听取了大约100个人的意见

遗言笔记本的企划方案来自一名大学法律系毕业的女员工。据说因为大学期间担任法律顾问志愿者时，她接受了关于“想要自己写遗嘱”的咨询，当时她脑海中就有灵光一现。那个时候她就觉得写遗嘱的规则很复杂，如果没有相关知识则很难写出一份遗嘱。实际上她自己也试着写了一下，该选哪种纸、哪种信封她都不太清楚，到最后也没有写出一份完整的遗书。

进了国誉之后，她就想起了这个经验，提出了这样的假设——“有些人不知道该如何写遗书，那么是否存在轻松书写出便于理解的遗嘱这样的需求呢？”，然后对大约100个人分别实施了1小时的用户调查。

调查发现，除了老年人，还有照顾过双亲的30多岁~50多岁的人群，他们也有“以防万一，不要给尚在人世的家人带来麻烦”这样的愿望。

遗言笔记本的研发历时大约两年。相对于2009年发售伊始定下的2万本销售目标，遗言笔记本最终的销量达到了7万本，成为一款大热商品。之后国誉又通过收集问卷明信片等方法倾听用户心声，将其中需求大的项目作为独立商品来研发，追加了一系列的产品。例如，在制作遗言笔记本时收集到的用户调查中，他们也发现了“没有记录银行存款账户、保险信息等”的问题，于是研发出了“以防万一笔记本”。在购买了“以防万一笔记本”的用户之中，也有人说“想要将亲戚名单和婚葬礼仪的名单记得更加清楚些”，于是诞生了补充这些项目的“珍视与人交流的笔记本”。田谷说道：“就连页码的设置顺序也是听取了‘想要记录的事情’笔记本的用户意见后决定的。直接听取用户的意见，就能发现厂家没能注意到的用户需求。注重细节的商品才能持续畅销。”

●遗言笔记本“虎之卷”

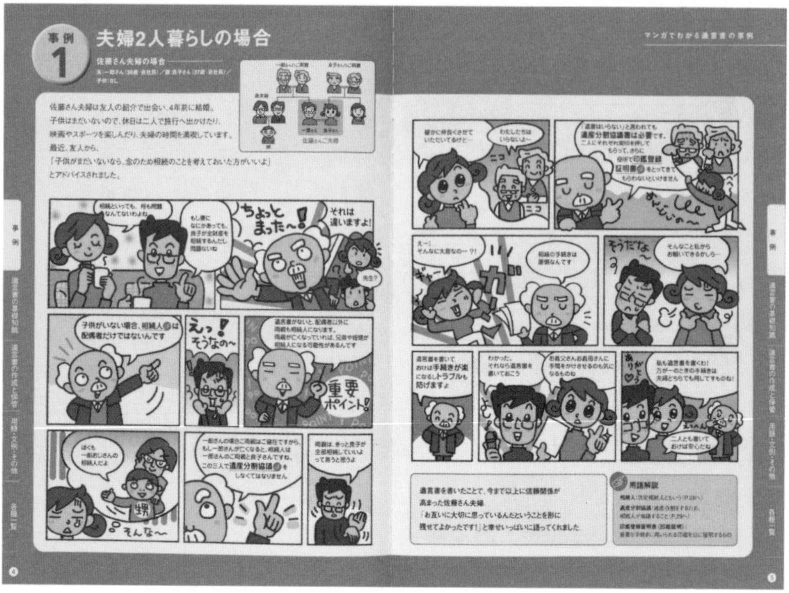

通过漫画轻松解读

遗言笔记本中的“虎之卷”是一本50多页的小册子，它通过漫画介绍了需要遗嘱的各种场景。以橙色为基调的配色时尚前卫，稀释了遗嘱带来的沉重之感

●衍生产品“日常记录型”系列产品

“遗言笔记本”和“以防万一笔记本”都属于“长期记录型”。因此而衍生出来的旅行笔记本、血压记录笔记本等都属于“日常记录型”系列。该系列的笔记本为A5尺寸，于2014年开始发售，共有4个种类

●以防万一笔记本

項 目	金融機関・支店	口座番号	引落日
例	電気代	△△銀行・駅前支店	1234567	毎月 26 日
1				毎月 日
2				毎月 日
3				毎月 日
4				毎月 日

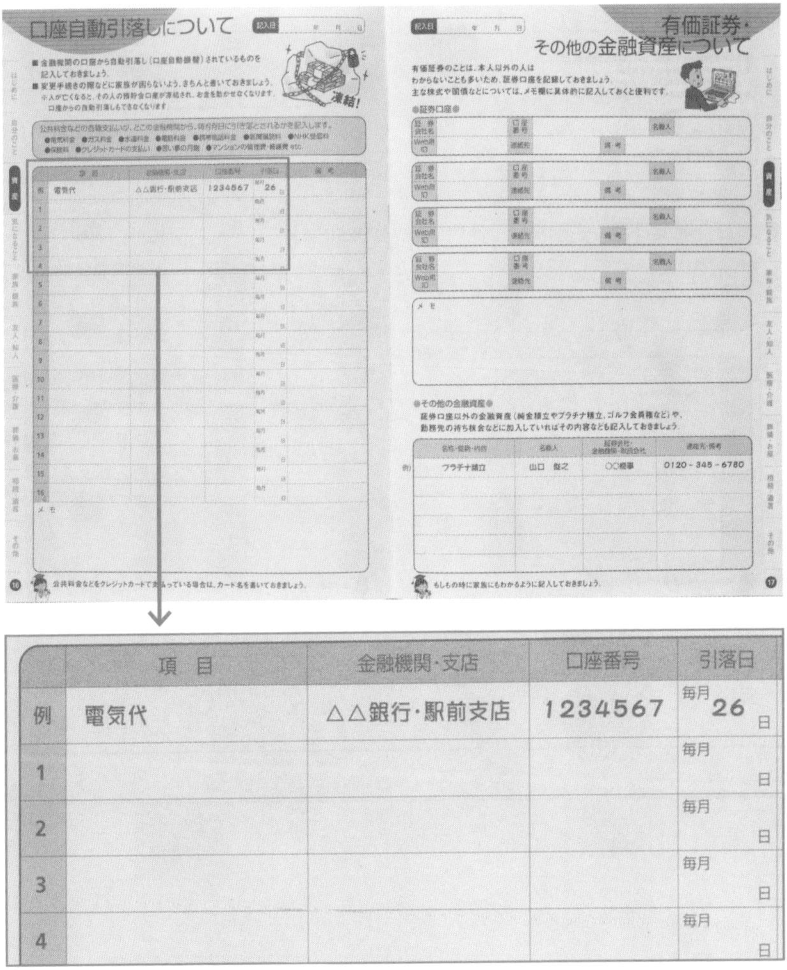

根据用户意见，设计了便于书写的大小

书写栏的尺寸是根据了几十个用户实际的书写感受而决定的。目的是让无论多大年龄的用户都能轻松书写。纸张采用的是国誉独有的"国誉记账本纸"。据说无论是用钢笔，还是其他任何书写工具，都能流畅地书写，也非常利于保存

国誉创意大赛

收集设计师灵感，打造大热商品

● **2013年获奖产品：主题快乐设计（HAPPY × DESIGN）**

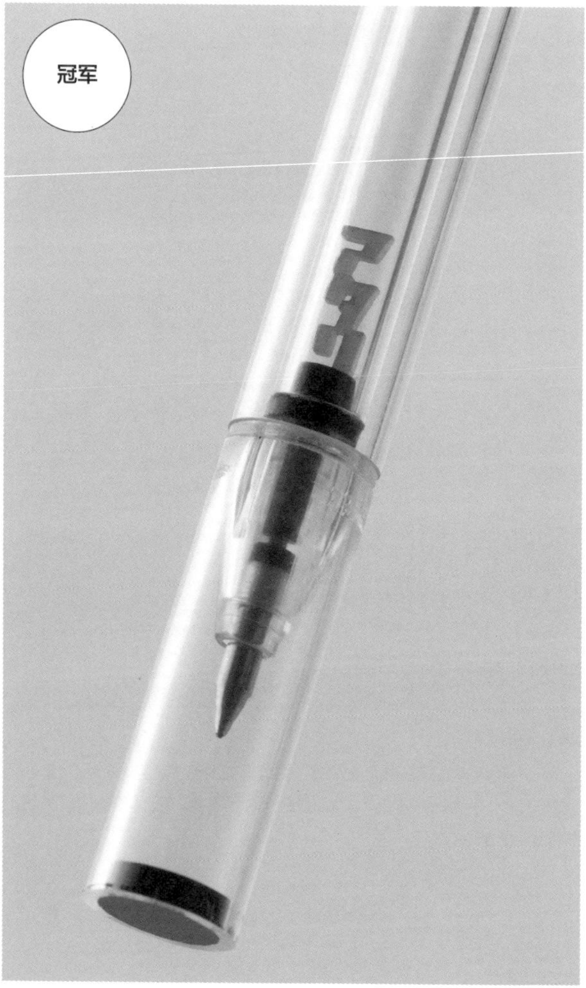

幸运签圆珠笔（Gari Ballpen）

玄多仁

这个圆珠笔底部有一个中奖签。设计师为了让书写的人能愉快地用完整支笔，花了很多心思

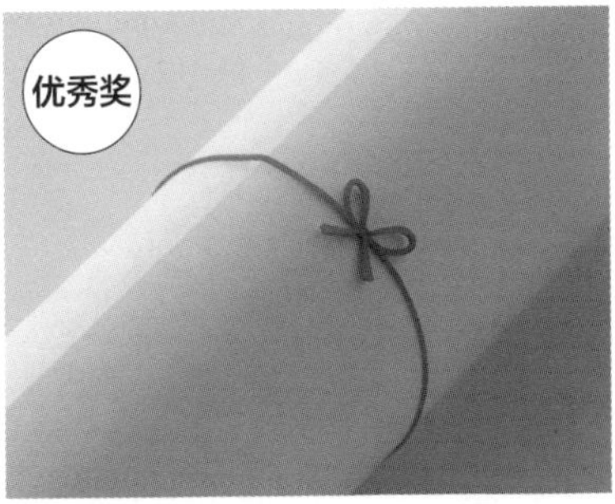

蝴蝶结橡皮圈（MIZUHIKIBAND）

麻生游

这是一个带蝴蝶结的橡皮圈。橡皮圈上有一个日式纸绳结状的蝴蝶结，不管用在哪种东西上，都可以将它轻松变成一个礼物

弯形坐垫（Stoop）

优香日吉

这是一种室内外都可使用的树脂坐垫。不管老人小孩，大家都可使用

自制便利贴

福嶋贤二

轻按一下即可制作一张便利贴。可以利用旧报纸、杂志等自己喜欢的纸片做便利贴

● 2014年获奖作品：主题次世代品质（NEXT QUALITY）

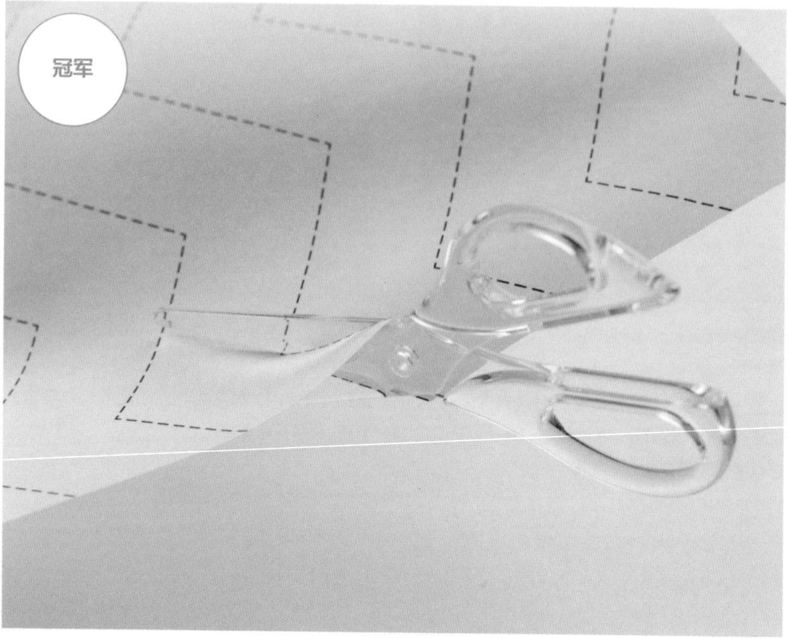

透明剪刀

获下直树　大石纮一郎

这是一把通体透明的剪刀，因为是透明的，所以能够更清楚地看到手的动作，更便于使用

2002年国誉开始举办“国誉创意大赛”。大赛的目的是征集大众设计，选取用户眼中优秀的创意进行生产。

这个奖项中诞生了诸如“角角乐橡皮擦”“哗啦翻笔记本”“甲壳虫双色荧光笔（Beetle Tip）”等大热商品。2015年的比赛有超过1 600件作品参赛，参赛国家包含日本在内达到了41个。这个奖项是设计师鱼跃龙门的机会，因此备受瞩目。

参赛作品的种类是国誉主打的家具和文具。不过每年都会设定不一样的参赛主题。例如2013年的主题就是“快乐设计”，征集的是能唤起世人精神力量的设计。2014年的主题是“次世代品质”，2015年的主题是“美好生活”。

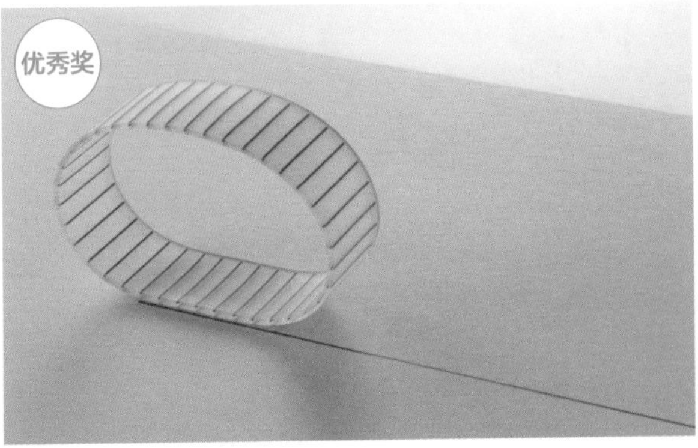

永圆尺

川口真那子

这是一把不论在平面还是曲面上都能一直画出直线的尺子

真正的尺子

坂井浩秋

这是一把将刻度进行等距的分割后，用位置来表示刻度的尺子

便于归纳笔记本

西居洋毅

将笔记本的一部分用不同颜色区分开来，以提高学习效率

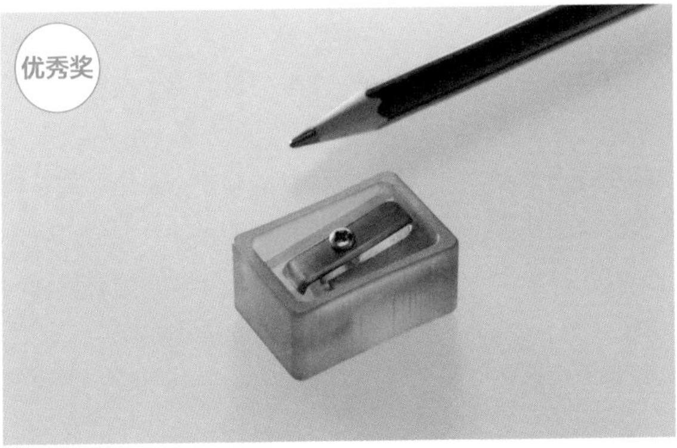

圆笔尖削笔刀

河本匠真

当你需要在记号纸上等书写时，这个削笔刀会只削除掉一部分笔芯，将铅笔尖修剪为圆形

● 2015年获奖作品：主题“美好生活”

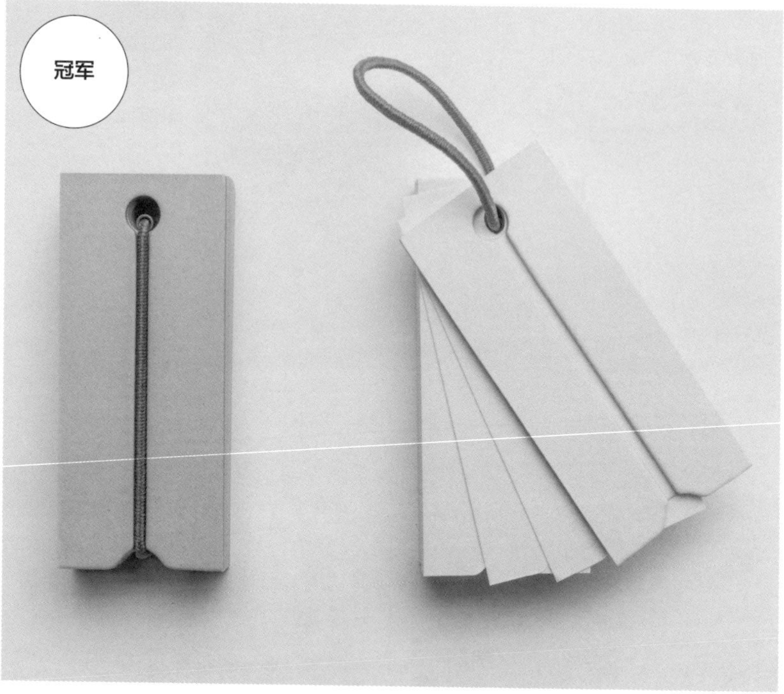

清爽单词本

ARA部（设计单元团队 伊藤实里 高桥杏子 室屋华绪 山中港）

这是一本像积木一样清爽利落地叠在一起的单词本。连接部分使用了柔软的材质，可以用它收集单词卡片，收纳在一起后不会胡乱散开

近几年的国誉创意大赛获奖作品中有这样的趋势：采用全新的灵感或是追求新奇创意的设计似乎在逐渐减少。相反，很多作品更加注重去研究市场现有产品的设计，通过改善原产品，以挖掘出新的市场需求。

获奖的作品越来越倾向于那些更为现实、雏形精度更高、以产品开发为前提而做的设计方案。

在设计师的眼中，普通的文具能够产生什么样的变化呢？即便只将这些灵感与想法作为参考，国誉设计大奖也是一项值得关注的奖项。

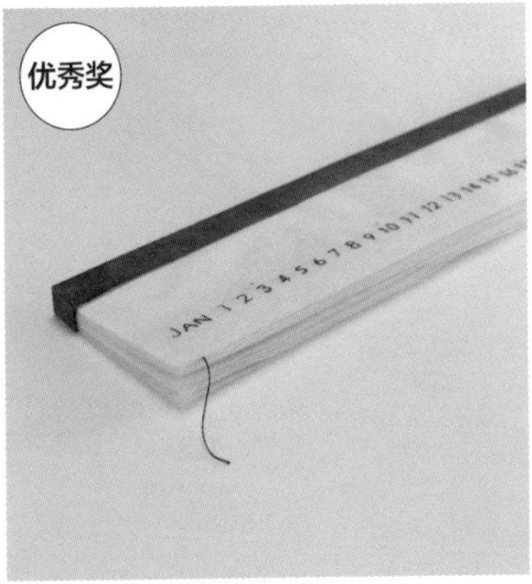

无常之美

上田美绪（大学生）

日历中的数字由线缝制而成。每过去一天，拉一下线，数字就会随之消失，寄托了人们对每一日光阴的念想

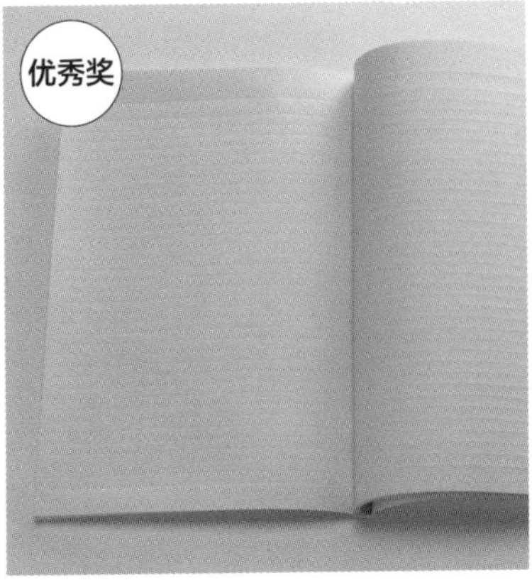

压花工艺笔记本

久保贵史（设计师）

笔记本中的线格由压花工艺制作而成，实际上没有颜色。封面文字和细节的展现也都采用压花工艺，是一种能让人感受到光与影的设计

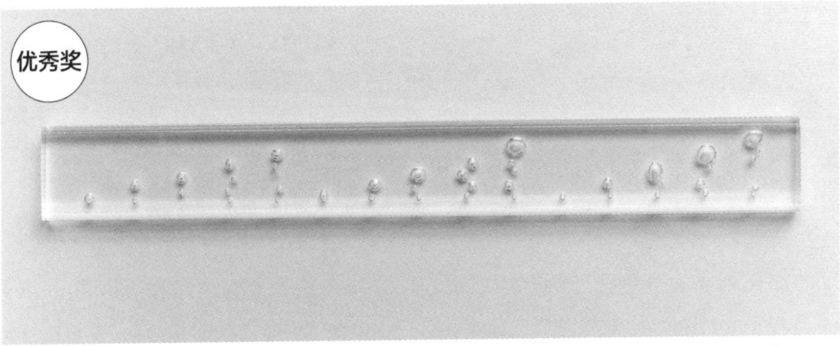

气泡直尺

塚田圭(设计师、建筑师)

由直线构成的直尺中，封锁了有机的泡泡。这是一把能让人在日常生活中感受自然之美的尺子

● 2016年获奖作品：主题如何生活（HOW TO LIVE）

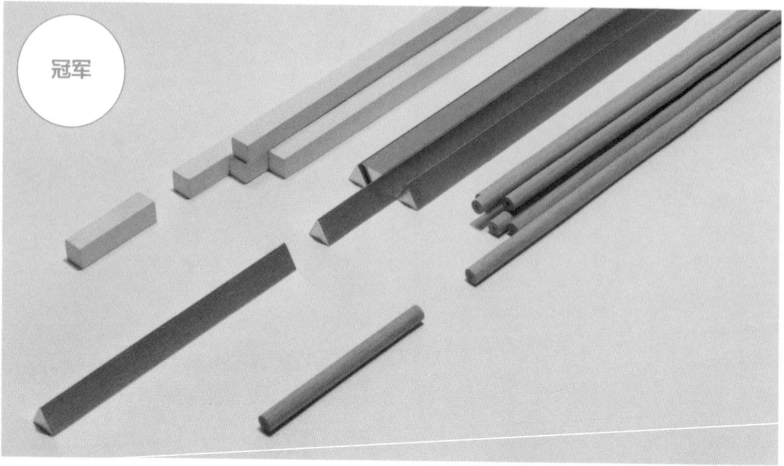

文具材料

AATISMO（中森大树 / 设计工程师，海老塚启太/建筑设计师）

所有的文具都做成了柱状，可以灵活地将这些文具作为材料，制成其他物品。有一种用树枝在地面画图般的朴素之美。稍加修改，就能打造出自己的专属文具

AATISMO（中森大树 / 设计工程师，海老塚启太/建筑设计师）

2015 年在米兰设计周展览中崭露头角，后不定期活跃于产品、建筑、艺术等各个不同领域

2016年的大赛是国誉的第14届设计大赛，主题为“如何生活”，以身边的文具、家具、生活用品为对象，征集“与使用者的生活方式、生活意识相关的产品设计方案”。

此次竞赛共有1 307件（日本国内929件，国外378件）作品参赛，其中有10个设计方案通过初审，进入了最终审核。

11月30号的最终审核与往年一样，先提交产品雏形，接着向评委阐述展示设计，最后通过评审讨论决出1件冠军设计和3件优秀设计。

评委在总评论中，添加了这样的

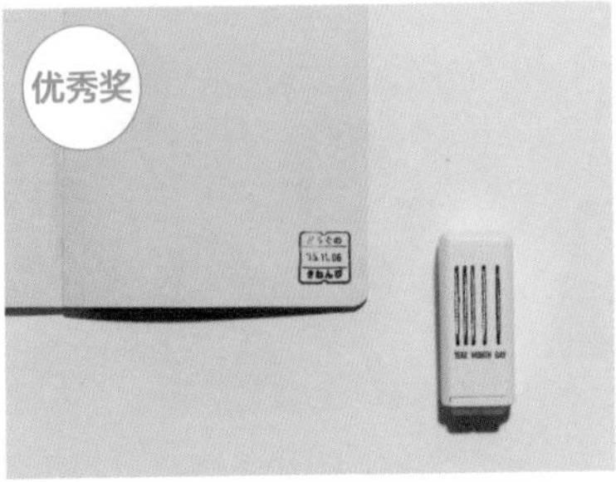

道具纪念日

阿部泰成（艺术指导）

我们身边的物品，与我们的关系分为“常用”“不常用”“一直在用”“很快就扔”等，这个贴纸的设计让我们重新审视自己与物品之间的关系，倡导着一种新的习惯

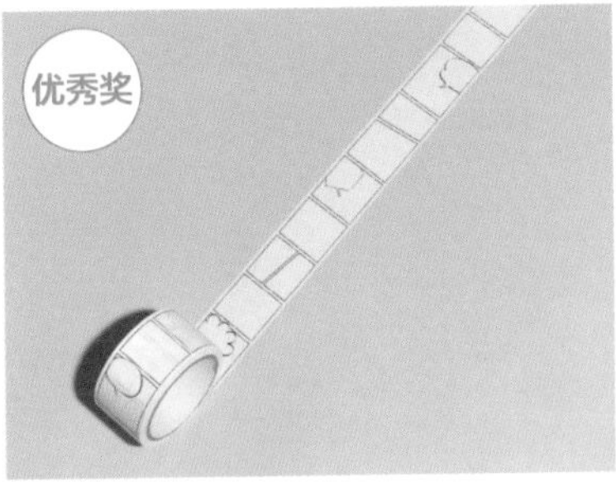

漫画胶带

南和宏（设计师）

这个胶带上面印有漫画里的分镜画框、对白框和效果线。可以在礼品上写故事、自己想对收礼物的人说的话，从视觉上表达自己赠送礼物的心意

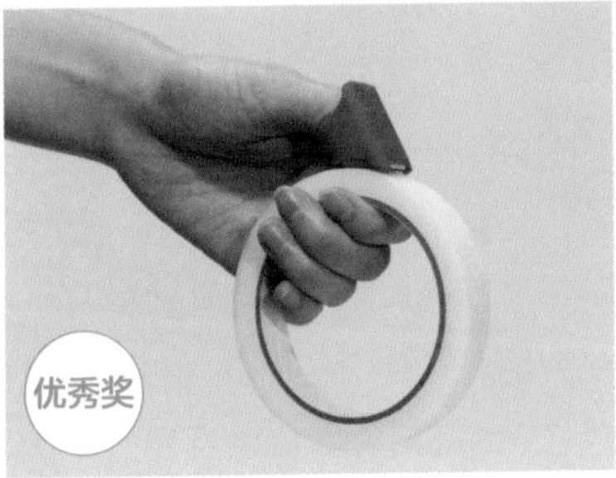

刚刚好剪刀

鲸（Kujira）（石川菜菜绘 / 大学生、前田耕平 / 大学生）

这个剪刀可以戴在拇指上，凭着自己的手感割断胶带。剪的时候，它就像是手指的延长。剪刀与手指合为一体，人与器具的结合更加紧密

评价：“获奖的产品，设计的不仅仅是产品本身，还在设计中考虑到使用者的行为”。同时指出：“如今的时代，人与物品间的关系产生了巨变。在人与物之间，如何设计出对应的留白，提供怎样的经验，才是设计的关键”“商家只负责制造产品的时代早已结束，如果不朝着真正意义上的生存之道与生活方式去制造产品，是得不到消费者肯定的”。

每个时代的商品都反映着当时的时代背景，我们要接受这个现实，对于获奖的作品，今后也要经过不断的改良后，再讨论如何进行生产。

● 2017年获奖作品：主题新故事（NEW STORY）

食用器具

Nyokki设计团队（柿木大辅、三谷悠、八幡佑希）

这些是提神醒脑的咖啡因与休息时的糖分。零食点心也是帮助人们工作的重要器具。写、擦、剪、贴等，这些器具的用途各不相同。将零食按成分分解开来，再赋予其新的形状与放置的地点，办公室的点心变成一种道具，帮助我们开始工作

Nyokki设计团队

这是千叶大学专攻设计的一个大学生团队。团队成员的专业分别为汽车设计、工业设计和空间设计。这是他们首次以Nyokki团队的身份露面参加活动

现如今的消费者用自身已培养出的严苛眼光去挑选商品，而在这样的一个时代中，国誉设计大赛以多元的价值观评选出各种新产品，将它们带到市面上，这就是国誉设计大赛项目的作用。

实际上以前的获奖作品中诞生出了“角角乐橡皮擦”“哗啦翻笔记本”等大热商品。还有比普通尺子更能准确测量的“真正的尺子”（获2014年优秀奖），用带子连接、像积木一样叠在一起的“清爽单词本”（获2015年冠军奖）等，各届的获奖设计中诞生出了各种各样的新产品。

2017年国誉举办了第15届设计大赛，主题为“新故事”。参赛作品要求不再局限于产品的功能性和便利性，要满足人们的感性诉求、挖掘出新的风格。国誉期待着这类设计的出现，因此设置了“新故事”的主题。

参赛作品总共有1 326件（日本国内880件，国外446件）。其中10个设计方案通过初审，进入了最终审核。这次各地的参赛作品有所增加，来自中国台湾地区与西班牙的2组作品挺进了最终决选。

最终审核与往年一样，先提交产品雏形，接着向评委进行5分钟的阐

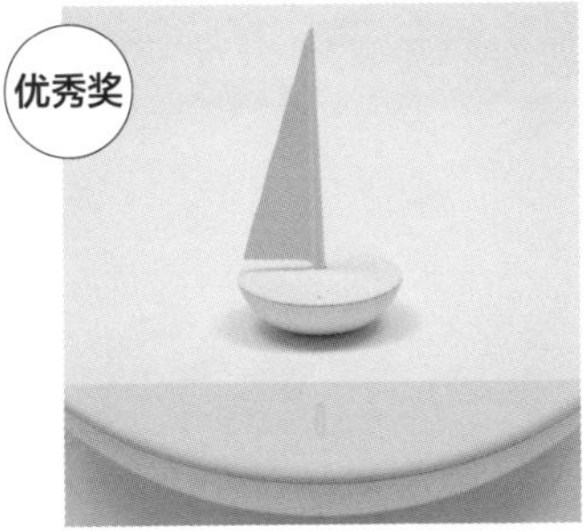

时间之舟

T4-202（Chih Chiang Liu、Yung Hsun Chen）

这是一个在时间的海洋上静静航行的时钟，其帆船的造型给人以很舒适的印象。这个道具能让人内心自然地放松，在祥和的氛围中审视自己的生活，同时重新思索时间的意义

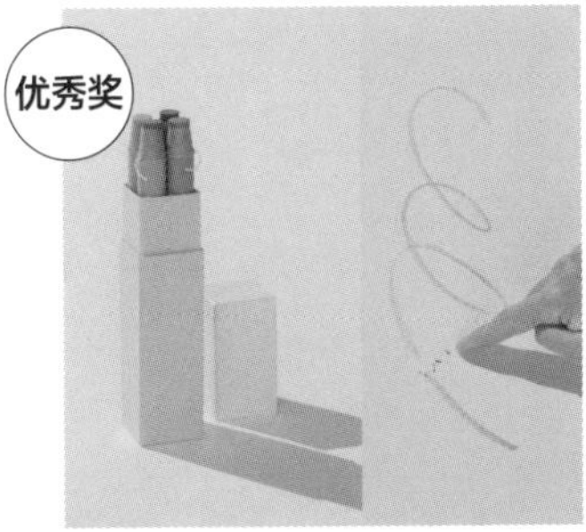

写字擦

Purabanban设计团队（中岛奈穗子、木平崇之）

这款橡皮擦的外观就像一支钢笔。它和普通的橡皮擦用法不一样。用橡皮像写字那样一划过去，橡皮就会脱落并附着在纸上，然后用手指一擦，字就消失了。纸面以及其他任何地方都能用

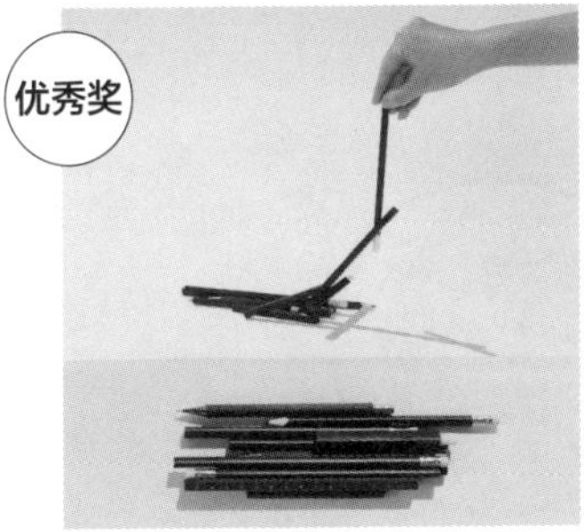

拉扯文具

古馆壮真

这是一款有磁性的文具，每个文具都由磁力吸在一起。这款文具和它本身被赋予的功能不太一样，它不需要容器收纳。它是一种新的文具使用方式，备受期待

述展示，然后进入答疑环节。

随后进行创作理念、创意新鲜度、产品完成度、商品化可能性、是否切合主题方面的讨论，根据评委投票，票选出1件冠军设计和3件优秀设计。

重塑办公室中的“零食”价值和功能的设计“食用器具”的投票最多，获得了冠军。在这个设计中，办公室的零食被视为与文具发挥同等作用的道具，这种想象力以及开发新产品类型的积极性，收获了众多好评。如果能够进入商品化阶段，对国誉来说，肯定是一次特别大的挑战。

百乐（PILOT）通心粉纸夹（macaroni CLIP）

能收纳30张纸、不可貌相的实力派

百乐文具的通心粉纸夹形如其名，是一种长得像通心粉的夹子。用法也很简单，用夹子一侧的缝隙夹住纸就可以了，也不需要捏夹子开夹子这些动作。

虽说它的直径只有8mm，但一个夹子就能夹住30张打印纸。自2012年3月发售起至2015年9月，销量达8.37万包（每包15个）。

百乐文具于2011年由社长山本吉宏创立，是一个文具企划、开发公司，换而言之也是一个文具风投公司。据说通心粉纸夹的灵感来源于其他公司的连发式推夹器。

连发式推夹器是一种专业工具，使用时将金属片制成的“弹珠”射进

这种颜色和形状在文具店中很抓人眼球
macaroni
CLIP
Buono?

外形与通心粉神似的通心粉纸夹。直径约8mm，可以夹住30张纸

纸张边缘，就能固定纸张。弹珠的拆卸也很简单，可从文件上轻松取下，还能重复使用。因此百乐就想："如果有一种不必使用专业工具就能收纳更多文件的纸夹，这个产品应该是有市场的。"

有一次，他们看到香烟滤嘴后就突然想到"夹子如果做成这种大小，应该会很好用"。这个夹子夹在纸上的部件很小，既不会挡住文字，也便于翻页。从它的横截面看过去，很像游戏"吃豆人"的形象。仔细观察它的开口部分，会看到两个夹片的末端是微微错开的。这种构造是为了让夹在长夹片上的纸张，刚好被短的那一根的边缘卡住。

●通心粉纸夹的销量变化图

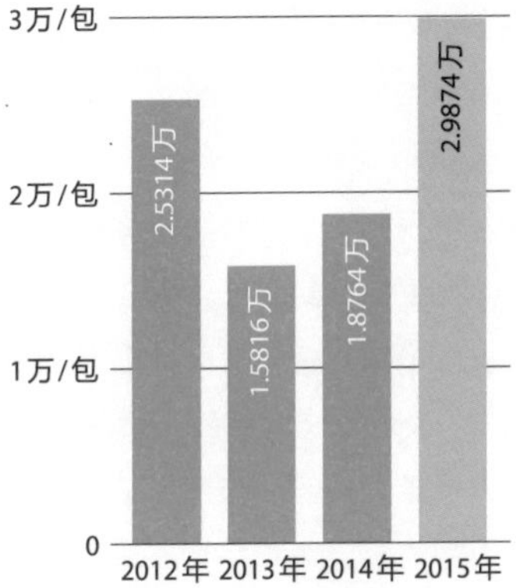

截至2015年12月11日

除了通心粉的颜色，还有白、粉、蓝、绿、黑这5种颜色，也有5色"混合装"，以及白、黑混合的"单一装"，共有8种包装。其中"单一装"占总销量的50%

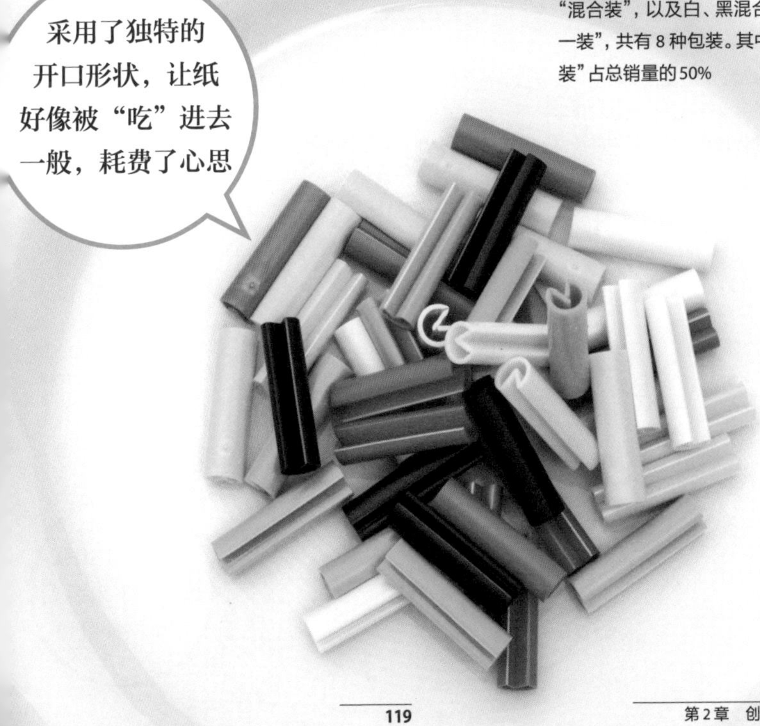

通心粉纸夹需要利用材质本身的弹性，将纸张牢固地夹在一起。考虑到普通的塑胶材料弹性不够，山本社长选取了价格为PP材料两倍的工程塑料——聚醛树脂。首先使用聚醛树脂进行切断处理，做出样品，确定这种材料可以用来做纸夹。制作样品时选取了3种不同长度，然后确定了3cm是最合适的长度。在一般情况下，在同一个横截面中需要连续成型时，采用的是挤压成型方式。不过生产纸夹采用的却是注塑成型方式。

山本社长曾在一家利用树脂挤压成型制造水管等工业材料的工厂中，担任过营业一职。他精通树脂和挤压成型相关知识，百乐的另一款产品半纸夹（Demi Clip）就是挤压成型制作而成的。根据以往的经验，他认为通心粉纸夹如果采用挤压成型会很难实现。

实地售卖引起关注

挤压成型在成型时与空气接触的时间很长，受温度、湿度等影响，很难稳定地成型。他认为，这样有可能无法保证夹片那种微妙的咬合精准度。不过山本社长说“关于注塑成型，自己完全是个门外汉”。使用最开始制作的那个模具来成型，导致开口位置的两块塑料夹片朝内凹陷，他认为有可能是塑胶的收缩导致塑料片产生了咬合。

纸张较少时，纸放在长夹片上，另一块夹片的边缘起着固定纸张的作用。这采用了以前研发的产品中的技术

纸张较多时，利用所有的接触面来固定纸张。这样一来，摩擦力和弹力都会增加，因此夹得更为牢固

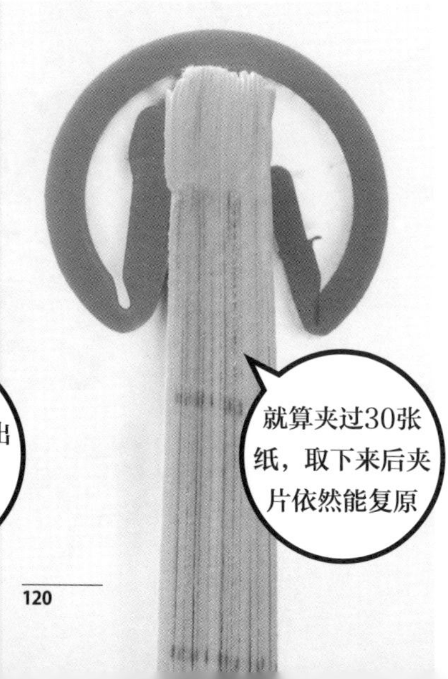

就算夹过30张纸，取下来后夹片依然能复原

不过实际成型后，收缩的方向并没有和预想的一致，还是不能很好地固定纸张。因此又重新制作了模具，将设计改为插入的一侧呈伸展状态直接成型，成型结束后再折叠进去。

通心粉纸夹这个商品名字实际上并非由山本社长所取。据说是在产品企划阶段百乐向合作商进行阐述之时，采购商建议取的这个名字。它另一个特点就是产品颜色也和通心粉一样，据说这也是采购商的提议。

其实山本社长内心想的是“这种颜色可能卖不出去吧”。实际生产时，也耗费了很大心力。因为文具生产时很少会用到这些颜色，所以委托生产的厂家那里都没有这些配色的相关数据。最后是买了真的通心粉，一边试一边调出的颜色。

不过这些通心粉色却产生了意外的效果。这是在文具店实地销售时发生的事。当店员穿上围裙，将通心粉颜色的纸夹放在盘子里面展示时，“文具店里还在卖吃的？”这种不合常规的事情首先引起了顾客的注意。随后，当店员捏起一个通心粉纸夹，用它来固定纸张时，这种不合常规性又给顾客带来了双重意外。实际上，通心粉颜色的夹子卖得并不是那么好，不过在展示商品个性的多样性方面，它发挥了很大的作用。

成型后，有一侧的夹片朝外伸展。将此夹片朝内折叠，就变成了最终产品

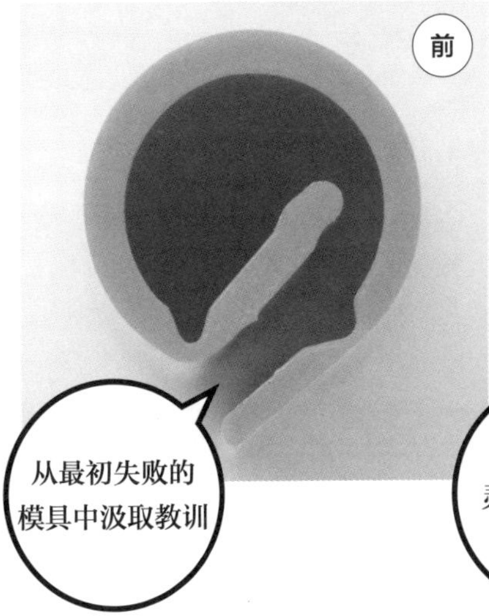
前
从最初失败的模具中汲取教训

聚醛树脂的回弹复原性很出色。因为不易产生折痕，所以很适合用于制作纸夹

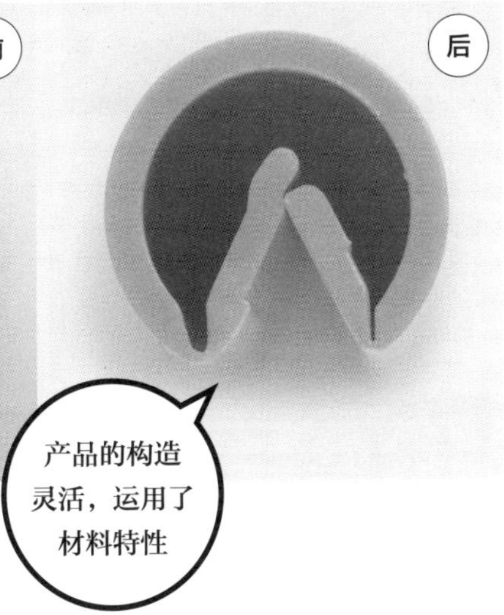
后
产品的构造灵活，运用了材料特性

创意文具篇

邮递公司（POSTALCO）子母扣拍纸本（Snap Pad）

设计出“移动感”的新型笔记本

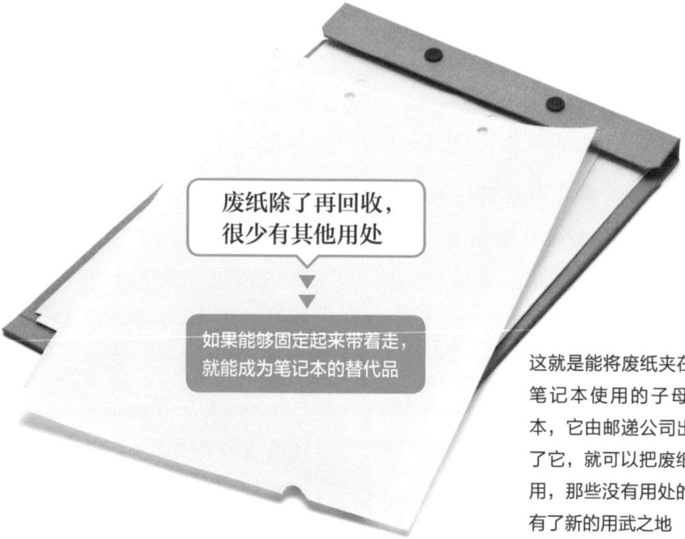
废纸除了再回收，
很少有其他用处
如果能够固定起来带着走，
就能成为笔记本的替代品

这就是能将废纸夹在一起当笔记本使用的子母扣拍纸本，它由邮递公司出品。有了它，就可以把废纸带走使用，那些没有用处的纸张又有了新的用武之地

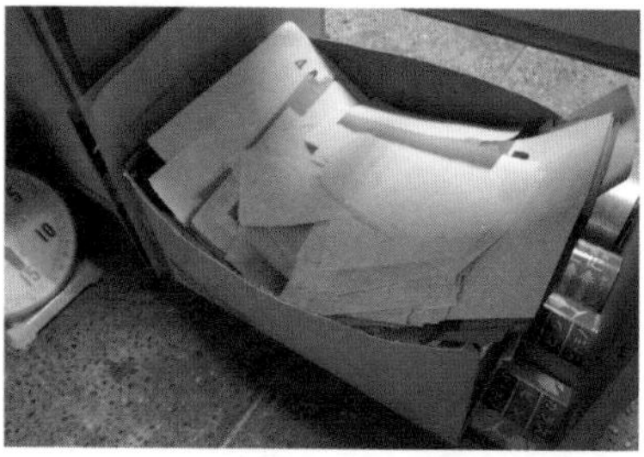

这是邮递公司办公室中的回收盒。里面放着一些打印废纸等东西。子母扣拍纸本的灵感就是由此而来的

印刷失败的纸和复印错的纸，这些纸张被称为废纸、印刷失败纸。邮递公司的子母扣拍纸本就是一款回收办公室和家庭废纸的产品。将A4 纸打孔后，夹在子母扣拍纸本里面，不管什么纸，都能把它们当作笔记本来使

翻页的时候不必解开子母扣，翻折的部分比较留有余地。从横截面看过去它的构造一目了然。照片中的纸板是A5的，夹了很多张不同颜色的纸

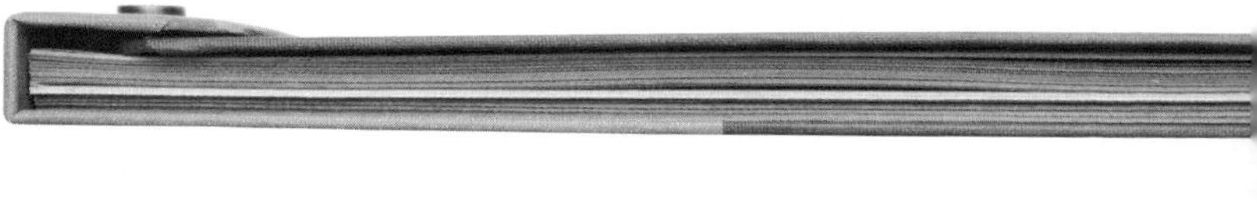

用。使用子母扣拍纸本，那些越堆越高的废纸就可以被带走，它们因子母扣拍纸本而焕发出了新生机。

从日常调查中诞生的产品

这款产品值得书写之处不在于它创造出了一个新的笔记本，而在于它利用周围的东西代替了笔记本的功能。而子母扣拍纸本中要用到的纸张或是打孔的设备，使用办公室或者家里的就可以。

邮递公司的产品制作始于一次调查。

调查的“舞台”就是邮递公司的办公室。据说有一天他们发现办公室的回收盒子里面堆满了废纸。办公室中日常的复印和打印肯定会产生废纸。剪掉废纸的一部分，拿来在电话客服的时候做笔记等，因为用途很有限，所以废纸的消耗赶不上它的产生。同时还要费精力去整理回收盒，反而制造了多余的麻烦。

经过分析，回收盒的用途有限，主要是因为纸张一直都留在办公室里面。也就是说，如果能够很好地“移动”这些纸，那废纸的用途就会变多。

要移动这些废纸，就需要给废纸加一个封皮，还要扎在一起。加封皮比较简单，但把废纸扎在一起就难了。比如市面上卖的那些垫纸板都是用夹子来固定纸张的，因此纸张会脱落，不适合带着它移动。要将调查结果付诸行动，关键在于固定纸张的部分。因此如何固定纸张就成为一个难题。

简单、开合方便的垫纸板

经过讨论，他们决定采用子母扣作为固定纸张的器具。这是一种用在包袋和服装上的纽扣。邮递公司选取了凸起比较长的那种纽扣，重新规划了固定纸张这个部位的构造。

这就是凝聚了心血的纸张固定部位。因为想要一种简单且易于开合的固定方式，所以采用了包袋和服装上使用的子母扣，并且选取了子扣的凸起比较长的纽扣。简单且开合方便，就是这个产品制胜的关键

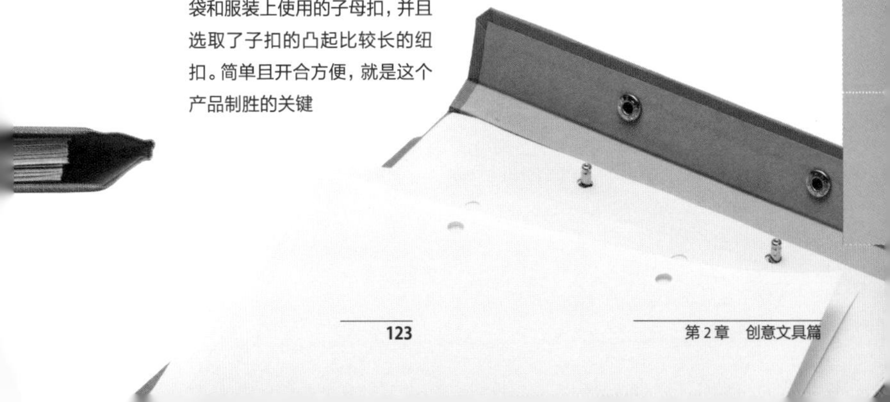

因为这类产品是之前所没有的，所以在说明书中用插图对产品的使用方法进行了简单明了的说明。将说明书翻过来，就能把它当成一张笔记本纸使用

采用子母扣还有一个原因，就是考虑到了使用中的体验感。邮递公司的设计师迈克·埃布尔森（Mike Abelson）说："在我想事情的时候，按下又打开封皮上的子母扣，是一种很舒服的体验。"因为他灵活地运用着自己的身边之物，所以才能够去想象用户使用产品时的感觉。邮递公司将这种感觉也视为提高商品魅力的重要因素。

最开始制作纸张固定部位的样品时，采用的是金属切断后制成的弹簧部件。然而他们觉得弹簧构造有些夸张，会降低产品的可移动性以及便利性。埃布尔森说："经过对样品的讨论，我们认为如果它不能令人觉得简单，很想使用，那就没有投入生产的意义。"

这次采用了凸起比较长的子扣，这种扣子近几年的用途很少，给五金配件厂的负责人看了实物后，他们说还是第一次看到这种扣子。埃布尔森回想起了自己在一家古董店中看到过这种子母扣。

可固定100张A4纸

子母扣拍纸本的封面纸板制作也耗费了心血。为了让封面能够在不拆开子母扣的前提下进行开合，在纸板的头部较厚的地方留有一定的空余。有了这点空余，不管夹多少张纸，纸板都能很利落地开合。

子母扣拍纸本这款从未出现过的产品，最不可或缺的就是它的说明书。邮递公司是一个很注重新产品说明书的公司。因为商店的采购商们能有机会直接听到厂家的说明，厂家却无法直接对消费者去解释产品。

说明书中结合了图片进行说明，即使是收到子母扣拍纸本礼物的用户，也能很好地理解产品的用途。这次的说

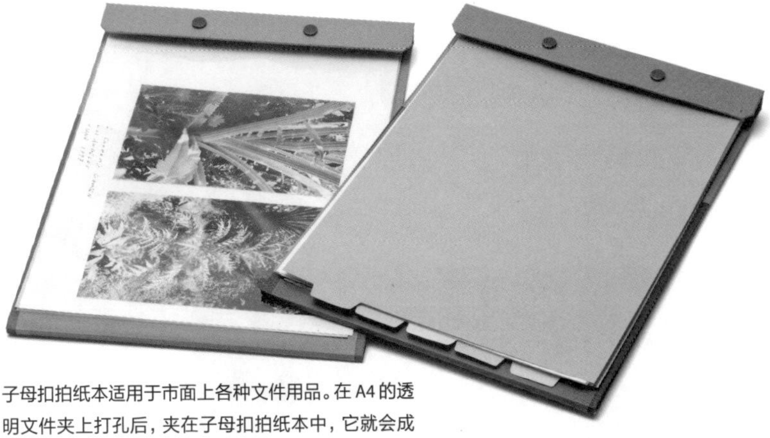

子母扣拍纸本适用于市面上各种文件用品。在 A4 的透明文件夹上打孔后，夹在子母扣拍纸本中，它就会成为一本相册或具有其他用途的产品

这是一个子母扣拍纸本的样本模型。拆开笔记本，它就是一些纸张和一个盒子，厂家在它们各自的使用寿命上也有考量。因为盒子的使用寿命更长，所以在固定纸张的部位和翻折处做了更严密的处理

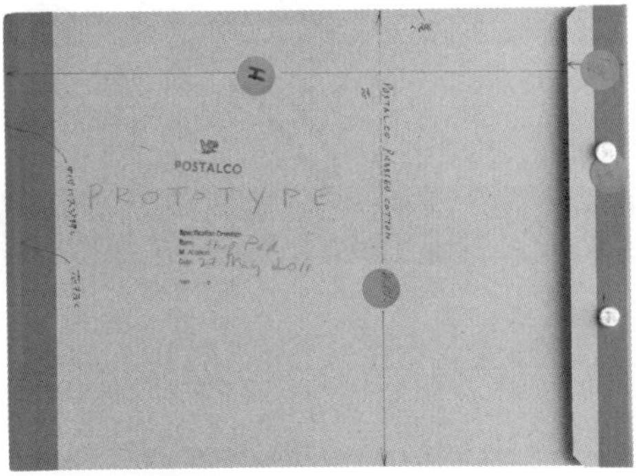

明书和子母扣拍纸本装封在一起，说明书就是一张A4纸，夹在子母扣拍纸本中，既能体现产品的使用方式，把说明书反过来，它又是一张新的笔记本纸。

子母扣拍纸本另外一个魅力在于只要是打过孔的纸都能固定在一起。这样一来，市面上各种文件产品都能使用了。用打孔机将纸开孔后，就能夹在子母扣拍纸本中使用。打孔机很多人都在办公室或者家里用过，是一种很常见的文具。

如果在透明文件夹上打孔后夹在子母扣拍纸本里，它就变成一个相册或是说明手册。册子里面的内容和数量，用户都可以自行搭配。

邮递公司折叠日历（Folio Calendar Cover for）超级整理手账本与其他

不被时间束缚的手账本

向解决问题发起挑战

在这款手账本中，每一张纸都是A4纸折叠而成的，单面可以填写8周的日程安排，还有手账专用的封面。使用它能够总览自己一周或一个月的日程安排。时间跨度较长的日程将更为直观地呈现在眼前，促使用户更有效率地安排时间

邮递公司的“折叠日历超级整理手账”，在折叠状态下长 225mm，宽 95mm。另外还有与之成套的单面可写 8 周，四张双面加起来能写 1 年的行程表手账“周计划（Weekly Calendar for）超级整理手账”

邮递公司的“折叠 日历超级整理手账”，能让人把握住悄然溜走的时间。打开手账本封面，拉出折叠的手账纸，可以看到8周时长的行程表。

这个手账本的原型是野口悠纪雄的创意超级整理手账，邮递公司用自己的视点，对超级整理手账进行重新设计，制成了这款新的手账本。

如果不好好把握，时光会飞快地流逝

邮递公司的迈克·埃布尔森曾认为行程表是没有用处的东西。他一贯的主张是“不被时间束缚才是幸福的生活。 如果要写自己的计划，在笔记本上，或者剪一片纸写，不就好了。”

不过有一天，他萌发了这样一个想法——要突破时间的束缚，就应该有意识地去掌控时间。埃布尔森说：“新产品发售前夕还有项目的截止日之前，总感觉像是坐上了一辆狗拉的雪橇在被狼追赶。那是因为我们的眼光没有放在关注时间上面。如果能将

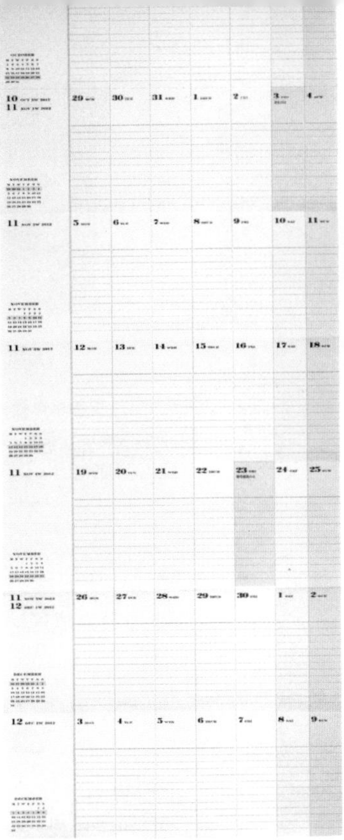

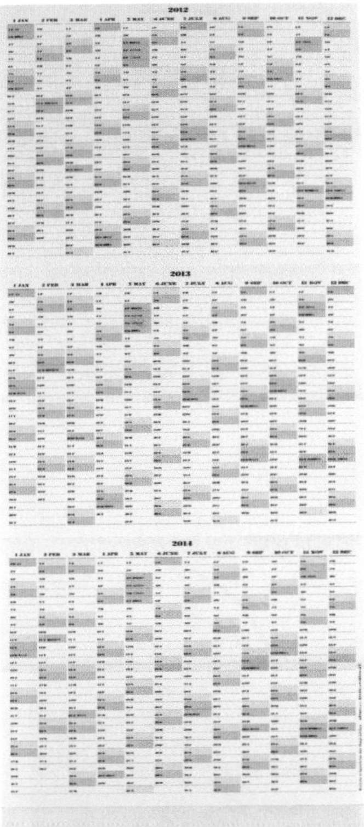

（上）这是折叠式的“周计划超级整理手账”打开后的样子。可以总览长达8周的日程安排

（下）这是从2012年到2014年，总共3年的日程安排，“3 年日程表超级整理手账”用一张纸就将3年囊括其中

因为这个比一般的手账要长一些，所以没有设计弧度，有一个固定钢笔的笔插

“折叠日历超级整理手账”的封面使用的是韧性很好的压缩棉，颜色有以上几种。从左到右分别是灰色、红色，以及最右边这个最新发售的绿色

眼睛看不到的时间直观地展现出来并掌控它，这样就能最大限度地利用时间。”

比如距离工作截止日还有一个月时，如果能将这一个月的时间流逝和自己的行程安排变成眼睛可见的东西，那么在截止日到来之前，还有多少个工作日，要同时进行哪些工作，要怎么分配时间等，我们就可以成体系地来思考这些问题。

那种以周为单位的双联行程表手账，适合安排每天或者每周的时间，但是很难掌控长时间的行程。如果不能掌控好时间，就算有1个月多余的时间，也不知不觉就过去了。不管是商务活动还是日常生活，很多时候都会提前一两个月规划。埃布尔森想要的那种手账，能够矫正人们想象中的时间与实际时间之间的偏差，并能通览8周的行程计划。

这个行程计划表中，只有满足总览条件的必备信息。因此，通过它可以直观地全览所有工作日。根据此行程表的设计目的，常见的“吉日”“凶日”等6种历注是不需要的信息，因此都省略掉了。以周为单位的行程表中，其线框左下角区域必须完整地显示一个月，这也是为了顾客能时常全局性地查看时间。纸张颜色采用的是浅蓝色，据说这样消除了行程计划表带给人的商务印象。

固定封皮的橡皮筋可以简单地拆下，也可以替换

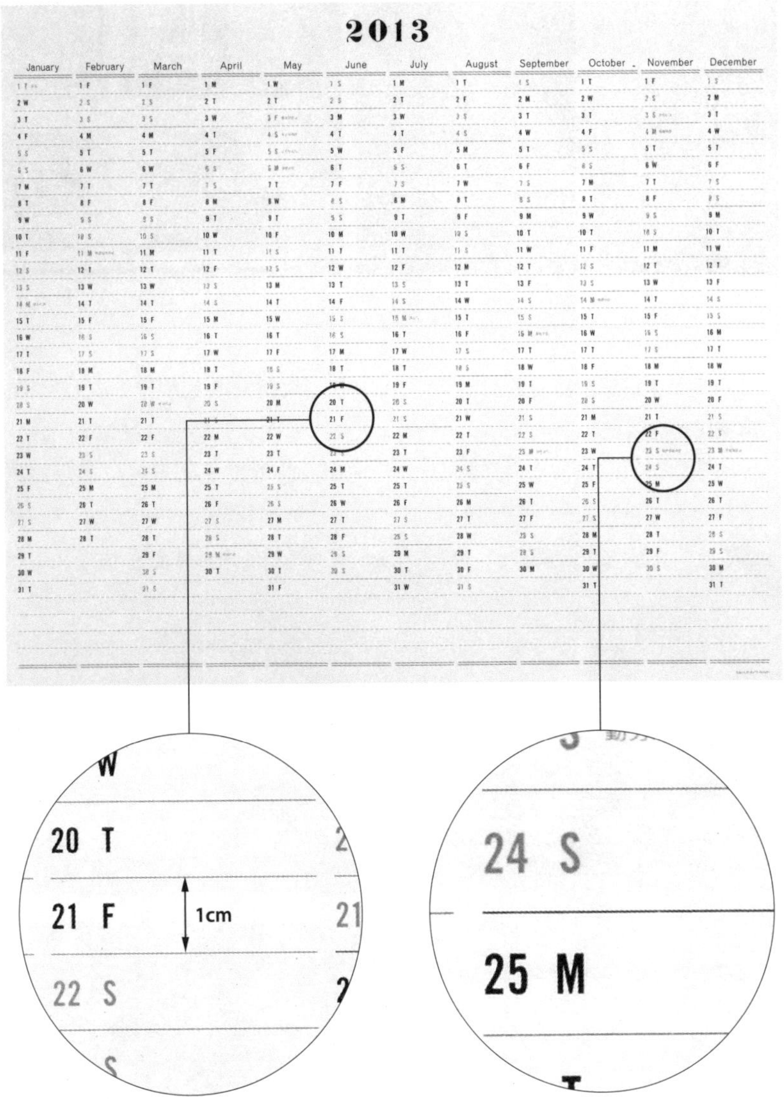

每一天的线格高度做成了1cm。可书写的空间比较小，但是一眼就能看完一整年的计划。1年365天的时间被有条不紊地收纳进宽46cm、长57cm的纸张中

用“S”“M”的简写代表星期几，采用极简的设计，可以轻松一览所有信息。如果只看S和M之间的黑色横线，也可以将1年的时间按周为单位来划分

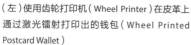

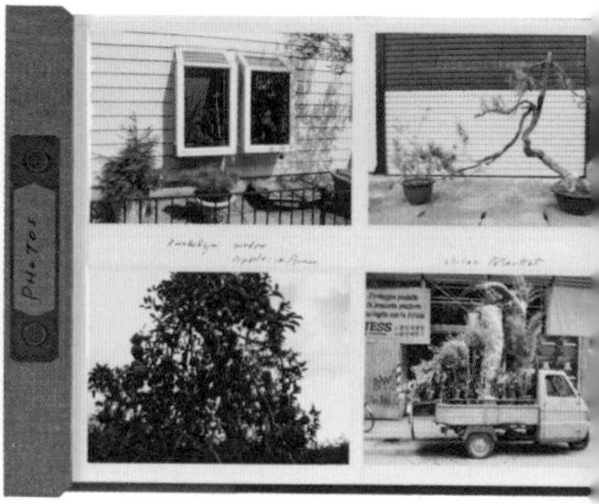

新产品中汇聚着独特的提出问题与解决问题的创意

邮递公司的眼光总是聚焦在日常行为和极容易被视为理所应当的小事之上。他们持续推出了很多自行提出问题，而后又在产品中解决问题这种富有故事性的产品。

当数码相机成为我们身边的常用之物后，拍照的机会急剧增加。计算机和内存中没什么用的照片越来越多，打印照片的机会却急剧减少。我们究竟为什么要拍照呢？邮递公司的“子母扣相册（Snap Album）”（上）向我们提出了这样一个质朴的问题。

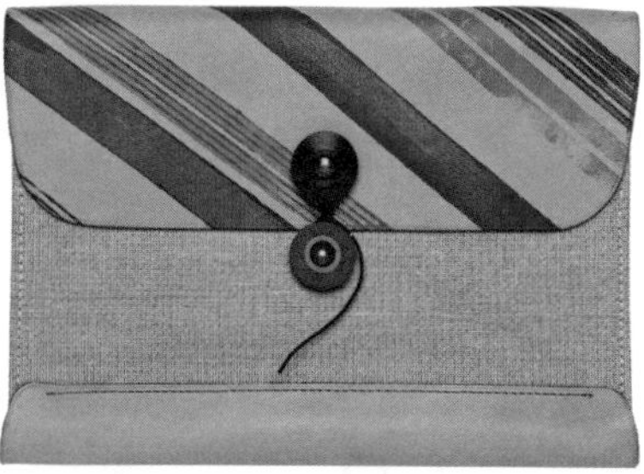

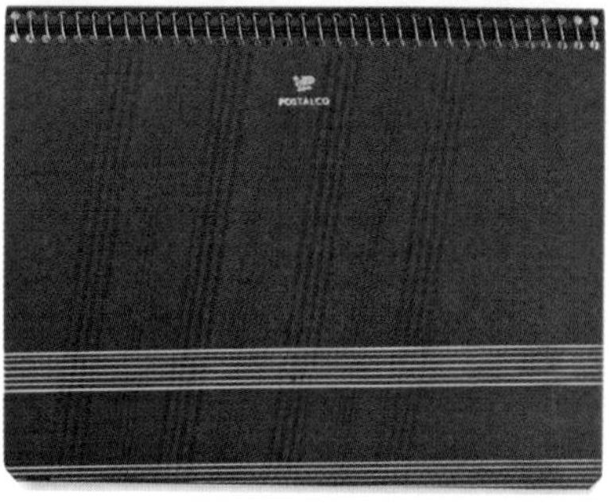

（左）使用齿轮打印机（Wheel Printer）在皮革上通过激光镭射打印出的钱包（Wheel Printed Postcard Wallet）
（右上）使用同样方法制作的工具箱（Wheel Printed Tool Box）
（右下）使用齿轮打印机打印出了颜色鲜艳的 A5 笔记本封面(Notebook Wheel Printed Cover)

“子母扣相册”每一张内页可放入 4 张 L 尺寸的照片，总共有 15 张可替换内页，可收纳 120 张照片。内页采用的是注重观看照片时的手感的材料，留白处可以写评论和笔记。替换相册封底部分和内页时，打开子母扣，有一个可以写标题的方框

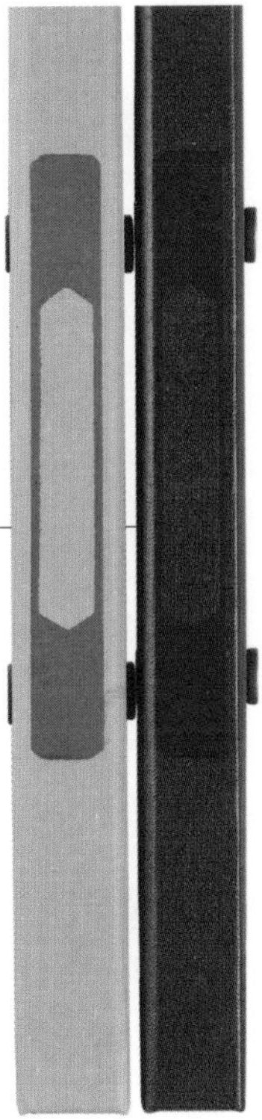

埃布尔森使用自己制作的齿轮印刷机，摸索着介于成品和定制品之间的制作方法，做出了这些色彩鲜艳的文具。根据色彩和印刷精度等，每个商品的表现各不相同，买家可以从这些产品里面挑选出自己喜欢的产品。这款产品的发力点在于新奇的商品制作方式，也是设计师埃布尔森摸索出的结论。他希望消费者能通过体验产品的制作工序，与物品产生深度关联。

埃布尔森想要一个介于成品和定制品之间的产品，于是自己制作了齿轮打印机。这个打印机可以印刷各种各样的商品，优点是比定制品价格更便宜。多个齿轮旋转起来让墨水附着在打印物上，可以在皮革和纸张上印刷随机或者规则性的图案

设计哲学（Designphil）动物索引夹（index clip）

小小的纸夹可以固定纸张，将人与人联系起来

道具的正当进化
固定纸张的夹子变成动物的形状，从此以后还会有各种各样的交流

每种图案有三种颜色，各有6个，一个包装中共有18个夹子

为保护地球环境采取适当措施
不管是产品本身还是包装，在满足100%功能的基础上，甄选可废弃的纸张

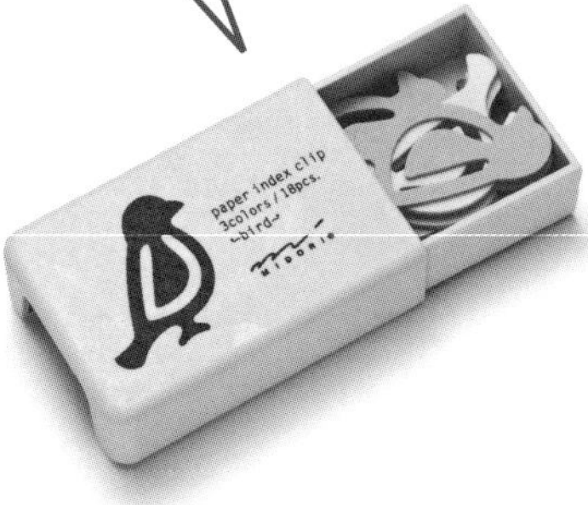

装夹子的盒子模仿了火柴盒。材料由51%的纸粉和49%的PP料构成，丢弃时可以作为废纸进行处理

将夹子夹在书中，露出企鹅的头来，除了纸夹的功能外，还同时充当书签，兼具索引功能

书的上方微微露出一个企鹅的头来，手账本的一端，鲸鱼的尾巴在跃动……这就是设计哲学于2月发售的以动物为形象的索引夹。它可以固定10张左右的文件纸。递交办公室公务用文件，或是有类似商务交流的时候，可以展现自己的个性，传达自己的关心之意。

只要说话对象目光停留在这个小

产品共有6种图案，除了左边这种小鸟图案，还有企鹅、猫咪、鸭子、兔子和海豚图案。每种图案有3个颜色，套装内总共有18个夹子，每种图案都有黑、白二色，另外一个颜色会根据不同的图案有所变化

小的夹子上，那就是一个聊天的机会。它不仅仅是一个能固定纸张的夹子，还是一个能传递感情和心意的交流工具。这就是这款索引夹的价值，也是它独特的用途。

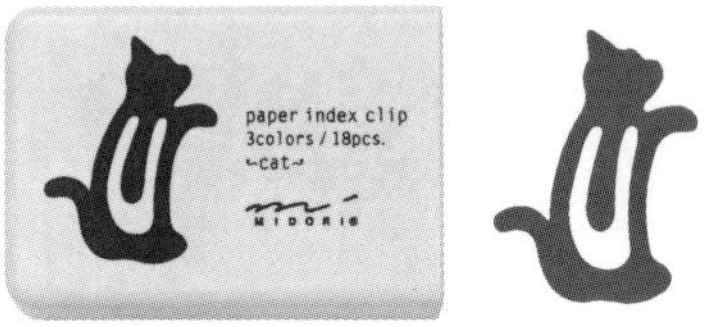

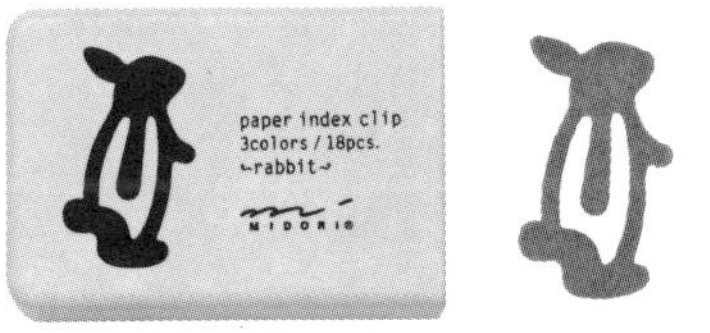

适当地采用合适的材料

索引夹是“D-纸夹（P134）的进化品。D-纸夹是用动物和交通工具做图案的一款别针。因为D-纸夹是铜丝做的，所以数量一多，放在桌上的话会混在一起，难以分辨。因此，索引夹顾名思义，有着“索引”的功能。夹子的原材料是硫化纤维，是一种将纸浆压缩成形后的天然纤维，100%的纸制品。

设计哲学公司里的人说：“本来纸制品就是设计哲学的立足点。设计哲学在纸制品上相当专业，商品研发的主题通常都是追求研发纸材料。”理所当然地使用那些普通的材料，无法产生新的价值。在一般情况下，在对

D- 纸夹是一款别针，采用了动物和交通工具等各种物品的形象作为图案。自 2008 年发售以来，销量达到 400 万个，是一款热销产品。每包里面有30个别针

强度有要求的文具市场，很多产品都会采用金属和塑料材质。而设计哲学公司敢于只用纸制品，挑战使用硫化纤维这种新材料，它创造出了一种新的价值，即塑料制品中所没有的那种有温度的触感。

不过，“我们并不会无意义地用

亲吻图案的便笺在嘴唇处有一个折痕，沿着折痕对折会组成两个人亲吻的图案

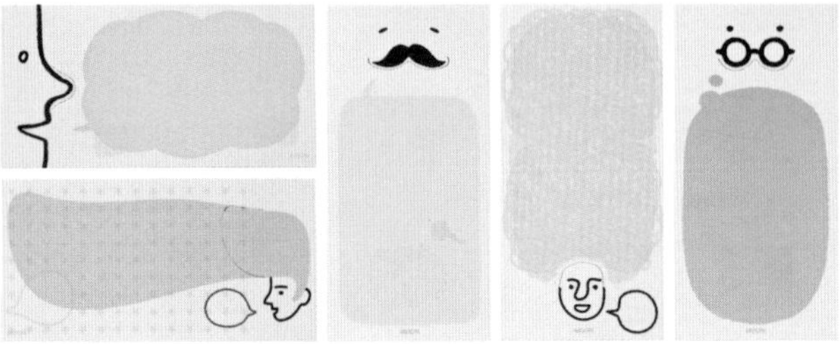

从左上开始分别是胡子、摩夹欧（mojao）、眼镜、微笑、花轮头图案。每个包装中各有20张不同图案的便笺纸

纸制作所有产品。如果不明确为什么要使用这个材料，那这个产品就是个不着调的产品”。在合适的地方，使用合适的材料，这才是一款合乎常理的文具理想的状态。

为交流增添色彩

D-纸夹是一款别针，采用了动物和交通工具等各种物品的形象作为图案。在通常情况下，别针只是文件的配件，并不会有人将目光停留在上面，并且还很容易和文件一起被粗暴地扔掉。通过动物和交通工具的图案，尽管这种方式比较克制，但也是彰显自己个性的开端。文件有了个性之后，就和人产生了交流。这样一来，人们很难再轻易丢弃它们，接着会产生取下来再次使用的念头。

“秘密便笺纸”是一种可以隐藏文字的便笺纸。把便笺纸一对折就能隐藏里面的文字。将对折的那一段插入另一头，不仅仅很难被打开，还能和另一侧的图案组成一个2格故事漫画，增添了交流的趣味性。

文具是展现自我的手段之一

日本文具深受喜爱的原因在于它总是会超出用户的预期。

那么，设计哲学想要带给用户的3种价值分别是什么呢。对此，我们采访了社长会田一郎先生。

日经设计（下称ND）：
所谓“正确”的文具有什么条件呢?

——（会田）2011年，一家名为“QIPS”的店在香港开店营业（2015年关闭）。这是一家汇聚了日本的文具产品和全球设计的概念店。那家店网罗了诸多日本文具，实际销售时我就感受到了顾客对文具有着很高的需求和诉求。我觉得那是因为很少有国家能够像日本一样，制作出如此完备的文具

文具的魅力在于谁都可以产出文化财富

会田一郎
设计哲学社长

用品。

那么，这里的完备是指什么呢，对于剪或者夹这些功能，如何正确地去实现，这种精准性我觉得放眼全球，日本的产品都是无人能及的。

正确的文具，其含义在于要直面消费者“我想要这个文具实现这样的功能”这样的需求，或者说文具要高出消费者预期地发挥它的功能。我觉得这就是它的先决条件。

日本文具能达到即便放眼全球都十分高的完备程度，是因为使用时的手感等总是会高于用户的预期。比如盖上钢笔时的那种清脆之感，取下笔盖时的利落之感，我认为日本文具正是因这种手感而备受好评。所以作为制造商，我们必须要创造出总是高于用户预期的产品。

ND：文具的话，也有可以提供超出文具本身功能价值的一面。

——我觉得文具是表现用户性格的手段之一。不管是钢笔之类的昂贵产品，还是随意放在口袋里的小本子，

简介●大学毕业后，赴美国取得MBA学位和注册会计师资格。在美国期间运用自己的商业经验，开展了提倡通过设计使交流更加顺畅、点缀幸福生活的设计嘉年华活动

这是“旅行者笔记本”的产品阵容，以笔记本为中心，其他还有黄铜制成的钢笔和文具盒、牛皮纸信封等，弥漫着复古风情

都有一样的作用。

所以我们想让产品既能展现其功能，也能通过自然界动物等形象向消费者提供各种有利于他们展现自己的方式。

不过，如果太过注重可爱的外形而牺牲掉产品的功能性，这会让产品无法达到文具应该具备的作用。这一点要特别注意。

我们想要向用户提供的价值有以下三个：

第一是“为交流而设计”，即设计的目的是交流。就像D-纸夹一样，将别针做成动物的形状，能够传达自己的心情和想法，交谈的气氛会更好，这就是它们作为交流道具的价值。

第二是“为生活增加点缀”，意思就是为我们的日常生活添加情趣。

就拿D-纸夹来说，将普通的椭圆形别针做成动物的形状，它就变成了一种装饰品。

第三是“生活方式源于设计（Life style by design）”。我们的任务就是向用户提供能够展现自己生活方式的文具。比如，我们那一款名为“旅行者笔记本”的产品。有人能够将日常生活过成旅行一样，这就是为这些人群设计的笔记本。我们为了表达这款产品中的世界观，还开设了“旅行者工厂”的商店。

将日常生活过成旅行的人到底是怎样的人呢？他们穿什么样的衣服？他们桌上有什么东西？喝什么样的咖啡？这家店里就讲述了这样的故事。实际上这是一家两层楼的咖啡馆。商品就在围绕着这个笔记本而展开的世界观与故事之中。其他关联的产品也是围绕着这样的世界观而研发，展现了如此的生活方式。我认为以上这三点，就是设计的用途。

ND：今后的文具应该发挥什么样的功能？

消费者使用文具，书写自己的想法，发散思维，截取瞬间的灵感等，这些基本上都与创造知识财产的行为直接相关。当然人们也可以在计算机中将所有东西都记录下来，但是文具就在我们手边，发挥着支持我们创造文化财富的作用，这就是合乎常理的文具的理想状态吧。

使用文具时如果不发挥主观能动性，肯定无法创造知识财富。就像浏览网页一样，如果一直处于抗拒状态，信息是不可能挨个自己跳进来的吧。如果不在笔记本上动手，就不能整理信息，也不能理清思路。可能也有人会觉得这样很烦琐，会造成不必要的麻烦，不过正是因为花费了心思，才会有很多人对此怀有很深的感情。

谁都可以使用便宜的文具，谁都可以创造知识财富。由自己的双手创造出的知识成果，是世界上唯一能令人产生感情的东西。这就是文具最根本的魅力所在吧。

采访 文具王·高畑正幸

品质、功能、创意——日本文具的秘密

日本文具到底厉害在哪里?
就让文具专家来阐述它的魅力。

日经设计(以下为ND):日本文具如此出色的原因和背景是什么?

——(**高畑**)日本文具的特征在于市场可以中肯地评价商品的优点,制造商拥有能根据评价反复去改善和改良产品的态度,这两者能够很好地达成一致,这应该就是日本文具如此出色的原因吧。

日本的江户时代开始就有了“私塾”文化,除了贵族还有平民的孩子,从小就能学习知识。因此很多日本人都对纸、笔十分熟悉,我认为日本具有充分使用文具的土壤。日本的近代文具史始于明治时代,距今大约150年了,虽说比欧美要短,但文具业的发达程度、普及率和使用都不逊色于欧美国家。

日本有一个名为“OKB48总选举”的活动,每年都在举行,实际上我也参与了活动企划。OKB[一]是指“喜欢的圆珠笔”。

在这个活动中,会从日本国内在售的圆珠笔中选出48支,然后票选出最喜欢的商品。除了网上,全国各地都开展了名为“握手会”的试写活动。“OKB48总选举”到2015年已经是第五届了,总共有3 000多人参加过这个活动。这种活动之所以能举办起来,也是因为日本的文具爱好者们基数巨大,而且他们对书写感受和设计细节的区别也十分敏感。

正因如此,即便是只能提高一点点使用感受,制造商们也不会停止脚踏实地的努力。

比如国誉的校园(Campus)笔记本,发售后的40年间,经历了4次反复改良,现在已经是第五代了。“校园”笔记本为了让每个人都能用得舒心,选取了每一种笔都能流畅书写的优质纸张以及画好的线条以便用户能轻松计算行数等,他们在诸多细节之处下着苦工。

[一] OKB,お(O)き(KI)に入りボールペン(BALLPEN),取日语发音首字母简写而来。

文具公司内部设计师支撑着日本的文具产业

高畑正幸
文具王

在书写用具之中，有以三菱铅笔的防疲劳（JETSTREAM）圆珠笔为首书写顺滑的圆珠笔，继百乐的可擦笔（friction）之后，近来铅笔的研发竞争很是激烈。

旋转笔芯笔尖就会变细的三菱铅芯旋转笔（KURU TOGA）以及采用了0.2mm超级细芯的派通不断芯铅笔、用力也不会断芯的斑马护芯铅笔等产品面世后，在中学和高中市场十分

简历●1974年生于香川县。在千叶大学工学部工业设计学科研究生院结束了课业。除了在文具制造商任职外，还连续3次获得了文具相关电视节目中的冠军，以“文具王”的称号进行着文具相关的创作和演讲活动

稍微用心就能影响产品的使用体验感

咖路事务所的双重辅助省力打孔机（ALYSIS）不仅打孔方便，从底板到外侧还有一处延伸出来的条子，能够让纸不弯曲，保持整齐、难以散开

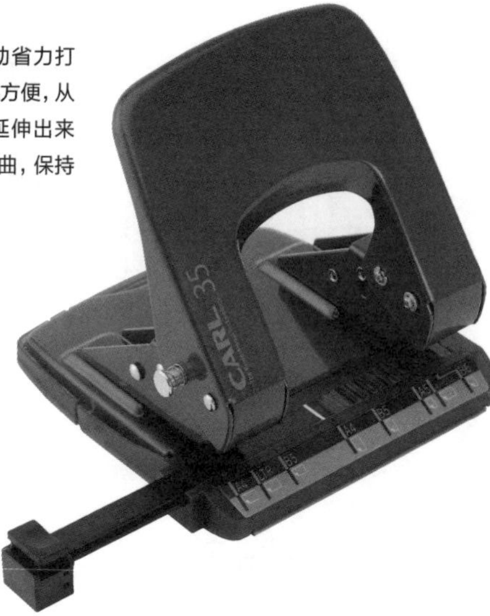

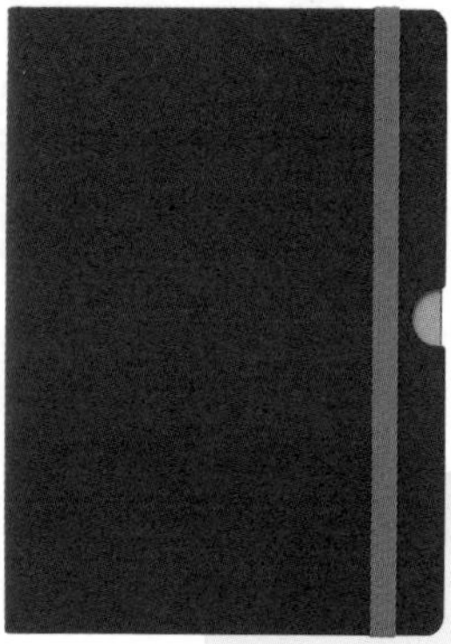

易可流通集团的检索笔记本（access notebook）中会显示页码，连用户将笔记本拿在手上查找页码这样的行为都考虑到了，为了便于用户查找真是煞费苦心

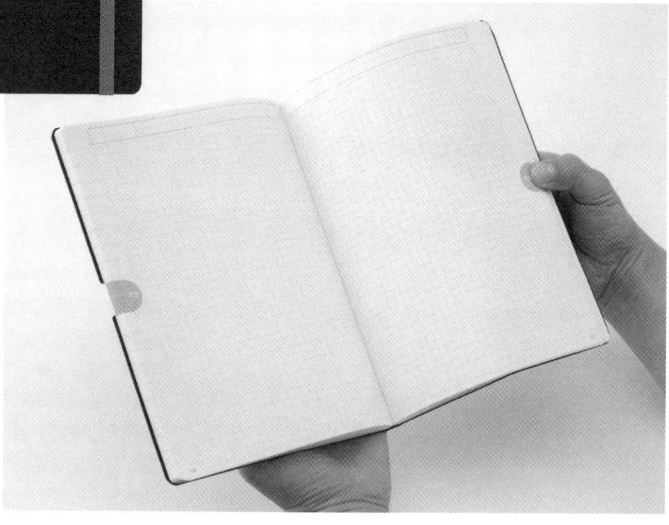

吃香。

除此之外，还有咖路事务所的双重辅助省力打孔机（ALYSIS），它不仅能引导用户正确快速地使用，连打孔后产生的纸屑都考虑到了，很是下了一番苦心。

还有使用了新技术的美克司订书机（Vaimo），尽管装订量达到了40张纸，是之前的两倍，但这么多张纸单手即可装订。这些产品外观看起来和其他产品差别不大，但只要一用就能清楚地感受到它们的差别。而且这些产品基本上都只卖几百日元到两三千日元，价格便宜得令人惊讶。

ND：不依赖知名设计师就能够制造出价廉物美的产品，其理由是什么呢？

——这就离不开制造公司内部任职的设计师的努力了。除了极少部分，大多数文具都价廉物美、种类繁多，它们是一种小规模经济的商品集合。因此实际上很难去邀请外面知名的设计师参与设计。因为公司内部的设计师和工程师们可以在有限的成本和工期中，不断地考虑生产和流通，促进产品性能和功能的提高。因此，不少工厂都会一边设计一边研发产品，这样能够最大限度地利用本公司的资源，达到一种高度的平衡状态。可以说，日本文具的第一个厉害之处，就在于拥有这些人才。

ND：随着电子产品的不断增加，今后的文具市场会如何发展呢？

——毫无疑问，随着智能手机等的出现，纸上书写受到了各种影响，部分功能正逐渐被数码设备取代，但暂时还不会出现纸产品消失的情况。电子设备的普及反而促使我们重新审视纸、笔的本质特征。比如采用最利于书写的高级纸张的笔记本、可以使用各种颜色墨水的休闲钢笔等，市面上涌现出了很多能让消费者享受书写本身这种过程的商品。

另外还有一种灵活运用纸的物理特点进行检索和阅读的手账本也面世了。那就是易可（Ecole）流通集团的检索笔记本，考虑到用户将笔记本拿在手上查找页码的行为，“检索笔记本”在封底上设计了折痕，这样就能往两边翻页，还配备了识别度高的页码，引导用户的手指和视线。它在各方面都花了巧思。

电子设备以后也会升级，对于那些能够理解纸笔的真正魅力和微妙差异所带来的多重享受的用户，今后肯定也会坚定不移地支持文具产品。

对于这样的市场，我们会怀揣着极其细致的态度，继续研发产品。

采访 文具顾问 · 土桥正

日本人的用心，全球通用

日经设计（下为ND）：你认为日本文具强盛在何处?

——（土桥）我认为在于日本的文具能够收集到那些连用户自身都没有察觉的需求，并将其制作成商品。

就以笔来举例子，尽管顺滑和快速吸干都是不起眼的特点，但各个厂商都在致力于研发。虽然仅仅只在这些地方用心，但这些产品可以说是和消费者心意相通的产品吧。因此这些文具不仅在日本，也在国外收获了很高的人气。我们也能看到来日本的海

「捕捉工作方式的转变，文具也在进化」

土桥 正
文具顾问

简介●1967年生于东京。毕业于东海大学文学部宣传系。曾任职于文具展览会“ISOT”事务处，创建了土桥正事务所。他是日本国内外文具商的产品企划、推广顾问，也是商场文具店的制作人，从事产品采购、指导工作

外友人“狂买”文具等，日本人温柔的内心是世界共通的。

不久之前的文具潮是以国外的高级文具为中心，而现在的文具潮则是由日本产品来主导。这可能是因为日本文具价廉物美的品质已得到了人们的认可。

而且不管电脑和智能手机再怎么普及，能代表非数码产品的文具还是有人气的。数码设备和非数码文具刚好互为补充。还有很多产品则瞄准了两者之间的空缺，正开展研发。

比如雷美（Raymay）藤井公司的卡片本（Card size dariy），顾名思义，就是和信用卡一样大小的小号手账本，这个尺寸可以放进钱包里面，用它能够总览长期的预定计划，而这在手机上看就比较辛苦。

即便进入了电子设备时代，如果能透彻地研究用户的使用感受，着眼于极其细节之处进行产品研发，应该也还有广阔的市场。

增添各种功能、持续成长

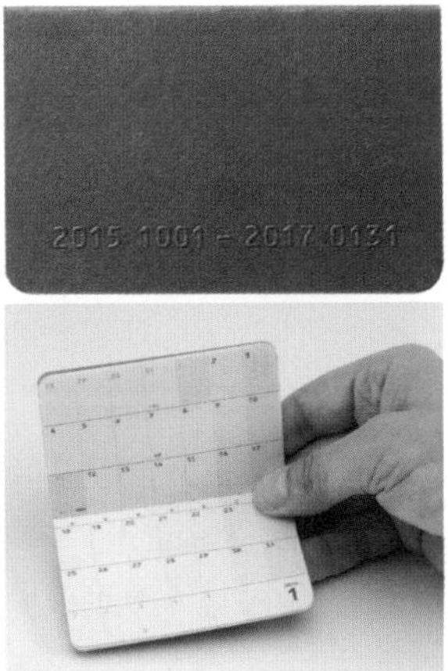

雷美藤井公司的“卡片本”。尺寸为5mm×86mm×2mm，和卡片一般大小，便于携带。产品有6种颜色（照片中的是金色）

喜利的立体索引透明文件夹。索引部分是立体的（右图），收纳进书架时也能很快速地找到

樱花彩笔的“箭头（Arch）橡皮擦”。公司分析了橡皮擦易断的原因后，将前段的包装纸做成了箭头状。这样一来，使用橡皮擦的时候，橡皮的受力会被包装前端大幅削减，不容易折断（右图）

就算电子设备兴起，文具也不会被逼至绝境吧。

ND：最近的文具有哪些特征呢？

——随着工作方式的改变，文具也产生了变化。办公桌的中心被计算机占据，还有可能外出的时候会在咖啡店等地方工作，最近使用小号笔记本的用户在逐渐增加。

以前基本上用的是B5笔记本，现在A5笔记本，还有类似普乐士的作家本（Ca.Crea）这种A4的1/3大小的笔记本很是流行。这样的改变也显示了数码产品和手写文具之间的新关系，十分有趣。

不管市场环境如何改变，不断地去思考用户的体验感，制造新产品然后不断完善，这就是日本文具的厉害之处吧。所以日本文具厂中有很多“老店”，它们持续经营了数十年。

如果竞争对手开发了具有新理念的产品，我们会透彻地去研究对手的产品，然后增加更多新功能。比如国誉的快干强力胶红科技（Red Tech），就是将之前透明的胶水改成了红色的胶水，这样更易于观察。因此只需要在想黏合的地方涂上适量胶水，这样一来使用的体验感更好了。

像这样所谓的“服务式竞争”，使得文具厂商之间的竞争更加激烈，但对用户来说，能够以更便宜的价格购买更好的商品，也许是件很值得期待的事情。

ND：你认为今后的文具会朝哪个方向发展？

——不仅在工作中使用文具，还将文件当作展现自我的工具，这类用户越来越引人注目。商业谈判时有人会携带一支“胜利之笔”来象征自我。这种表达自我主义的终极文具，应该算独家定制商品了吧。

比如百乐的咔啦（HI-TEC-C COLETO）圆珠笔，笔本身和替芯都有很多颜色，因为可以自选，所以它可以成为一支自己的专属圆珠笔。各个厂家也推出了相同的可定制笔。

另外在守护书写（kakimori）文具店中，可以自己亲手制作定制的线圈笔记本。虽然在功能和使用感受上还需要再花些时间，但我认为今后将会出现更多的文具定制和半定制服务。

第 3 章

文创开发篇

文创源于制作能力

活学活用知名厂家设计的方法

文创设计竞赛是灵感之宝库

奇素（KISSO）与思门特设计公司（CEMENT PRODUCE DESIGN）

曾经的技术与工艺在产品研发中复苏

两个圆圆的小孔，彩色透明材质，加上复古图案的包装，这肯定会让人联想到眼镜吧。不过，这实际上是挖耳勺。这是思门特设计公司开发的鲭江挖耳勺（sabae mimikaki）。福井县的鲭江市自来以制造眼镜而著称，现在占有着日本国内眼镜市场90%左右的份额，鲭江挖耳勺就是利用鲭江市当地的生产技术制造的产品。

把手部分的材质来源于意大利马祖切利（MAZZUCCHELLI）公司生产的醋酸纤维素材料。鲭江的奇素（KISSO）眼镜公司进口了这种材料，然后委托思门特设计公司开发非眼镜

通过与地方产业的「合作」，产出了一个新的品牌

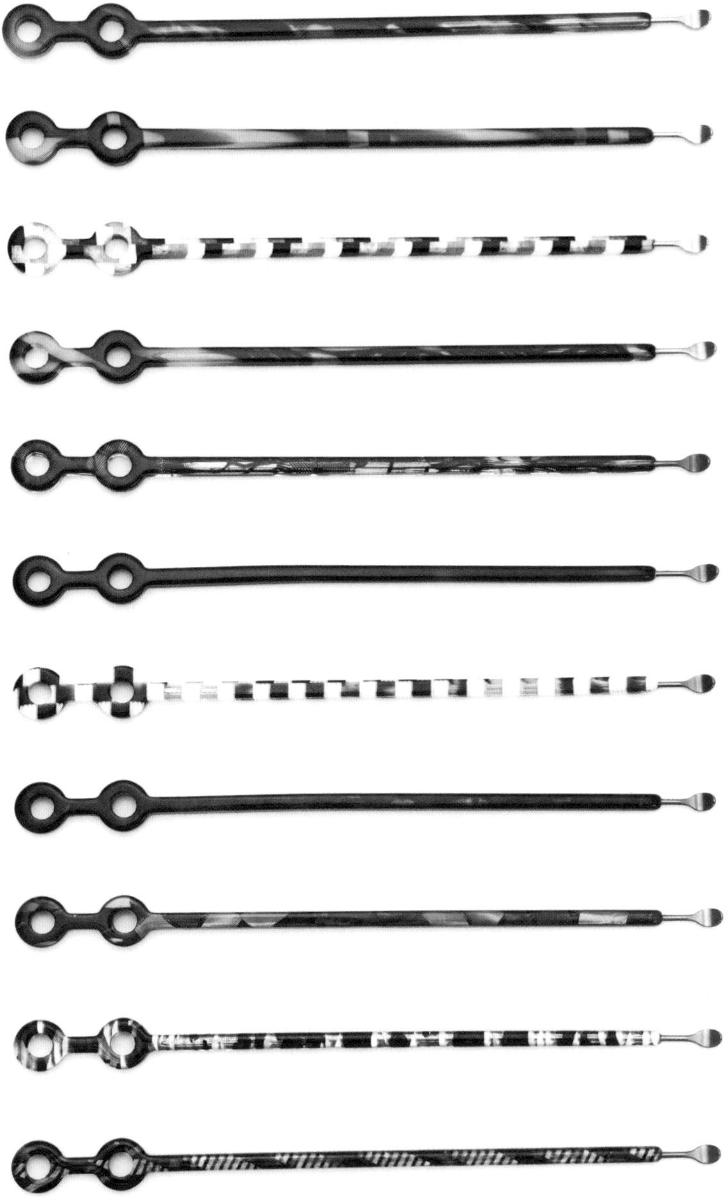

2012 年 10 月发售的鲭江挖耳勺。把手的原材料是意大利马祖切利公司生产的醋酸纤维素，勺子的原材料是 β 钛。这个有趣的包装令人将挖耳勺和眼镜联想到一起

类的商品，企图以此为契机打破这几年眼镜市场的低迷。

制作工序与眼镜相同

醋酸纤维素的弹性和吸水性都很好，对人体亲和性高，最适合制作接触皮肤的眼镜。但它的价格偏高，且不耐热、加工成本高，所以都认为它不适合制作杂货和小饰品。产品开发之时，公司讨论了花瓶、文具盒、收纳盒等几十个方案后，思门特设计公司的金谷勉代表脑海中闪现出了一个灵感，那就是挖耳勺。

“竹制和金属制等各种材质的挖耳勺倒是有很多。挖耳勺是一件生活用品，在礼品市场中从未出现过。”（金谷代表）

一开始打算只用醋酸纤维素加工，但这样做会导致产品前端太薄且有缺口。奇素眼镜公司也参与了试错测试，后来决定加入金属材料。这个技术与眼镜腿的做法完全相同。金属选取的是制作镜腿芯中的β钛材质，配合眼镜产地熟练的技术，最终才做出了这款挖耳勺。

双方开始合作后仅半年，就在2012年9月举办的礼品展览（GIFT SHOW）中发布了该产品，引起了巨大的反响。

同年秋季的设计周期间，鲭江挖耳勺开始在东京潮流展（DESIGN TIDE TOKYO）中的潮流（TIDE）市场，以及梅田坂急百货店中进行预售，受到了超出预期的欢迎。本来预定的首批次生产量为1 000个，后急剧增加到了5 000个。

迄今为止，思门特设计公司出品了众多的大热产品，比如联合爱知县濑户的磨具工人，利用他们的技艺制作的扭花编织纹陶瓷杯，还有运用了福井县芦原市的丝带制造技术做的装饰书架的飘带书签（SEE OH ! Ribbon）等。

它们的共同点在于，不管产地在哪儿，加工的工序基本上不会有很大的变化。

通常采用组装加工模式的话，只要能有效利用当地的特色产业，就可以做出批量化、规模流通且不浪费材料的产品。

地方特色产业保护活动是根本

金谷代表说：“‘共同制作、共同销售、共同创造利益’这种意识，才是根本所在。”

思门特设计公司会提供设计和企划相关的知识，而样品以及制作的成本则由熟悉材料和懂技术的当地厂商来承担。金谷代表将这称作“地方特色产业保护活动”。

用「地方特色产业保护活动」思路激活当地特色产业，就会催生新的设计需求

金谷 勉
思门特设计公司代表

简介●1971年生。京都精华大学人文学专业毕业后，进入企划制作公司任职。之后进入广告制作公司莫兹（Meuse）。1999年10月创立思门特设计公司。2002年公司法人化

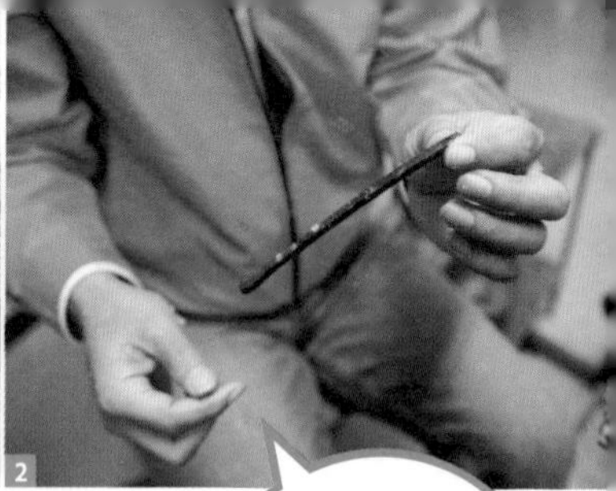

熟悉材料特性的当地技术人员提供了建议

1 这是醋酸纤维素原材料。将榻榻米那么大原材料切成小块

2 特点是柔软但不耐热

3 激光切割醋酸纤维素

4 切割出挖耳勺的把手部分

5 每个都是手工制作，往挖耳勺的勺子里加入 β 钛，这和眼镜腿的制作方法一样

6 把切割出来的产品放进模具框中，一边固定一边插入 β 钛的勺子，然后开两个孔

福井县芦原市的丝带厂——矢地纤维工业与其产品“飘带书签”。这是一种从薄薄的纸片中撕下来使用的书签，在工厂内部生产完成

充分利用原产地工厂中的设备

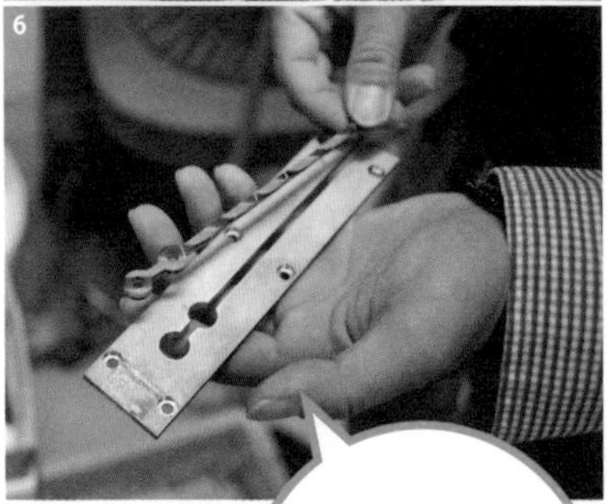

制造工序不变，所以生产的压力减小

他认为“从企划到商品流通的整个过程才叫产品研发”。在思门特设计公司，从产品的企划研发到零售推广以及销售环节，他们都要负责。

鲭江挖耳勺的库存风险由厂家承担，产品包装、宣传册等这些形象设计、展品出展、推广、营销都由思门特设计公司负责。很多零售店会来批发产品，所以库存管理必不可缺。

“设计和流通形成一体，这样地方上的生产厂家也能规避风险。”（金谷代表）这是一种激活地方产业的合作模式。

利用原产地经过检验的技术和生产工序，并落实到新产品的制作中，思门特设计公司的这种模式在向日本全国逐渐扩展。金谷代表说：“只要激活了地方特色产业，那就有了研发新产品的力量，对设计的需求肯定也会更高。”思门特设计公司的“地方特色产业保护活动”，也是建立地方产业与设计师对等关系的方法之一。

西岛木工所与思门特设计公司

砧板、厨具也是商机，销量增加一半

西岛木工所位于静冈县热海市。它原本是一家从当地土木工程公司避暑酒店中承包拉门生产的企业。不过根据热海市的统计，热海市内的避暑酒店逐年减少，已降到谷底，从1985年的818家减少到了2012年的300家，减少了40%以上。

再继续之前的工作，企业将无法运作。将他们从这种窘境中拯救出来的，就是图片中的这个“面对面（face two face）”砧板。

利用人脉实施设计

即便砧板的木料用的是扁柏等木材，但还是无法将木头笔直地切断。有10多个设计团队以“太忙”为由相继拒绝了他们。看到西岛木工所面临如此窘境，思门特设计公司的金谷勉代表提出了“全新砧板”的提案。

首先将砧板的其中一个面像相框一样，四周做倒棱处理，再用激光刀刻上图案。它不仅仅是一个砧板，反过来思考，它还是一种只要食材摆在里面就会显得很好看的厨具。

这款砧板于2014年春季一经发售，就如星火燎原之势攻占了当地的旅馆餐厅。之后也被很多媒体提及，开启了一个很好的开端。这款砧板不仅是拯救其逐年下降的销售额、保住收入来源这么简单。借此机会，家具翻新、制作等拉门以外的生意也纷纷找上了门。这是一个挽救企业颓势的巨大契机。发售不到一年，西岛木工所的销售额就激增到原来的1.5倍。

思门特设计公司的金谷勉社长说，西岛木工所“还有一个光从外面看无法了解的资产”。那就是“人脉”。他们与热海市的观光行政部门关系匪浅，与本地的避暑酒店、媒体也建立着良好的关系。之所以提议这款厨具

面对面砧板

类产品砧板，也是考虑到了通过西岛木工所的人脉便于宣传，便于制造易于传播的话题这一点。

最近通过设计的力量改变地方产业的案例越来越多。在这之中最为重要的，就是在思考通过企业的技术可以做出什么产品的同时，还要考虑到“企业能将产品卖到何处”这两点，然后再提出设计方案吧。

思门特设计公司栖木陶瓷马克杯（Perch Cup）、扭花陶瓷碗（Trace Face）

就算是别人认为卖不掉的颜色，也能卖掉

栖木陶瓷马克杯是爱知县濑户市的模具工人制作的一种陶瓷马克杯。它的设计概念是一只在树枝上栖息的小动物被人捧在手中的感觉。右边的是使用了产品宣传照片的流行海报。照片由思门特设计公司拍摄。该公司很注重零售店中使用的产品宣传照

爱知县濑户市的地方产业饱受销量减少之苦，借着商谈的契机，思门特设计公司与其共同开发了一款名为栖木的陶瓷马克杯。之后，他们又共同制作了扭花陶瓷碗，这两款产品销量都很好。尤其是扭花陶瓷碗，人气颇高，曾一度卖到断货。

实际上这些产品当中，有一种颜色曾被断言“卖不出去”，不过最后和预期相反，它却是卖得最好的，而且

● 栖木陶瓷马克杯的颜色选择过程

这两个颜色在秋冬两季虽然卖不出去，但到了春季和夏季就开始畅销
曾被断言卖不出去的绿色，却是最畅销的颜色

还有松鼠造型

●扭花陶瓷碗的颜色选择过程

使用了绿色作为衬托色。加入绿色后，其他颜色看起来更漂亮，增添了吸引力

还因它新增了更多颜色。那就是绿色。

在栖木陶瓷马克杯最初的研发阶段选择颜色时，起着决定作用的是生产规模。因为负责杯子生产的工厂比较小，无法量产，所以必然只能小批

这是扭花陶瓷碗。它采用了瓷器中很难实现的扭花编织花纹。上釉的话，网格会碎裂（左前），不上釉的话，网格质感又太强（右里）。因此只在水杯里面上釉、着色

次产出售卖。但是小批量生产只生产一种颜色，这让人有些担心。因此他们决定增加颜色，让消费者有多种选择。

选择颜色的时候，思门特设计公司的金谷勉代表经营着一家国外的西式陶瓷餐具公司，他还去视察了产品颜色丰富的商店，对国内并未销售的产品颜色进行了市场调查。根据他自己的经验，选择了消费者容易接受的白、棕、暗绿、蓝、灰这五个颜色作为备选。

不过在上釉的时候，工人针对绿色提出了一个意想不到的问题。

“在西式陶瓷餐具中，没有上暗绿色的先例。用这种和西式餐具不相称的颜色，会不会卖不掉。”乍一看是可

行的颜色，但这么一说，在日本国内销售西式绿色陶瓷餐具的，金谷先生的确只能想到一家。

不过，因为是第一次面世的产品，所以不能断言哪一个颜色会卖得好。金谷勉代表说："我们的计划是先试着按多个颜色铺开来销售，到了下个制作阶段，就采取只制作畅销色的计划生产模式，所以最后还是决定按原计划销售绿色。"

结果完全相反，绿色和棕色却是销量最高的。对这一点金谷勉代表也很震惊。他们分析绿色卖得好的原因在于，这个颜色与树枝、小鸟这种自然的形象最搭，再加上发售时间接近年末，比起明快的颜色，顾客们也许更喜欢沉稳一些的颜色。

扭花陶瓷碗与栖木陶瓷马克杯差不多同时进行企划研发，它的颜色有白色、粉色、蓝色和绿色。这四种颜色也是根据市场调查选出来的备选色。尤其是粉色，上釉的工人也说"这个颜色和绿色、棕色放在一起，显色最好"，所以被定为一定要用的颜色，列入了候补。

不过，金谷勉代表说，关于这款产品的绿色也是"一开始有一些疑惑"。因为和栖木陶瓷马克杯几乎同时进行的生产，所以绿色陶瓷产品的销量到底如何，那时候他也不知道。不过当把所有产品摆在一起时，有了绿色，所有产品的颜色就突然显现出来了。于是他们毫不犹豫地将它选成了基础色。结果不同颜色的产品销量几乎平分秋色。

正如上文所说，扭花陶瓷碗人气高涨，曾一度卖到断货，后来还增加了其他图案。它不断成长着，还被知名艺术家选为演唱会的周边产品。

金谷勉代表说："一开始灰色和蓝色的栖木陶瓷马克杯卖不掉，但随着季节的变化突然就卖出去了。也许，和定下的产品配色完全不同的颜色也能卖掉。我觉得除了现在这些颜色，再多添加一些颜色应该也会很有趣。"

广田玻璃·桂树舍与style Y2 international公司

不是“因为传统工艺而买”，而要“因为很好所以才买”

被工匠技术感动而想出的设计

这是与富山县南砺市著名的井波木雕手艺人花嶋弘一先生合作的产品“云棚”。云的后面有一个架子，可以放上牌位用于祭拜。用磁铁将它吸附在墙上，就可免去在公寓墙上打孔的麻烦。它适用于因住房限制而无法搭设灵位的场合。纸上画的是“云”。在井波地区则不用纸，一般都用雕刻的云纹做装饰。因此请工人将它做成了古典的“牌位之云”的形状

有井优雅

简介●这是一对1970年生的姐妹花。2005年7月，姐姐邀请妹妹一起创建了style Y2 international公司。业务范围有产品理念设计、产品企划、艺术指导、各类艺术品复制、销售企划等

设计师和厂家在借助设计之力拯救夕阳传统工艺和地方特色产业时，经常想的事情就是要运用地方特色的历史、技术去制作贴近现代生活的产品。

不过style Y2 international公司（下称Y2）的有井优雅女士直截了当地说道：“假如穿着西式服装坐车是现代生活，那穿着和服骑马时的传统工艺品就无法‘和现代生活匹配’。”

从研发地方特色产品的企划，到国内外的销售，Y2都参与其中。这是一个姐妹双人团队，姐姐优雅女士负责生产，妹妹优香女士负责设计。她们的理念之一就是任何时候都“不勉强”，打造出了一个又一个与地方特色产业相结合的人气产品。

能做让消费者无论怎样都想买的产品，
那就是就最厉害的。

有井优香

将高级工艺挥到极致的纹路设计

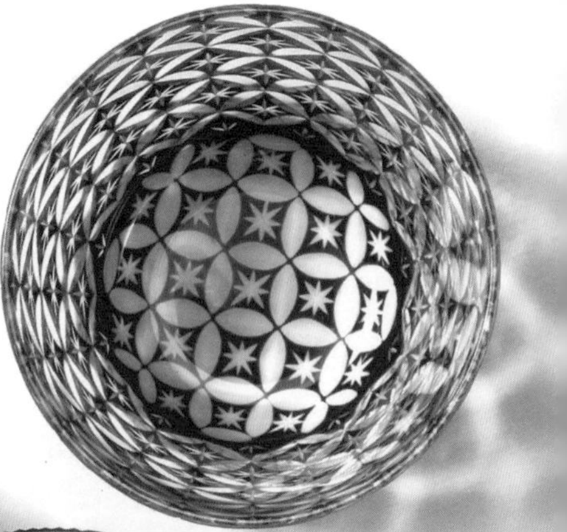

这是广田玻璃厂与她们设计的产品“江户切子盖猪口林”。最开始委托她们设计的是同样带盖子的糖罐，但是日常生活中到底有多少人会使用糖罐呢？而且还有很多大玻璃杯和花瓶等物件都叫江户切子。如果是“猪口林+可以盛放东西的盖子”，这样就更容易被消费者看中

最近她们受东京墨田区一家明治三十二年就创立的老玻璃店“广田玻璃”委托，企划并开发了“江户切子盖猪口林”。这款产品有漂亮而醒目的雕花花纹，盖子可以当作托盘或者小盘子，设计得很漂亮。尽管价格高达2万日元，却总是卖断货，是一款要等两个月才能到手的招牌产品。高级外资酒店的商店中也在售卖。

她们与富山市的镂花纸板染色造纸厂桂树舍共同合作，设计出了一款以日本常用人名为图案的“名字信封”。它的设计风趣诙谐，且尺寸刚好能装得下纸币，非常方便，最终成为桂树舍的人气产品。“想要设计自己的名字”这种订单也多了，桂树舍也计划以最小生产批量来接这些订单。

在此之前也有不少地方产业出品的杂货产品，不过做得都十分土气，销量堪忧。但是Y2企划的这些产品，它们的购买者却是平常不怎么接触传统工艺品的年轻人。他们对这些产品一见难忘，有相当多的人“立刻会买”。那是因为她们没有被“不管怎样先做个现代风格”这个想法局限，而是提醒自己不要勉强去设计那些不对劲的土气产品。

下图的花纹名字叫“鱼糕”，另外还有竹篱笆、菊、麻的叶子形状等7种传统花纹

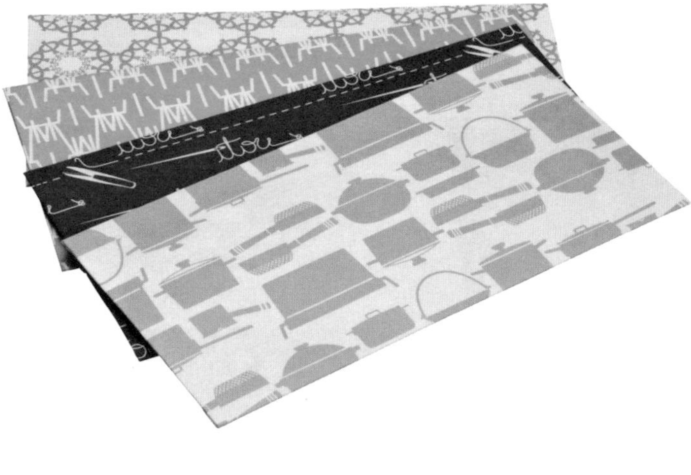

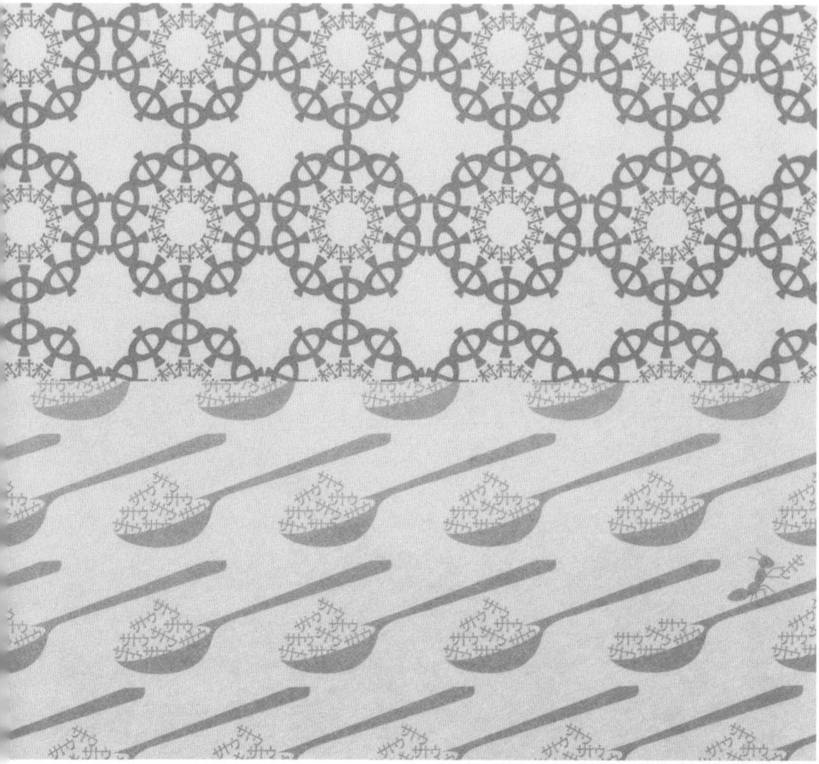

这是与越中地区的和纸厂家桂树舍共同企划的产品——“名字信封”。他们将日本常用的人名做成了花纹。比如伊藤，它的花纹就是汤勺中装着砂糖的形状，铃木就是树上挂铃铛的图案

这是与石川县轮岛市的漆器承包商轮岛桐木·桐木木工所共同企划的产品“豆豆盘”。这个公司很擅长“凿洞”，这款产品正是利用了这个技术制造的。照片中的小兔形状的小盘子也可当成筷枕来用。另外还有小猫等形状

不否定现在的“物品”和“组合”

Y2的设计灵感始于从不否定现在的“物品”和“组合”。在传统工艺和地方产业的世界里，只要一个地方有历史，就要开始设计与它相关的图案，用一种固定的形状来呈现，或者使用一些古旧的方法。针对这些普遍效率很低、看起来古旧土气的设计，Y2也不会一来就否定它们。它们之所以是这样的形状或设计，肯定有其原因。

“所有的事物都有其原因。或者说如果挖掘它的原因，彼此都会发现其实没有必要如此局限。”（优雅女士）首先要找当地的厂家打探清楚，再和厂家一起辨别。

先要抛出“请给我看看那些古旧的珍品”“给我看看你们最满意的产品”“给我看一下你们的器具”这些话题，用以鉴别。这样委托企划的厂家和受托的设计师基本上都会想“要做一点新的东西”。但是如果单纯地否定现在，那么就会导致蛮干，做出些预判失误的产品。

在实际设计的时候，引发灵感的是“感动”。“不管是工人的技艺，还是材质的美丽，都要从感动自己这一点出发去思考，这样才会产生‘不勉强’的设计灵感。”（优香女士）

江户切子这一款产品中，令两人感动的是广田玻璃厂里的工人技术。例如，花纹一直到杯子口都要保持精准的等间距，这需要高超的技艺。在一般情况下，因为很少有工人拥有如此高超的技艺，所以很多设计都会在杯口边缘用粗线盖住颜色，图案错位，敷衍了事。优香女士避开了杯口全涂色的设计，这样一来玻璃雕花本来的图案之美就显得十分耀眼。

在企划阶段自然会考虑产品是否会有市场。“如果一开始就规定好了精准的框架，那就很难去修正轨道。”（优雅女士）所以她们最后还是决定不要过于被市场所束缚，因为这样会导致止步不前。

本来消费者购物之时，并不会因为这是传统工艺去购买，而是会因为觉得这东西很好才会选择购买。“即便对传统工艺和技术一无所知，还是会无论如何都想要、想买。如果是这样的产品，那就是最厉害的。”（优雅女士）Y2最终的目标是消费者自然而然想要拥有，这正是她们所谓的“不勉强”的产品。

二上与大治将典

洞察“材质魅力”是成功的重要原因

感受经年的变化带来的乐趣，黄铜材质才是魅力所在

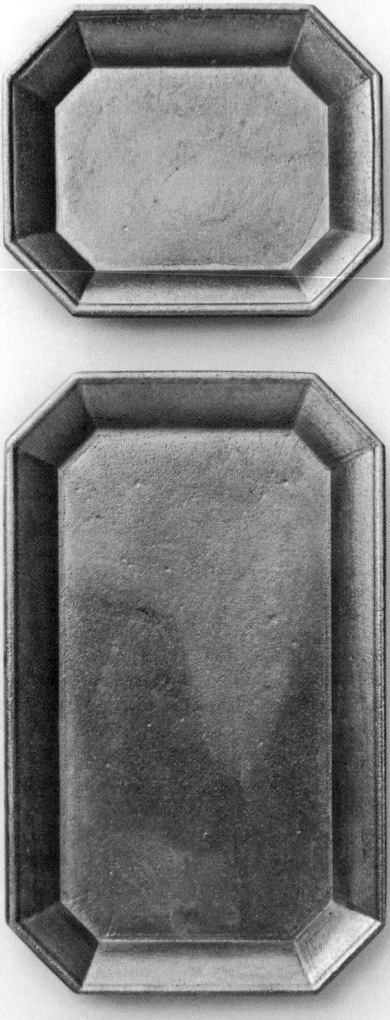

这是使用了黄铜材质的二上（FUTAGAMI）的产品。从上到下依次是“文具托盘（小）、文具托盘（中）”

二上的产品，从三种开瓶器开始。这是黄铜铸件制成的开瓶器“日食”

这是黄铜铸造后，利用盘旋切割打造光泽的开瓶器“蛾眉月”。拥有与铸件不同的光泽

即便是同样用黄铜造的开瓶器，工艺不同，感觉也不同

像金属那样发出幽微的光芒，或是耀眼的光芒……富山县高岗市的黄铜铸造厂二上公司，于2009年成立了二上品牌，二上将黄铜铸件表面处理技术非常灵活地运用在产品之中。二上工厂自1897年初创以来，一直在传统黄铜工艺之乡高岗制造佛事用品，后来其踏出了制造新产品的一步。据说事情的开端，来源于他们和设计师大治将典的一次会面。

除了二上的产品，大治先生还担任商标、包装、书本的设计，以及摄影师等工作。二上公司探索出了这种可持续使用百年以上的材料的新价值，自品牌创立以来竭尽全力地制作着产

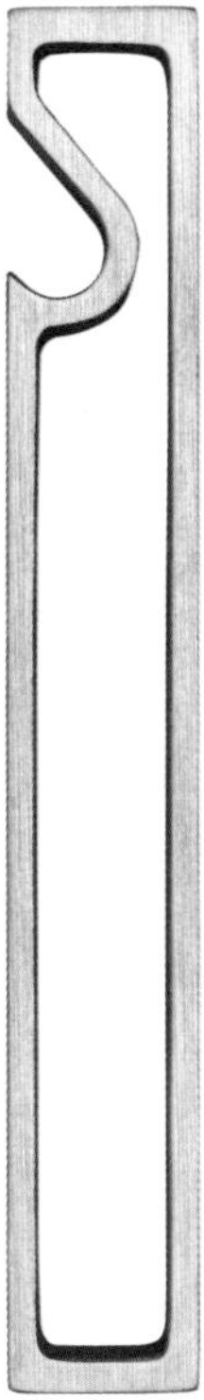

这是黄铜造的开瓶器“框”，用砂纸手工打磨而成

二上产品一览

2009年	开瓶器、锅垫、发条挂钩
2010年	筷枕、刀架、吊灯、搁板架、毛巾架
2011年	文具盘、台灯、书立、纸镇、托盘
2012年	勺子、叉子、刀叉架、砧板架、道具架

品。现在二上的产品，已经占据二上公司销量的半壁江山。大治先生一直在同时推进多个地方特色产业，可以说二上是他的成功事例的代表。

大治将典。设计师。1974年生于广岛县。广岛工业大学环境专业环境设计方向毕业。在建筑设计事务所、图形事务所任职后，1999年成立“msg.”公司。2004年将公司搬到东京，2007年更名为大治设计（Oji&Design）

使用当地随处可见的材料

2009年，二上在“东京国际时尚家居展（interior lifestyle）”中崭露头角。他们在此次展会中发布了三款开瓶器。每款开瓶器都由黄铜制成，不过加工方式不一样，所以每一款都有着各自的特色。它们的特点是没有使用喷漆和镀层加工，而是保留了黄铜铸件原本的样子，随着使用时间的增长，可以感受到它们表面的变化。设计师大治先生着眼于当时的日用品市场中很少有黄铜铸件产品这一点，他深知在当地稀松平常的材料拥有多大的魅力。这种将材料运用到其他领域的设计洞察力，造就了这款产品的独特。

孕育二上品牌的双方，首次会面始于富山县综合设计中心举办的一次手工坊展会。

大治先生参加了此次手工坊展会，他对用黄铜制作产品很感兴趣，于是制作了开瓶器的样品。彼时担任技术指导的正是二上公司的创建者、销售负责人，二上公司的二上利博代表。

当时二上公司的主力产品是佛事用具，但这些产品的需求在逐渐减少。二上代表感受到了销售额降低的危机感，虽说他也致力于研发佛事用具之外的产品，不过他回忆说："就算是想做新产品，说真的，我连怎么做都不知道。"

尽管自二上公司创建以来他们并没有参与过营销，但二上公司的客户已多达200多家公司。近年来，他们的产品多用于筵席礼品，还会被商业设施批量采购等，销路十分宽广。

二上公司的策略之中值得大书特书的一点，就是自2010年后他们每年都会在高岗市本地举办展会。大治先生也会亲至展会，他不仅会做产品说明，还会举办脱口秀和派对。通过这个展会，向当地人展示着"二上"的制作水平。此外，展会也有向客户宣传产品背景的效果。

二上代表说："尽管在东京举办展会，来的人会更多，但邀请客户来本地让他们感受一下饱含着高岗风土人情的制作技术，就能加深他们对产品的理解。"2012年举办的第三届展会中，来了很多当地的琉璃工房、设计事务所、酿酒厂等各行业的技术人员。其中还有从大阪远道而来的客人，随着展会的召开，汇聚了越来越多的粉丝。

制造关联性也是设计师的工作

在制造地举办展会也是大治的想法，他说："产品仅仅做出来还不算完结。"近几年他不仅致力于产品制造，还注重"打开产品销路"。除了举办宣传产品背景的展会，他还在其他产地的项目中举办野餐会，举办聚集了二上这类中型手工业厂家的"手手手展览会"。做产品是好的，但是如何把产品卖出去呢？——大治先生把制造产品和社会的关联性也当成了自己的工作。

二上公司每年都会发布新产品，扩充着自己的产品版图。在日用品这一个大的分类之中，不断积极地挑战着不同种类的产品。每一次制作新产品积累的经验，都能被他们运用进下一个产品中。

下图中的餐具是迄今为止对技术要求最高的产品。这是他们尝试制作的第一款会入口的产品，要求是将黄铜铸造到最薄。经过样品的反复制作，他们在餐具前端做了镀银处理，以提高餐具的抗菌标注以及入口时的触感。餐具把手位置的倒棱处理，是为了让它更便于手持。

黄铜有一个特性，就是在凝固之时会收缩，所以像“黄铜铸件台灯”这样的大件产品以及“文具托盘”这种平面类的产品，需要一定的技术以保持产品表面的光滑。如果是电气化产品，还需要接受PSE认证。不过，随着二上公司逐一攻克这些难关，积蓄了核心技术，他们能够制作的产品种类更多了。

大治先生对自己想要做的产品或者形式，并不会特别去指定要采用什么样的制作方法或处理办法。相对的，二上代表会和大治先生共享产品，开发以前没有尝试过的产品，对铸件处理提出要求等，直到他满意为止。这种对产品不妥协的相互信赖，让一件件产品完成得更好。

大治先生说：“设计师存在的意义在于制造机会。而直到最后一刻，制作者都要努力去制作，这是必不可缺的。”将产品的技术和制作完全交给厂家，正是因为他认为设计师的职责不仅仅在于做出产品，更在于应该认真考虑产品被制作出来后的去向，直到这次合作完全结束，设计师都要肩负起责任，向前迈进。地方特色产业最终靠的还是厂家，有了厂家才会有制造，而设计师的使命就是要支持他们。

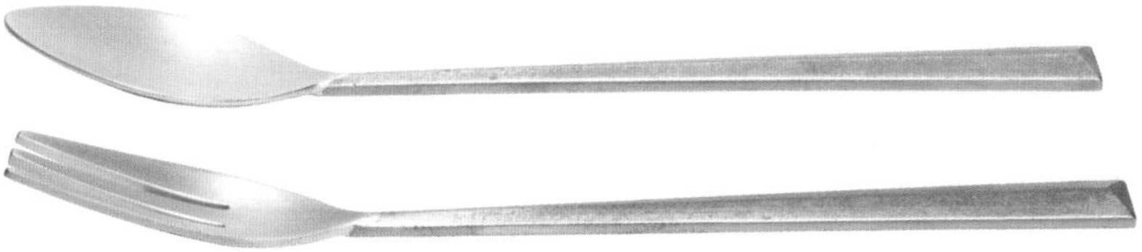

这是二上公司的“黄铜铸件餐具”。从上到下是汤勺（小）、叉子。每款产品入口的部位都做得很薄，表面进行了镀银处理。把手部分做了倒棱处理，使之更便于手持

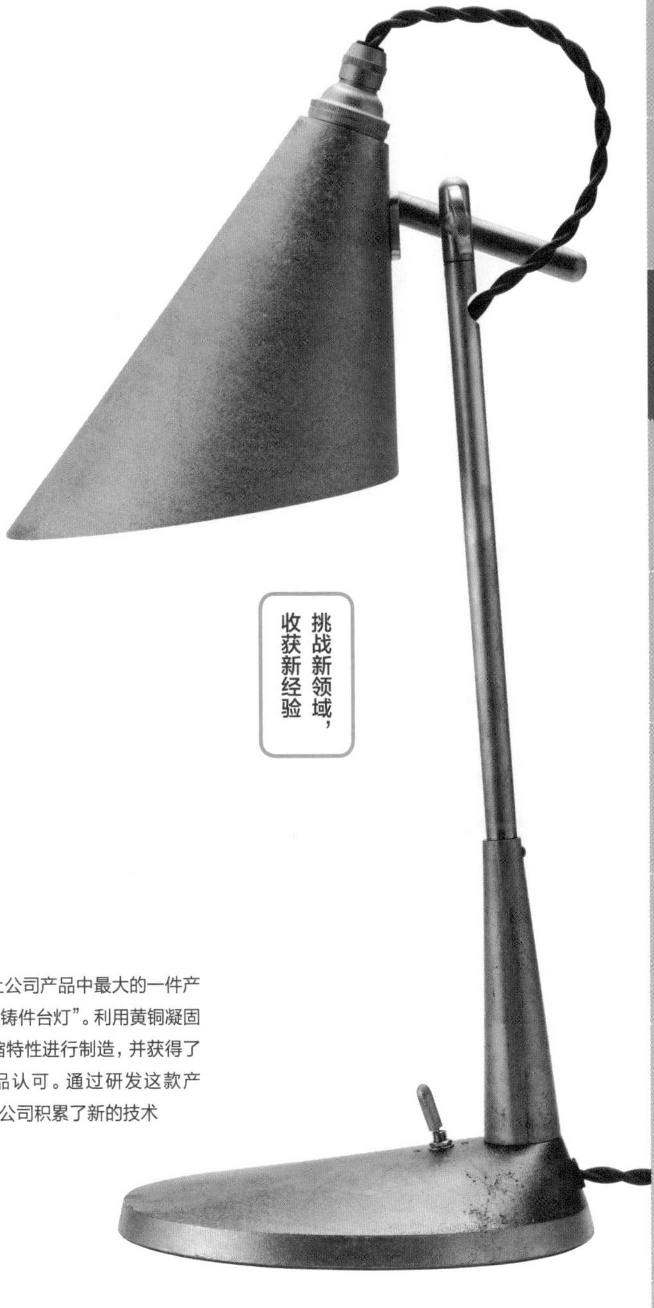

挑战新领域，
收获新经验

这是二上公司产品中最大的一件产品“黄铜铸件台灯”。利用黄铜凝固时的收缩特性进行制造，并获得了电气产品认可。通过研发这款产品，二上公司积累了新的技术

1

2

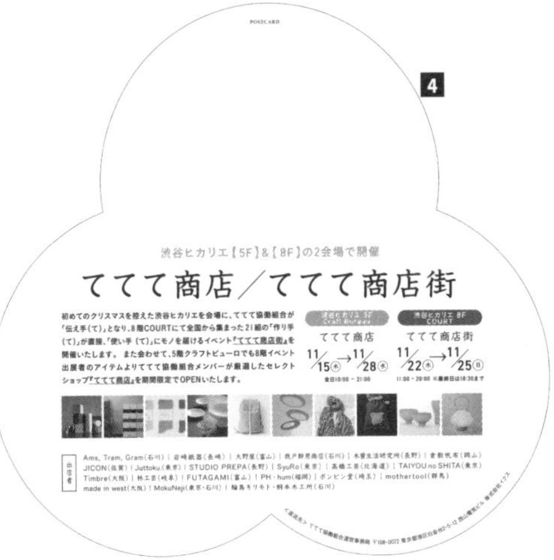

■1是在二上公司所在地——富山县高岗市中举办新品发布会时的情形。2012年举办第三届展会时，还增加了

■2中的脱口秀

■3■4是大治将典先生举办的中型规模手工产品展会“手手手展览会”的情形

丸茂（Marumo）印刷厂

投资无形资产的勇气

如何利用设计？

创立自己的品牌，运用本公司印刷技术研发文具

AD **1年投资500万日元用于设计，持续开展新产品的研发和推广**

效果如何呢？

产品每个月增长100万日元销售额，直到售罄。每款产品的年销售额均达5 000万日元

奥田章雄
代表

“印刷行业如果选择进入信息产业，它将没有未来。”——香山县三丰市的丸茂印刷厂奥田章雄代表如此预测印刷行业的未来。的确，传单和海报等需要借助纸媒传递信息的产品，今后的需求会减少。这种境况之中，当然要掌握好方向，朝着文具、文创、包装等这类纸质产品的“制造”领域迈进。

近10年来为了磨炼特殊印刷和纸品加工技术，奥田代表投资了很多设备。他引进了快速打印的高精度纸品加工印刷机，这种印刷机可以在胶版印刷工序中进行压花和钻孔。除此之外，他还引进了多种能够展现新效果的技术，比如以UV胶印为基础的3D打印和荧光油墨打印，这些技术比单纯的印刷技术更为高级。

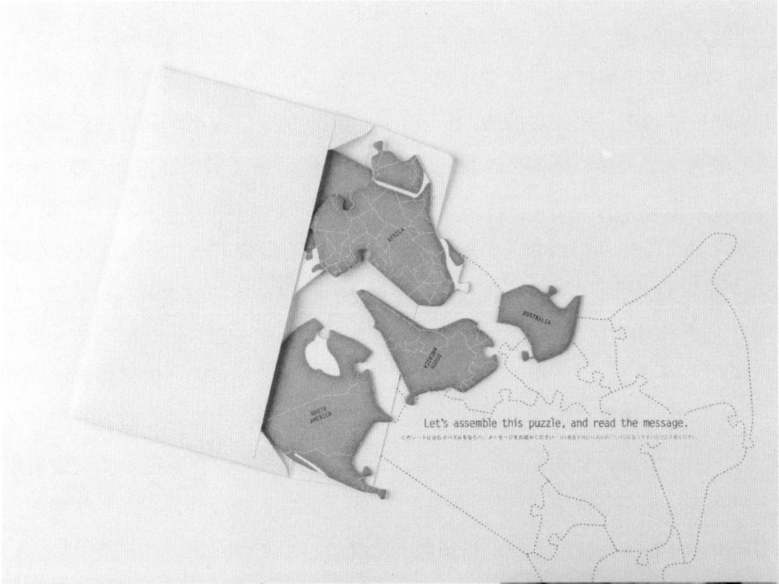
AFRICA
AUSTRALIA
Let's assemble this puzzle, and read the message.

这是“泛大陆碎片贺卡”。在贺卡拼图的背面写字，打乱之后可以放在信封里寄出。收到的人需要把拼图拼起来才能看到背面的消息

仅仅是技术提议的话，不会有人行动

另外，就算有技术，但没有使用这个技术的方案，这也白搭。为了拉到订单，丸茂印刷厂一直在向外界宣传印刷厂的技艺，比如参加面向设计师的研讨会，向他们介绍公司技术，在设计师杂志中打广告等。不过这些最终并没有带来任何成效。奥田代表说："所以我最后明白了——仅仅宣扬'我们拥有这样的技术'是不能促成生意的。"

于是奥田代表认为他只能运用自己的技术，亲自出马去制作产品。通过某位顾问，他结识了设计小组（DESIGN UNIT）的设计师。奥田代表多次前往东京，最终创立了以"地理"为主题的文创、文具品牌地球科学馆。在地球科学馆的产品中丸茂印刷厂的技术随处可见，比如3D打印的地球仪、便签，还有用地图当封面的笔记本等。以此为开端，丸茂印刷厂开创了新的事业。

抛弃理念的必要性

地球科学馆品牌原本的定位是展示丸茂印刷厂的印刷技术。他们想通过这些产品让更多的人了解丸茂印刷厂的技术，进而拉到像化妆品包装等印刷厂主营的印刷订单。

但是在展会上看到顾客的反应，"我认为可以用心地经营这些产品"（奥田代表）。因此产品研发方面也在为提高销量而做着努力。比如上一页照片中的空白地球仪。奥田代表说"印刷技术方面根本不费任何功夫"，它只是一个空白地图的地球仪。在最初的产品理念中，它并不是一个适合展示印刷厂技术的商品。但消费者买了地球仪之后可以自行在上面涂色，有多种使用方法。他判断这个产品会有市场，于是下决心开发。这个推测正中红心，"纽约现代艺术博物馆（MoMA）对它很感兴趣，想把这个地球仪作为小朋友学习的教材，因此找我们订购了一批地球仪"（奥田代表）。借着这个机会，他们扩大了与纽约现代艺术博物馆的合作。地球科学馆与纽约现代艺术博物馆的交易额占了整个品牌营业额的25%。

有了这次的经验，他们定下了开拓博物馆市场的目标，推进产品研发，并加强了品牌面向学校的装饰文创、文具风格。

在此之前他们只和研究设计(Drill Design)合作研发产品，后来又和设计了新世界地图的建筑家鸣川肇先生等人进行合作开发。

投资额与一次员工旅行开销差不多

丸茂印刷厂本来是为了宣传其印刷技术，才创立了地球科学馆品牌。不过后来他们意识到了消费者的需求以及畅销产品的特征，逐渐转变着自己的观念，随机应变地继续扩大产业。

地球科学馆的创立始于2008年，据说他们每年大约会投资500万日元到产品设计中。假设和设计师签订一年的设计多款产品的长期合约，那么这项投资的费用大约为300万日元。除此之外，筹办展会的预算为200万日元左右。

奥田代表向我们诉说着投资的艰难："对设计这种无形的东西进行投资，即便金额很少，也会遭到很多经营者的反对。"不过，奥田代表说的这句话也是事实："要说印刷业的投资，在大多数情况下，印刷机都是以亿为单位来买的。假如把投资到设计中的500万日元，看成和员工旅行费用相当的金额，那就算不上多。"只要下定决心，设计投资的钱绝对不是无力支付的。

地球科学馆创立约两年时间，就创造了累计2 000万日元的营业额。现在每个月大概有100万日元左右的流水。假如算上设计投资和开发成本，每年必须要达到3 000万日元的销售额才能够有盈余。

收益之外的设计价值

现在的大客户除了纽约现代艺术博物馆外，还有澳大利亚的代理商。2011年他们参加了法国的国际时尚家居设计展会，拓展出了欧洲的销路。在日本国内有订购1 000个产品作为顾客礼品的大型学习机厂商等，这类B2B的大客户也在增加。丸茂印刷厂今后也将继续开拓这类市场。

据说地球科学馆的生意给丸茂印刷厂带来了很多好处。这个好处体现在"去东京大型印刷公司和广告代理商谈业务时，吃的闭门羹也少了。很明显，我们已经从无数印刷厂中脱颖

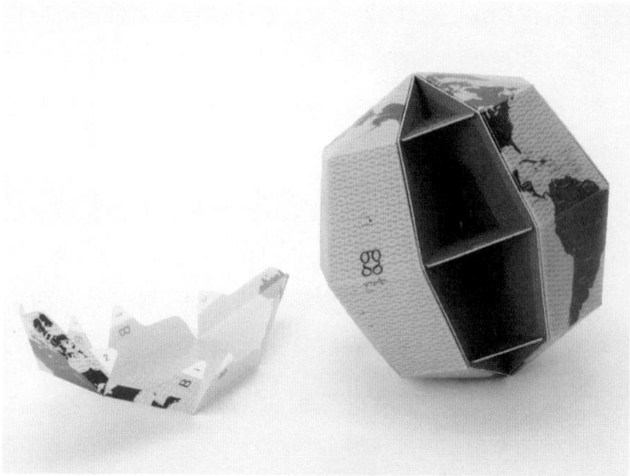

这是2008年品牌创立之初做的产品。上图是“地轴23.4°（3D）”，使用了3D打印技术。这是一个已经组装完成的产品。中间的图片是“海拔200页地理等高线”便签本，采用了整体模切和整体压花工艺

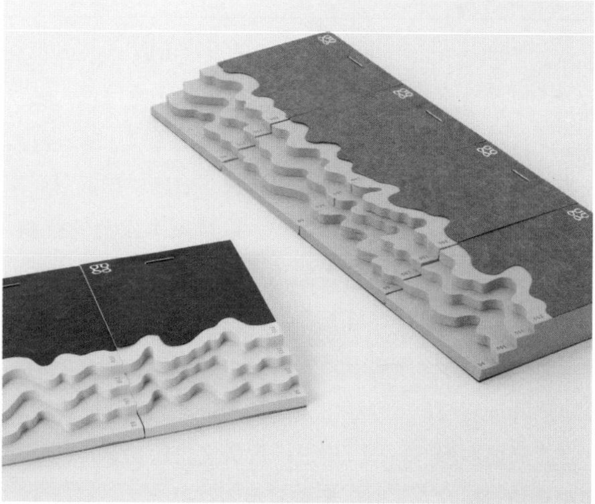

500页深度地理等高线便签本

而出了”，奥田代表如此说道。

丸茂印刷厂不满足于做一个只接受订单的公司，他们运用产品的设计，开展着商业活动，收获了品牌知名度。通过商业设计打破闭塞的市场环境，让企业有可能登上世界性的舞台。针对这一点，奥田代表说：“不管怎样，我们梦想着这一天的到来。”

打造出让员工对未来充满希望的工作环境，这件事的确不像生产设备一样是有形的资产，但对设计的投资肯定算不上一笔大投资。

这是“纸上计划线圈本”。封面采用了高精度的整体压花工艺，其特点是印刷与压纹几乎不会错位

地壳切面便签本

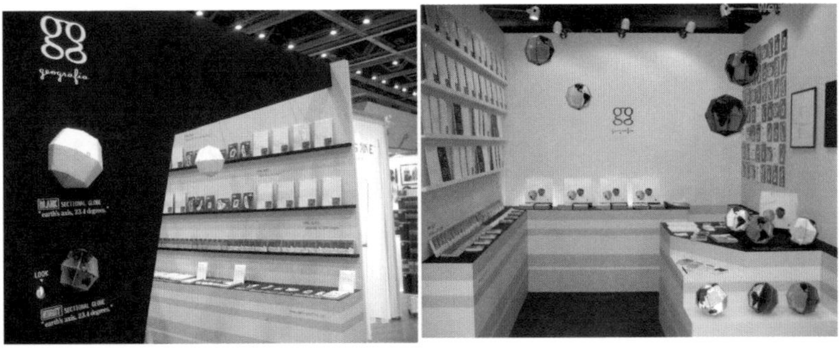

地球科学馆品牌每年的展会预算为200万日元
2011年参展法国国际时尚家居设计展会

福永纸工

与设计师合作开拓新事业，销售额占总销售额的3成

2013年小型印刷公司福永纸工迎来了它创立的第50个年头。借助设计之力，它开拓了新的业务，销售额逐渐上升。

福永纸工有一款可随意变换形状的纸袋子，拉开后会变成充满空气的状态，在海外引起了热议。还有建筑模型组合装饰，将街道和动物园风景微缩成1/100大小，十分精巧地再现了这些风景。截至2013年春季，这一系列的商品增加到了30种。

他们的每一件产品都有一个共同的特征，那就是利用纸做出了很多从未有过的新设计。福永纸工创建了一个名为“纸的工作所”的项目，源源不断地生产着许多原创设计产品。这个项目于2006年成立，到2013年，销售额已达全公司的30%。

他们最近还和丰田汽车、JR东日本等多个大企业有着合作。另外据说还有很多新订单从日本各地纷纷涌入。山田明良社长说：“这个项目很好地弥补了我们不景气的印刷业务。”

在订单逐年减少的中小企业中，有很多企业像福永纸工一样开创着新的业务。不过成功案例相当少。在这样的环境下，福永纸工是如何成功的呢?

福永纸工公司里面原本是没有设计师的。“纸工作室”是和外部设计师合作的项目。在此最想让大家参考的就是福永纸工和设计师的相处之道。

与外部设计师一对多合作

第一个要点就是将公司当作“实验室”。不去做特殊的限制，公司完全允许设计师用纸尝试做任何东西。山田社长说：“我觉得先请设计师来到公司，让他参观我们的设备和技术，这一点很重要。当时我们也给不起设计费，所以先让设计师努力做他想要的东西，然后再去发布。这就是我们对待设计师的态度。”

福永纸工与纸工作室/寺田模型（TERADA MOKEI）成长线

年份	月份	▼事迹	▼参与设计师	▼纸工作室每年占总收益的比例
2006	4月	创建「纸工作室」		
	6月	举办「纸的道具展」	设计公司「地址盒」、大治将典「蜡纸文件夹」、设计公司「日历垃圾袋」、研究设计工作室「方块盘」、三星安澄「纸眼镜」	
2008	6月	举办「纸的道具展2」	折纸设计研究所「内六角/家六角」、梶本博司「纸壶」、寺田尚树「1/100建筑模型建筑装饰组合」、三浦秀彦「纸扫帚·纸簸箕」、毫米设计公司「LITELITE」、三星安澄「名片箱」	
	10月	「纸工作室」作品开始正式发售		
2009	6月	东京国际时尚家居展		
2010	1月	举办「纸的道具展3特色思考」（首次以「特色」为主题的设计）	大友学「折水引」、菊地敦己「MyTube」TORAFU建筑设计事务所「空气之器」、NIIMI「纸的碎片」、藤森泰司「ToNoTe」、三星安澄「旋转盖」	5%
	10月	「纸工作室 inISETAN LIVING」伊势丹新宿总店（参加东京潮流展）		
2011	2月	寺田尚树创建寺田模型公司		20%
		纸工作室官方网店「KAMIGU」开设		
	3月	举办「纸的道具展3 粘着思考」（主题是「粘着」）	安积伸「粘贴花盆」、寺田尚树「ParAvion飞得高的纸飞机便签」、TORAFU建筑设计事务所「胶带挂钩（tapehook）」、山田佳一郎「鸟巢」、Sadahiro Kazunori「镜子（miiira）」、三星安澄「折叠飘带」	
2012	3月	丰田FJ酷路泽和寺田模型的合作企划「FJ×移动寺田模型店@AXIS」。之后日本全国6个地方巡回开店		30%（灵活运用设计的产品销量增加）
	5月	寺田模型在荷兰阿姆斯特丹举办展会		
		「空气之器」获得2012年红点大奖，最佳奖		
	6月	东京国际时尚家居展（主题为「照片」）	浅野泰弘「（真实记忆相机）realmemorycamera」、TORAFU建筑设计事务所「空气之器SPACE」、名久井直子+津酒淳子「盒中相册·书中相册」、三星安澄「4像素信封（4dpi ENVELOP）」	
	9月	为东京站美术馆（Tokyo Station Gallery）文创店「TARNIART」开发原创产品		
	10月	在立川伊势丹店举办「工厂直销」展会（7天就创造了卖出4000件产品的成绩）		
2013	1月	福永纸工作室创立50周年		
	2月	参加德国法兰克福2013国际展览会		

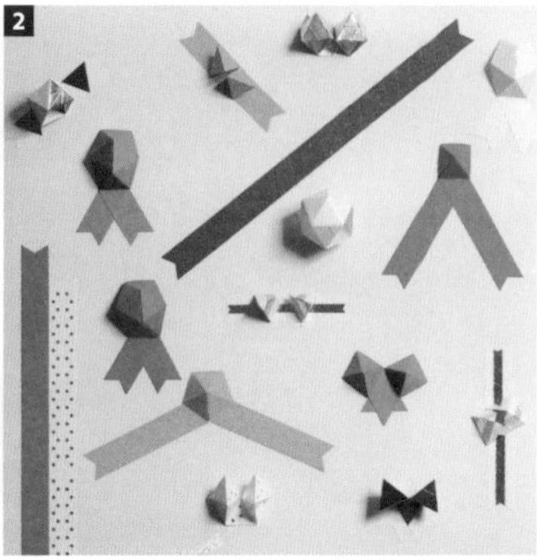

1 是用胶带贴在窗户上的“粘贴花盆”。安积伸设计

2 用这种有折痕的纸条“折叠飘带”可以通过折叠、粘贴做出立体的礼品飘带。三星安澄设计

3 是“盒中相册”。将照片放进盒子中，它就马上变成了一个相册，可放进书架中。名久井直子与津田淳子设计

（从左至右）为讨论中的福永纸工社长山田明良、寺田模型的寺田尚树、筑紫文具店的荻原修。荻原先生从“纸工作室”创建初期开始参与，是企业与设计师之间的沟通桥梁。这也是福永纸工成功的重要原因

话虽如此，但“纸工作室”在产品研发时并没有无视市场环境。其成功的秘诀在于公司独特的研发会议模式。

“纸工作室”每年会召开6组设计师研发会议，此时所有人都会参加，每个人都会提出各自的方案。据说他们会很随性地对彼此的方案进行比较尖锐的批评，并提供建议。山田社长说：“会议的基本形式是从视觉设计、产品、建筑行业中各选2人，来自不同领域的设计师们坐在一起，通过试错，也会激发出新的灵感。”这就是第二个要点。

在通常情况下，中小企业委托设计师出设计方案时，都是1对1的关系。但是很多中小企业并没有评判这个方案的能力。由此看来，“纸工作室”这种设计师相互评价的模式，可以补充企业能力不足的部分。

第三个要点，就是薪酬的支付方式。“纸工作室”和设计师签订的基本是特许权使用合同，即仅支付销售掉的产品相应的设计费用。但是这样一来，在产品研发初期，设计师就没有收入。于是他们每年都会召开新品发布会，给设计师提供一个推销自己的平台，让他们获益。

最近福永纸工和大型企业的合作也在增加。JR东京站改建后开设东京站美术馆，美术馆内有一家“车站艺术”文创店。由广村正彰设计。下图是丰田汽车的FJ酷路泽和寺田模型的合作项目

山田社长说：“公司以后想做一些新奇的、独特的东西。不这么做的话，以我们公司的规模很难出头。”他的斗志愈加高昂。

原创产品得以出口海外

“纸工作室”参加了东京国际时尚家居 2012 展会，发布了采用诸多名纸照片项目的以照片为主题的产品

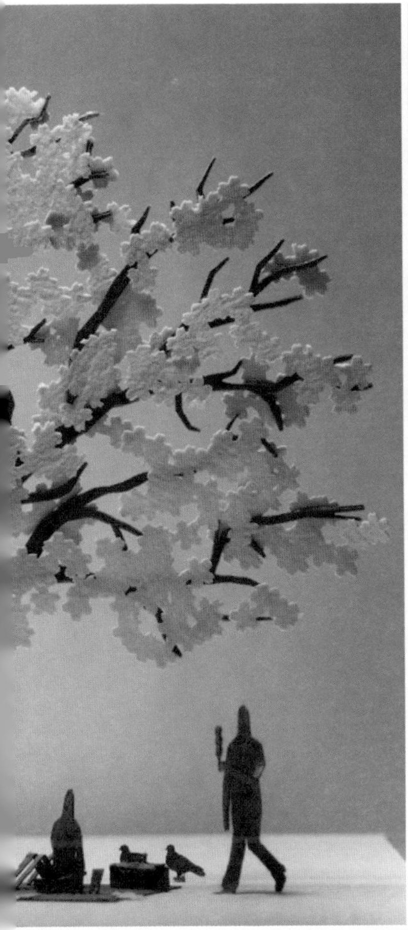

福永纸工的“纸工作室”项目中诞生出了一个独立品牌——“寺田模型”。他们设计的按100：1比例制作的微缩建筑模型摆件系列2013年已经扩展到了30种。设计师是寺田尚树先生（照片No.11赏花篇）

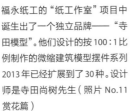

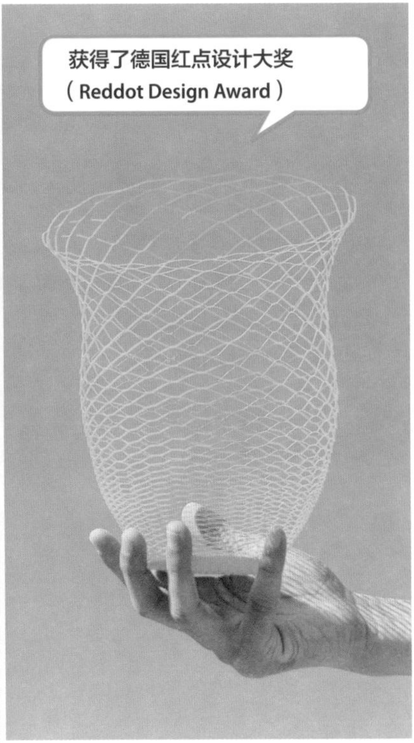
获得了德国红点设计大奖
（Reddot Design Award）

2010年，这款可随意变换形状，像装了空气一样的纸袋“空气之器”上市，引起了热议。设计来源于石卷（TORAFU）建筑设计事务所

文创开发篇

TATAMO!

以设计为吸引力，吸引更多合作伙伴

如何利用设计?

- 利用废弃边角灯芯草，开发适合现代生活的产品
- 产品研发前就创建网站，通过博客和推特寻求合作者
- 与多个设计师合作，利用设计师网站开拓国内外渠道

目标是用5年打造一个年收益1亿日元的品牌

百濑和幸
GOODGLAS公司代表

长野县松本市有一家极其普通的榻榻米店，店员上门去顾客家中拜访，如果有订单就为客人替换榻榻米，很受地域的限制。店长百濑和幸先生于2009年6月投资2000多万日元，创建了一个以灯芯草为原材料制作商品的新品牌。

这个品牌的名字叫“TOTOMA！”，品牌创立的目标是利用废弃的灯芯草制作产品。这种灯芯草是产自日本的长度小于94cm的榻榻米边角料，会进行焚烧处理。实际上，日本国产的灯芯草榻榻米垫，市场已被中国灯芯草挤压，目前只有20%的份额。据2010年日本农林水产统计，日本国产灯芯草榻榻米垫的产量比上一年减少6%，只有405万张。和2002年首次统计的数量相比，减少了大概一半。实际上日本国内的灯芯草产业已陷入了危机。

此时百濑代表从一位致力于减少农药使用的灯芯草农户——园田圣先生处听说，制作榻榻米垫时，有大约

1/4的灯芯草会因为太短而被废弃。既然如此，是否可以用这些废弃的灯芯草，制作一些可以带来新生活方式的装饰品和杂货呢？2009年6月，经过经济产业省的农商工等连协对策支援事业的认证，百濑代表开始了新产品开发。

预算基本贡献给了设计

恰逢新产品开发之时，百濑代表准备的第一年的预算为1500万日元。而农商工等连协对策支援事业的补助是预算的2/3，有1000万日元。百濑代表说，这一次他将预算几乎都“投资给了设计”。和大学共同研究的费用50万日元，使用县上的工业技术中心费用为30万日元，除开其他费用几十万，还有网站费用250万日元，百濑代表说：“剩下的预算几乎都投入了设计之中。”

这一笔预算，吸引来了春莳项目的田中阳明先生，他是一个创意顾问，同时还运营着一个面向设计师的共享工作室和智囊团。品牌的形象设计由同样来自春莳项目的南部隆先生担任。“TOTOMA！”的开发部署为：在田中先生的指导下，由年轻团队Leif.designpark以及岛村卓实先生等人，分别提出自己的产品设计方案。

此时，这个项目才刚刚开始。而且百濑榻榻米店只有三名员工。能毫不犹豫地投资招纳四位设计师，是因为百濑代表想的是：“我不想让这个项目成为只有一名设计师，只做一款产品就结束的项目。”

AD　TOTOMA！的网站在产品研发之前就做出来了。网站中会发布照片和视频，展示开发过程、工厂生产情况，对吸引合作者和粉丝有很大用处

这是用灯芯草做的瑜伽垫“TOTOMA！ yoga”。鲜亮的颜色与暗色相结合，再加上具有光泽感的绿色缎带，给人以时尚摩登的印象。颜色组合有6种，由Leif.designpark设计

这是使用灯芯草制成的室内地面材料“TOTOMA！ floor”，尺寸和木地板差不多。由岛村卓实先生设计。打算通过土木工程店、房屋建筑公司销售

百濑代表认为，要让TOTOMA！品牌“成为制造新榻榻米的巨大转折契机，需要更多设计师的加入”。

投入大量资金和众多设计师合作的好处不仅仅在于设计方案。他认为还有一个好处就是可以在商品推广期利用每个设计师巨大的网络影响力。

请设计师在个人展览和活动中，积极地宣讲介绍产品，让他们在展会时带顾客去看展。另外，设计师还能向有关系的销售店寻求合作，或是去国外参展……既然要挑战一个全新的领域，这种关系越多越好。因此邀请更多的相关人士加入这个企划之中，绝对不是一件无用之事。

早期就在网络上营销

TOTOMA！不是一个单纯的品牌，百濑公司更想让它成为一个事业团体，以便他们去开发使用国产榻榻米的新项目。基于TOTOMA！这样的产品定位，百濑公司通过网站对它进行推广，付出的不仅仅是制造产品的辛劳。

在产品还没做出来的初期阶段，百濑公司就创建了品牌的网站，通过博客的形式报告研发进度。他们通过视频网站等方式，详细地解说灯芯草收获的情形以及开发中的制作工序。还通过推特与访问网站的人交流，尝试着吸引他们加入产品的研发。

这样做的效果，在产品研发阶段就体现出来了。比如左页照片中的瑜伽垫里面用到的缎带。

这个缎带其实是通过推特认识的一个厂家供应的。当他们为缎带的高成本烦恼之时，就收到了这家厂商的企划提案，其价格是百濑公司之前预定的缎带的1/5，而且质量几乎一样。另外，这款瑜伽垫的委托制造商——添岛勋商店也是通过推特认识的。

榻榻米店与TOTOMA！项目产生了同样的想法，他们也打算通过网站和推特进行交流，促进产品销售等各个方面。

TOTOMA！充满魅力的设计之中，蕴含着吸引顾客和合作企业的力量。借助这股力量，吸引诸多人士，并建立与他们的交流。TOTOMA！项目会更快成长。

哈里欧（HARIO）

制造精神和商业头脑要同时培养

哈里欧公司的专务村上达夫说："哈里欧是一个很注重产品设计的公司。说得极端一点，除了持续进行产品研发，厂家没有其他活下去的途径。"村上专务于1971年进入哈里欧公司，在企划室中任职。他是哈里欧公司的第一位设计师，参与了多款产品的研发，现在统筹整个产品开发。

哈里欧公司的大热产品是2005年发售的"V60滴漏式滤杯（以下简称V60）"。这是一个调制咖啡时使用的器具，被美国多家咖啡店引进。2010年的世界咖啡师大赛冠军也使用了V60。它非常好用，在国外有着很高的人气，目前出口到了70多个国家。这么多年来，它在国内的人气也颇高，据说每年的销量都要增长3成。

可以自由调配口味的器具

V60高人气的秘诀在于它会根据使用者调配出不同风味的咖啡。正如产品名称一样，向V60中注入开水，水会通过杯子底部的开口滴落。与底部盛放开水的梯形沥干杯相比，它能通过控制开水的温度，来调配咖啡的风味。因此这是一款能展现咖啡师技术的道具，所以获得了全球咖啡师的喜爱。产品的理念——"brew for you"，意思是"为你调一杯咖啡"，在国外也获得了众多支持。

V60的设计重点在于纸制的过滤器。为了固定过滤器，杯子的形状要尽可能小，于是V60就诞生了。根据使用者的喜好，V60还有很多不同材质的产品。

"这是一款能提取出咖啡豆最原始的味道的器具。因为它只是一个器具，所以无论何种文化、何种民族，任何人都能随性地使用。它跨越了国界，深受好评。"（村上专务）

产品研发时，哈里欧公司采用了"FMS（父母系统，Father&Mother System）"，"父亲（father）"是营业部门，"母亲（mother）"就是负责产品企划的设计师。什么样的产品才会被市场接纳呢？不论是公司内还是公司哈里欧公司的村上达夫专务于 1971 年加入哈里欧公司，担任产品设计师一职。他现在是产品开发的统筹人。这个柜台设在哈里欧公司内部，也是一个交流场所。员工可以在此试做咖啡，午餐后大家也会在这里喝咖啡

这是哈里欧独有的产品研发系统“FMS（父母系统）”。销售人员充当“父亲”，产品企划人员充当“母亲”的辅助角色，将承担责任的“儿子”即产品推向市场。在制造产品之时，也要时常保持商业头脑

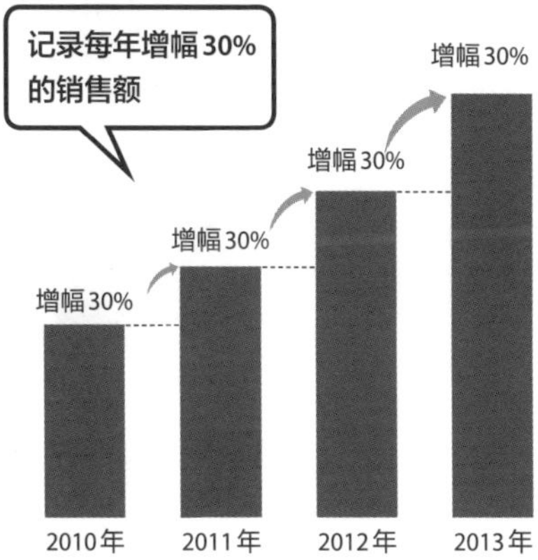

借着被美国咖啡店引进等机会，V60 成为在国内外都大受欢迎的热销产品。近几年，它每年的销售额都以 30% 的增幅增长，已出口至 70 多个国家

2005 年发售的 V60 是一款调配咖啡的沥干杯。从侧面看，椭圆状的滤纸呈“V”字形，开口部位的角度约为 60°，V60 因此而得名。“V60 滴漏式陶瓷滤杯”

外，如果没有这些相关知识和信息，就不能培养出扮演“儿子（son）”角色的产品。FMS系统就是一个以这种思想为基础的系统。

从“父亲”和“母亲”中各选一人，来负责新产品，两人共同将产品推向市场。如果两者意见有分歧，则要一直寻找最合适的办法和方案，直到产品面世。这个系统沿用了20多年，有了这个系统，产品的企划与制作就不单单由设计师和营业部门负责，双方都可以用自己的视角去看待问题、制作产品，同时也能培养设计师的商业头脑。

在哈里欧公司中，有大约20名设计师进行着日常调查，决定采取何种产品开发理念。哈里欧公司采取的是不利用外部进行调查的办法。设计师会负责产品设计、包装设计、取名乃至产品再造。因为没有外部介入，所以不会发生对产品特性等沟通不到位的情况，这样员工的责任感、工作动力和成本意识都会增强。

“我们和接设计订单的事务所最关键的差别在于，厂家如果卖不出产品，那就不会有生意。一款产品，帅气或好看的设计固然是必需的，但在那之前，连产品都卖不出去的话岂不就是纸上谈兵。”（村上专务）

销量达10万的砂锅

哈里欧公司的另一款产品——“玻璃盖煮饭锅”，自2011年发售到2014年，共卖出了10万多个。大火将砂锅加热10分钟，然后关火放置15分钟，这样就能把米饭煮熟。哈里欧公司也在积极尝试玻璃之外的材料。

半圆形的锅盖让水蒸气冷却后形成水滴落下，因此盖上盖子加热也不会沸腾溢出。据说设计师之所以采用玻璃锅盖的设计，是为了让人看到煮饭的过程。用电饭煲的话看不到它的内部构造，不知道饭是怎么煮的，换成这个谁都能简单使用的器具后，就抓住了消费者的这种心理。

新产品“滤网瓶”是一款红酒瓶形状的过滤网冷萃水瓶。放入茶叶后加水就可以冷萃。

“滤网瓶”的硅胶出水口内部有滤网，可以过滤茶叶。继V60之后，哈里欧公司想通过这款冷萃水瓶，向海外推广另一种日本独有的“冷萃”新式喝法。已有美国的高级杂货店引进这款冷萃杯，在国外的展会中宣传着冷萃的概念。

1965年哈里欧公司发售的大麦茶水瓶，是当时餐具市场中的主力产品。那时很多家庭都会将煮沸的大麦茶倒进空啤酒瓶中，然后放进冰箱冷藏。

锅盖很高，蒸汽凝结，不会让水沸腾溢出
盖子采用的是耐热玻璃，可以看到饭煮熟的过程
厚厚的砂锅能储藏热量，轻松简单就能煮熟饭

这款“玻璃盖煮饭锅”自2011年发售到2014年，共卖出了10万多个。大火加热10来分钟，直到锅盖上面的警报响起，然后关火放置15分钟，米饭就熟了。不用去在意火候，轻松就能煮好饭

滤网瓶瓶身采用耐热玻璃，硅胶材质的注水口处附带了一个滤网。用它可以很方便地制作冷萃茶，它既是一个蓄水瓶，也是一个沏茶壶

要将茶壶中的水倒进细口的啤酒瓶中很是困难，据说哈里欧公司注意到了这一点，所以大麦茶水瓶就应运而生，成为一款大热产品。

“滤网瓶”的瓶身更加好看，各种茶都可以方便地饮用，是满足现代生活的大麦茶水瓶进化版。

迪森特工作室（Decentwork lab）

借设计之力，谋求残障人士的自立

刺绣垫（Nuinui）

这是一款手工缝制的装饰品。

虽然采用了一定的刺绣手法，但它的设计能充分展现刺绣者的个性，这也是产品的魅力之一。这些产品是从一次竞赛的获奖产品中选取出来进行商业化的，目前有 5 款产品在售。“阿西特昂（AssistOn）”“康森特（KONCENT）”等商店有售

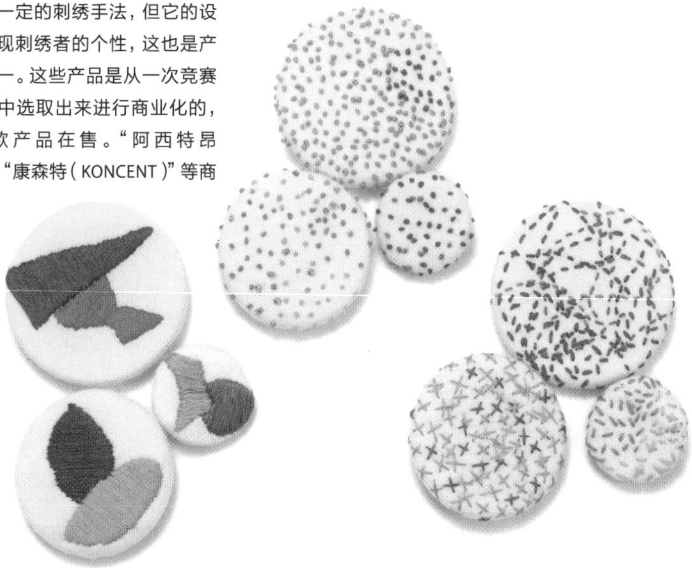

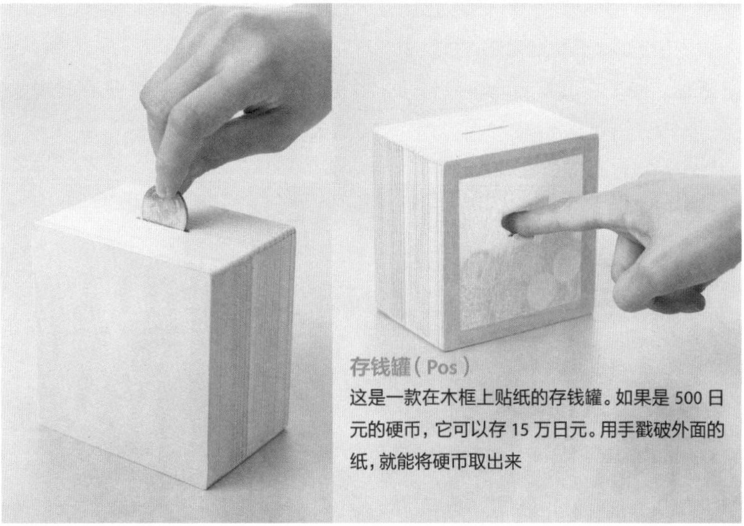

存钱罐（Pos）

这是一款在木框上贴纸的存钱罐。如果是 500 日元的硬币，它可以存 15 万日元。用手戳破外面的纸，就能将硬币取出来

红线（Red line）

这一款T恤衫，设计师在多件衣服上画了一根线，每件衣服都会和另一件相连，组成这根线的一部分

布拉耶盲文（Braille）

这是一款印着盲文图案的T恤衫。正面是海伦・凯勒的名言，右肩上是盲文“谢谢”

波浪（Wavy）

这是一款皮质笔筒。笔筒的横截面可见的部分做了染色处理。以后会追加新的颜色

现在日本国内有大约9 000个专为残障人士而设的名为“就业劳动继续支援事业处”的设施。在这些设施中，他们可以生产以及售卖食品、杂货等各种产品。尽管这些地方的收益会返还给从事生产的残障人士，但酬劳十分低，全国月均薪酬才不到1.4万日元。这离残障人士的经济自立还差得很远。

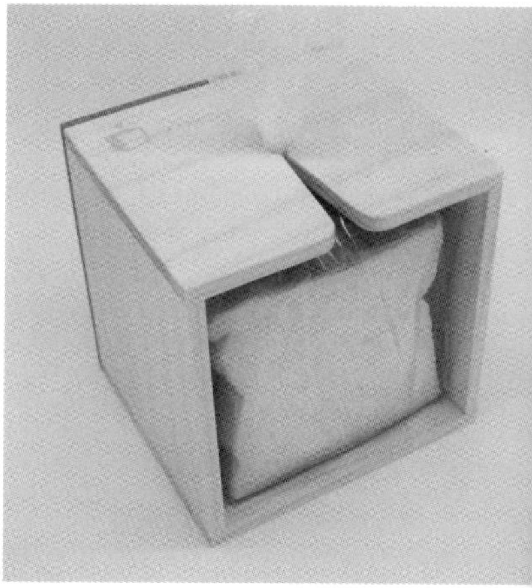

为了挽救这个窘迫的局面，2012年，政府举办了一场设计竞赛，目的是借助设计的力量，设计出易于残障人士生产、对消费者附加价值高的商品。

竞赛第一年，经营顾问公司埃森哲和NPO（非营利组织）法人以“手工艺品设计大赛（ART CRAFT DESIGN AWARD）”之名举办了竞赛，参赛条件是作品能在就业劳动继续支援事业处生产，共有381件作品参赛。竞赛由设计师奥山清行先生和阿修康斯普特（h concept）公司的名儿耶秀美代表担任评委，事业处里上班的员工也加入了讨论，最终选出了10件作品。经过再一次讨论，大家决定选取其中5件作品进行生产、销售。

平等（equalto）品牌的诞生

此次竞赛诞生的5件产品销售之初，阿修康斯普特公司就担任了全程指导。他们在设计师与事业处之间，监督产品的制作进程、包装和销售。之后，他们又创建了一个品牌。品牌的理念是“制造者和使用者，人人皆闪耀着平等之个性光辉”，所以他们将品牌命名为“平等”。

“平等”的所有产品都是在事业处的日常生产中制作出来的。比如获得了设计冠军的刺绣垫，就是一种在布面上使用缎面绣和法国结绣技法，绣制而成的刺绣勋章。产品中只规定了使用的绣线颜色和针法，其他都由残障人士自行决定。刺绣垫的魅力在于，不会有相同的两件产品出现。

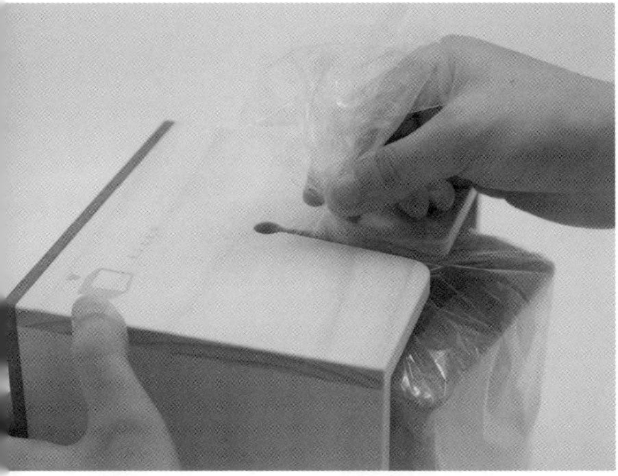

菲托（fitto）

这是第二届设计大赛的特等奖作品。它是一款面包盒，作用是在厨房中保持面包片不会散开。在2015年6月的东京国际展览中心（Big Sight）展会中发布

2014年举办第二届竞赛时，比赛名称变为“平等大奖（Equalto award）”。因为有了品牌，所以主办方强调这次竞赛是为了征集产品开发的新设计，但保障残障人士的经济、社会自立的目的仍未改变。

此次竞赛由熟悉全国所有事业处的NPO法人迪森特工作室主办，他们召集了愿意和设计师合作的事业处。应征者通过事先对制作产品的事业处的了解，就能根据具体情况来进行设计。

此次竞赛设立了布艺小件、木工小件、陶器小件三个部门，共有166件作品参赛。经过审核以及创意权的调查，最终评选出了1件特等奖、3件优秀奖、3件采用奖作品。这次所有的获奖作品都会进行商业化生产，设计师和各个事业处已经在开始行动了。此次竞赛依然由推出了众多大热产品的阿修康斯普特公司全程支持，因此备受期待。

消费者并不是因为得知了制作者身份而购买产品，而是因为喜欢这个设计才去购买，购买之后才偶然知道这是就业劳动继续支援事业处做的东西。这些产品在增多，残障人士因此踏上了经济自立之路。

约瑟夫 · 约瑟夫（Joseph Joseph）

漂亮的开放式厨房“可见式收纳”，颇具人气

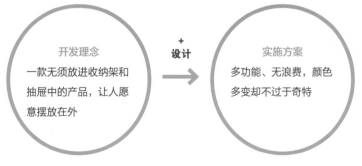

这是一款名为“螺旋（Sprio）”的切丝器，用它可将蔬菜切成面条状。产品发售以来每个月都要进口 3 000 个到日本，但它仍然瞬间被售罄，是一款非常火热的产品。价格为 1 800 日元（不含税、下同。）

（照片提供：约瑟夫 · 约瑟夫公司）

开发理念

一款无须放进收纳架和抽屉中的产品，让人愿意摆放在外

＋设计 →

实施方案

多功能、无浪费，颜色多变却不过于奇特

这是"艾瓦特（Elvate）"系列产品，可以将它直接放到料理台和桌子上，铲子顶端不会下垂接触台面。右图为收纳架"传送架（Carousel）"与6把锅铲的套装，售价8 500日元

约瑟夫·约瑟夫餐具品牌诞生于英国，其特点是集艳丽配色与方便好用为一体，同时他们还专注研究餐具的形状。约瑟夫·约瑟夫品牌不仅解决了消费者使用中的不便和烦恼，其独特的设计令产品功能得以展现，因此在日本也备受瞩目。

它的每一款产品开发理念都是相通的，即能让消费者即使在开放式厨房中，也愿意把餐具摆放在外面。这就是所谓的"可见式收纳"。

日本家庭会把餐具收纳进架子或者抽屉中，但约瑟夫·约瑟夫的产品，会令人想把它们放在外面。这个牌子的餐具，可以说是在开放式厨房中会熠熠生辉的餐具。

放在外面也不会觉得不好意思

比如2017年4月发售的蔬菜切丝器螺旋，它可以将蔬菜切成面条状。每当进货很快就被售罄，是一款供不应求的人气产品。它的上方有一个按压蔬菜的盖子，这样就不用担心手直接接触刀片。其底部还有装蔬菜的容器，切好的菜不会散开，这和其他公司的切丝器有很大区别。而且它还有3种不同颜色的刀片，可以切出不同粗细的菜丝。收纳时把它们放在一起，可令厨房充增色不少。

另一款产品"健康分类标签砧板升级2.0版"，是约瑟夫·约瑟夫的常青树产品的最新版。它是一款根据食物种类分开使用的砧板，用颜色和图

这款砧板可以全部立起来收纳进一个盒子中。“常规尺寸”款中有 3 种颜色，各种颜色统一售价 5 000 日元。此外还有“纤细款”（5 000 日元）以及“加大款”（7 000 日元）

案很直观地区分肉类、蔬菜、鱼类等不同的用途。砧板的边缘略高，防止水和蔬菜碎屑掉落到砧板外面。

另外还有一款名为艾瓦特的产品，这个系列中有漏勺和大汤勺等产品，直接将产品放在平整的台面上，它的顶部也不会下垂，既方便又卫生。它和专用的旋转收纳架一起使用的话，即使摆在厨房台面上，也不会觉得不好意思。

日本约瑟夫·约瑟夫法人安藤二郎董事长说：“现在的日本家庭中，80%以上都是开放式厨房，从外面就能看到厨房的布置，而‘约瑟夫·约瑟夫’餐具的特点就是令人愿意把它们摆放在外面，观赏它们。”因此，“功能众多但无一浪费，颜色多变却不过于奇特，设计不显得廉价，这些才是设计的重点”（安藤先生）。

约瑟夫·约瑟夫于2015年12月设立了日本法人，和之前通过代理商进口相比，这样一来据说可以进行精细化营销，也便于反馈日本市场的需求。

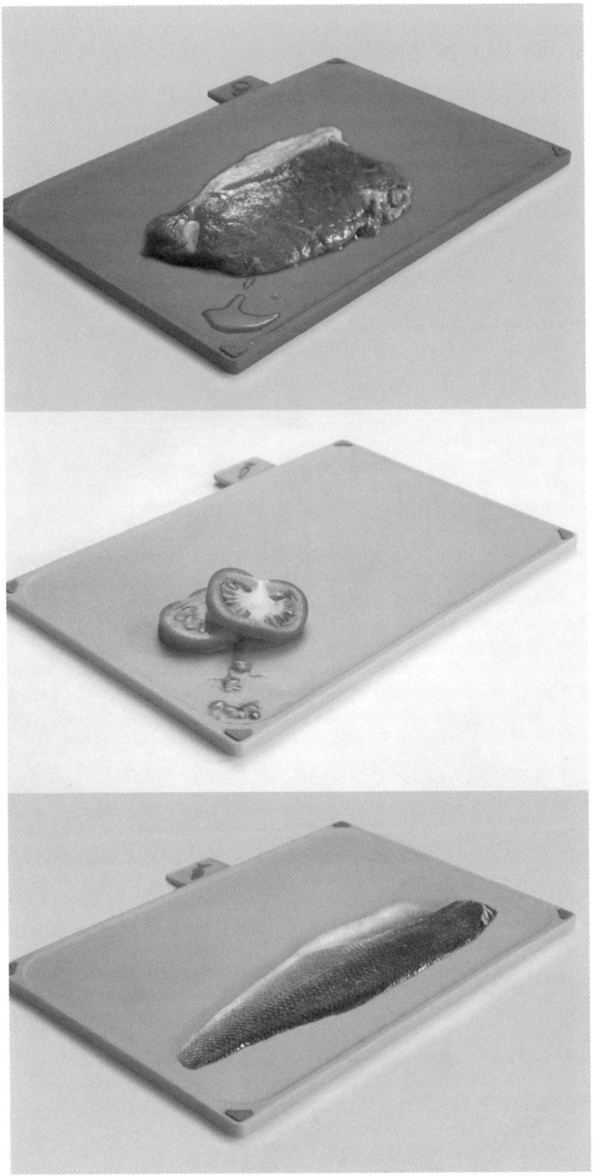

“健康分类标签砧板升级 2.0 版”是一款按食材分门别类使用的砧板组合。砧板四周有防滑硅胶垫，分类标签也是硅胶制成的，是一种更易拿取的设计

阿特科斯（ATEX）

把握女性心理，“适度”可爱

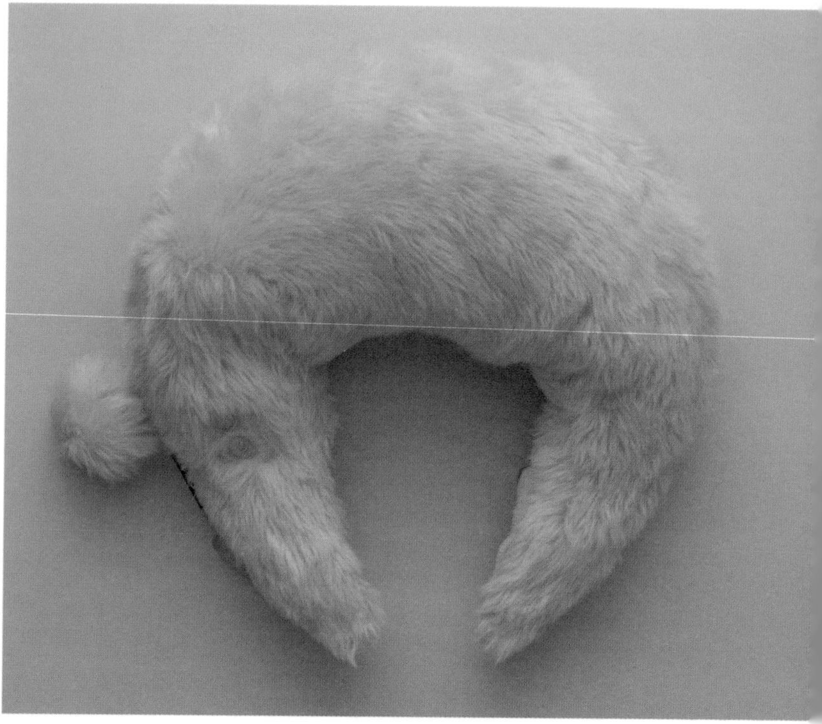

右图是分体式的“卢尔德（Lourdes）软绵绵热乎乎鞋”。和“卢尔德按摩加热护颈枕”一样，是2017年的秋冬限定贩卖产品。售价7 800日元（不含税，下同）

这是一款按摩仪，名字叫卢尔德按摩加热护颈枕”。它有一条“尾巴”，用起来感觉像是捧了一个热杯子一般温暖。售价7 800日元

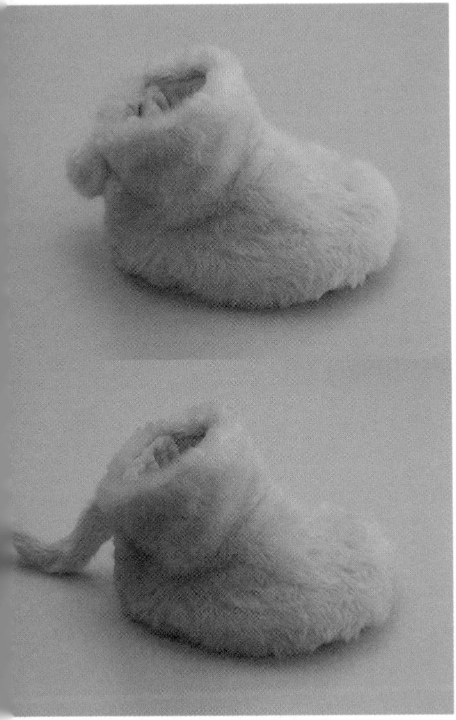

开发理念：

瞄准年轻女性放在卧室和起居室中使用的健康器材市场

↓ + 设计

实施方案：

希望通过动物的表情，让女性能觉得产品很可爱，但绝对不能做过头

阿特科斯公司开发的“卢尔德按摩加热护颈枕”有一根“尾巴”，看起来很像一个玩偶。它是一款挂在脖子上使用的产品，尽管是2017年10月1日发售的秋冬限定产品，但很早就在媒体上引起了热议。

这款产品在阿特科斯公司之前发售的眼罩的基础上做了改进，使用了绒毛较长的毛皮。

粉色那款有一条兔子尾巴，灰色款的是猫尾巴。在柔软的棉布中，隐藏着一个电动按摩球和加热器，有着真人的按摩手感。它可以灵活改变形状，除了脖子，腰和脚等部位都能按摩。

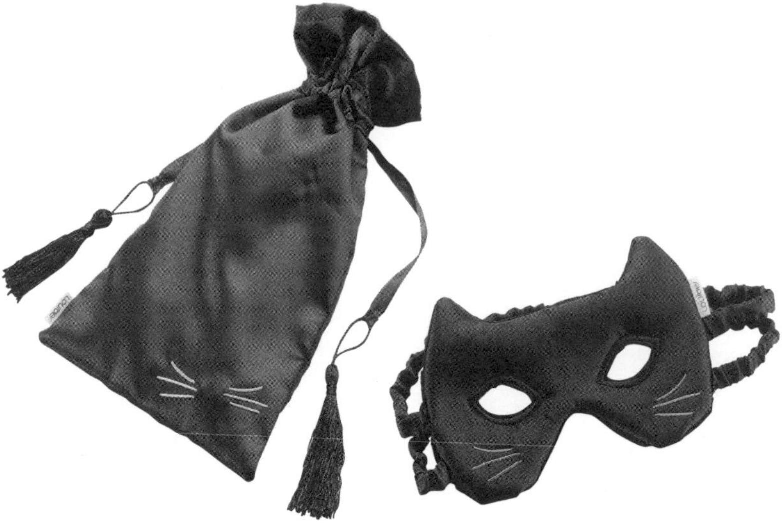

这是“卢尔德猫咪加热眼罩”。售价4 000日元。内置电加热器可使眼周有温热之感。使用USB电源，可以连接计算机使用

大量可爱的元素，引起产品热销

阿特科斯的总公司在大阪。除了这些产品，他们从2009年9月开始相继开发了多款面向女性的按摩靠垫。卢尔德品牌孕育出了一系列热销产品，迄今为止累计销售达750万个。热销的秘诀在于他们精准地把握住了女性心理，采用了大量可爱的元素。

其他公司的按摩器产品最主流的是仰卧式按摩椅，主要在家电商场中销售，目标用户为男性。商品本部企划部的田代晶子副部长说："为了开拓新的市场，我们想到了做那种在饰品杂货店中十分漂亮显眼，适合放在独居女性房间中的按摩仪。"

因此他们开发了一款内置按摩球的小型靠垫按摩仪，当中使用了女性很喜爱的素材。使用按摩靠垫可以很方便地缓解酸痛，因此得到了辛劳工作的职场丽人、育儿妈妈们的支持。发售1年多的时间内，月销量就达30万个，十分抢手。

通过按摩靠垫的热销，阿特科斯认为女性市场中还有很大的需求，因此逐年扩大着产品线。到现在已经研发了100多款此类产品。阿特科斯还经营着折叠床、健康器具等产品，据说目前卢尔德系列已成长为占总营业额6成的产品。

包装中有一双动物凝视的眼睛

为了俘获女性的内心，卢尔德产品中使用了动物的设计元素。2017年10月发售的按摩加热护颈枕也是其中之一，在它的包装正中间，有很大一张猫咪或兔子的照片，目的就是吸引店里面顾客的注意。

2017年9月发售的加热眼罩"卢尔德猫咪加热眼罩"也使用了猫咪的形象。这款眼罩中，眼睛周围有加热器，特点是可以消除眼周疲劳。眼罩形状是猫的脑袋，还加了胡子。眼睛部分开了孔，戴上眼罩也可以用手机、看电视。包装上画了猫咪的图片，猫咪的眼睛透过眼罩看向外面。

田代副部长说："商店中陈列着许多商品，如果顾客和猫咪对视，就有很大可能会伸手拿它。因为这是卖给女性的，怎样才能让她们觉得这个产品很'可爱'呢，为此我们费尽了心思。"

猫咪的包装十分可爱，因此也有很多人买来当作礼物。据说还有顾客将眼罩和包装放在一起，拍了照片发布在社交网站上。

这是使用了兔子和猫咪图案的按摩加热护颈枕的包装。厂家想通过动物的表情，吸引更多顾客将这个产品买来作为礼物

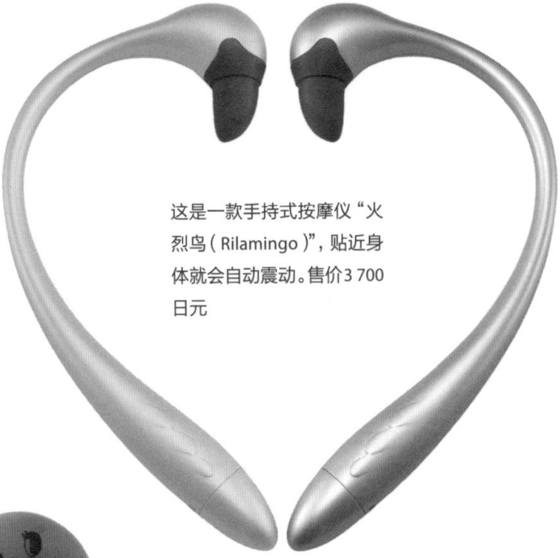

这是一款手持式按摩仪“火烈鸟（Rilamingo）”，贴近身体就会自动震动。售价3 700日元

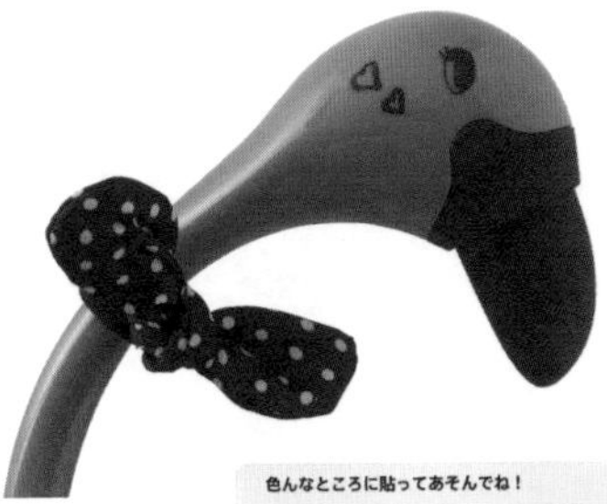

火烈鸟还有配套的表情贴纸（face seal）。通过贴纸，“我们想让产品活起来，成为一个能让人产生眷恋的角色”（田代副部长）

不过，看到卢尔德的成功，就认为产品中只要使用可爱的动物形象，女性就会购买，这个想法就太过草率了。

田代副部长说：“在毛皮材质的产品上是可以加尾巴的，但凑近看就觉得有些孩子气。这对我们的目标用户——十分追求品质和性能的‘大人’来说，如果可爱过头，反而会适得其反。关于这点，适当的分寸感十分重要。”

概念设计大赛2017（h concept DESIGN COMPETITION 2017）

将日用品设计奖中的获奖产品变成商品

特等奖

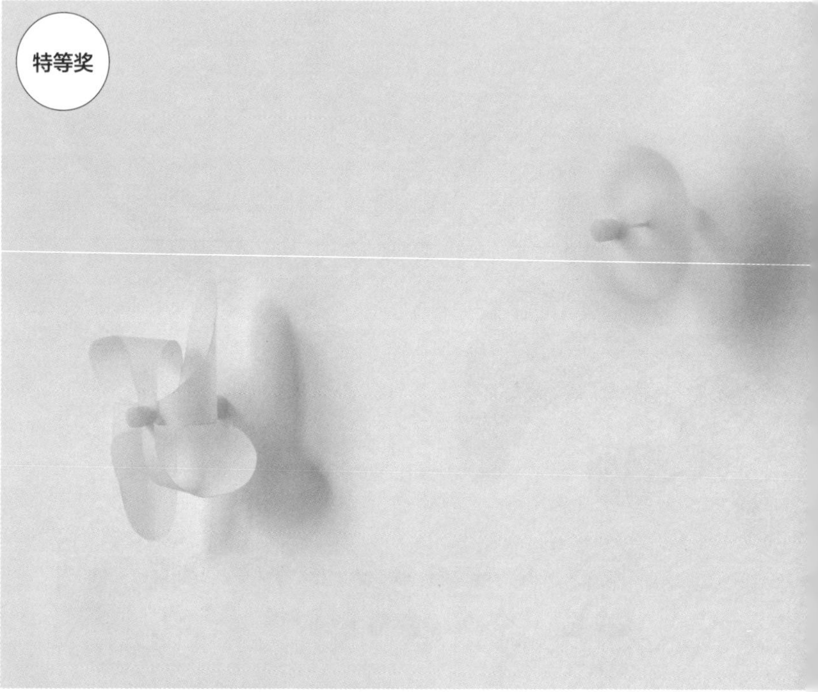

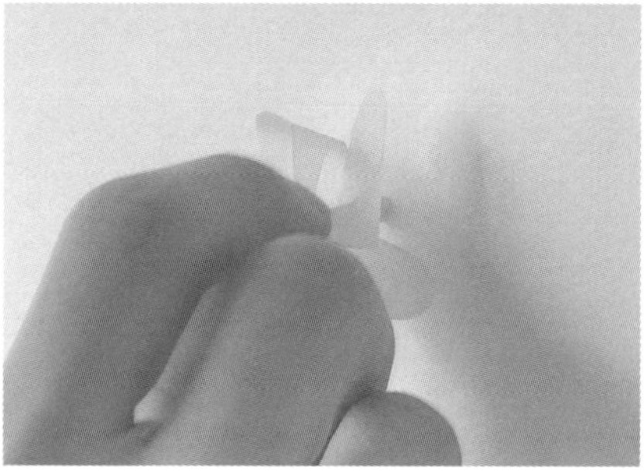

风车图钉（pinwheel pin）

阿津侑三

在简单的图钉上加了风车，钉进墙中风车就会旋转，给人以深刻的印象，备受好评

2017年8月8日，在东京进行的最终审核中，各评委从参赛作品中选出6件作品，通过投票与反复讨论后选出获奖作品。特等奖获得30万日元，优秀奖各获得15万日元奖金。接着会确定将获奖作品制作成为商品，从开始销售那一刻起，就以特许权使用的方式向设计师支付酬劳

因动物橡皮筋（animal rubber band）等产品知名的日用品公司阿修康斯普特公司，在2017年迎来了其创建的第15个年头。为表纪念，他们举办了一次设计大赛。阿修康斯普特公司的代表名儿耶秀美在武藏野美术大学担任客座教授，此前连续5年的设计大赛参赛者，都是武藏野美术大学的学生，而此次大赛则广泛征集了活跃在专业领域的设计师们的作品。

大赛主题为“让生活更快乐、更多彩的日用品”，参赛作品约有400件。条件是“不用电、单手就能拿住的尺寸”，评委以能投入生产的标准进行着筛选。在一张A3纸就能写下的这些参赛作品中，却出现了很多能解决实际问题的设计。

比起结构精巧的道具，在审核中，那些通过思维转换给人以新鲜之感的作品更能吸引人的眼球。获得特等奖的作品风车图钉，其功能和普通图钉一样，但风一吹过它的扇叶会像风车一样转动。它尺寸小且易于拿取，有着凸显张贴物趣味的效果，因此备受期待，获得了特等奖。

通过原创品牌“+d”实现商品化

评委除了名儿耶代表，还有安藤贵之（《Pen》主编）、石桥胜利（AXIS公司统筹）、滨口重乃（日本哈珀柯林斯，高级编辑指导）、山崎泰（JDN董事长）、花泽裕二（《日经设计》主编），共6名评委。另外，下川一哉（意与匠研究所代表）担任了评审会的主持。

首先评委各持6票，从所有参赛作品中以投票的方式开始评选。每件获得投票的作品都会接受2次票选，根据这个规定，最后还剩下26件作品。

由于最后没有全员一致票选通过的作品，所以挑选出了替补的前5名

网(Net)井藤成美(武藏野美术大学)

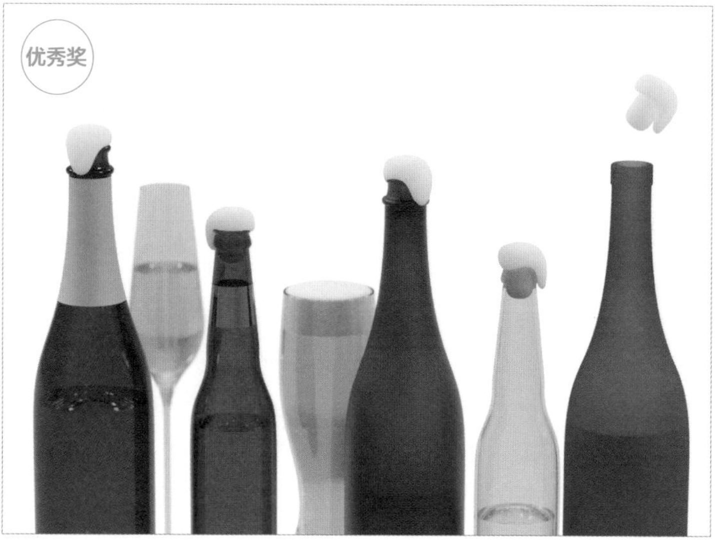

溢出(Over flow？！)大村卓(oodesign)

吉翁锁(Gion Lock)yonanp

作品，然后再通过投票评选出他们认为最合适的特等奖。最终，“风车图钉”获得了6票中的5票，成为了特等奖，另外还选出了3件优秀奖作品。

这4件作品，成为了h concept公司旗下的原创品牌“+d”中的新产品。公司内的研发团队朝着2019年的销售目标开始行动，名儿耶代表充满斗志地说：“+d与设计师融为一体，享受着设计的快乐，同时也持续向市场中输送着富有魅力的产品，到今年它也迎来了创立的第15年。尽管近来发展有些艰难，但通过这次竞赛，我们也遇到了一些很有意思的创意。这些作品应该很快就能面世。”

另外，此次比赛还选出了5件评委特别奖，分别是安藤奖“看也方便、用也方便、全新的镊子”(yonanp)、石桥奖“文创收纳分界线”(ZHU YIPING)、滨口奖“Nobories”(植南雄也)、山崎奖“Holder × Coaster”(松井日向子)、花泽奖“Paw-Pad 红肉球”(kerub+Moo Flat design)。这些作品，今后也可能会考虑将它们投入生产。

PVC设计大奖2016（PVC Design Award 2016）

利用软性PVC材质的特性进行设计

蹦出来的浴缸（POP-UP BATH）

梶本博司

这个浴缸会从平面变成立体，然后再迅速变回平面，就好像“立体书”一样，突然就支起来了。它是一个不需要操作说明就能使用的浴缸。重量极轻，一个人就能搬运，可以带它去各种地方，还可向里面注入温泉享受沐浴。不仅能带到避难场所等地方，看护病人时也可以用它洗澡

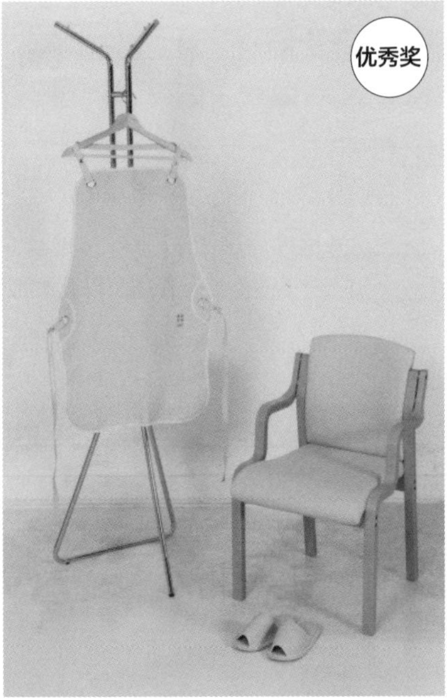

抗菌系列产品

三洋龙喜陆(Lonseal)工业

这是每年冬季流行感冒、诺如病毒等爆发时，能够保护我们免受“隐形威胁”伤害的系列产品。采用有抗病毒效果的PVC膜(龙喜陆公司专利技术)加工制成日常用品，竭尽全力阻止这些病毒的蔓延。希望可以通过这种材质创建“安心、安全、舒适”的生活

便利包(amenity pocket)

田村开、岩间正美(森松)、桥野德明(森松)

这是一款利用PVC不塌陷、不破裂、吸附力强的特点制成的口袋，可以粘在镜子、窗户等平滑的墙面上使用。有了它就无须漱口杯、牙刷架这些，可收纳牙刷、剃须刀等物件。在总是杂乱无章的洗漱台、浴室中能节省空间、保持环境整洁

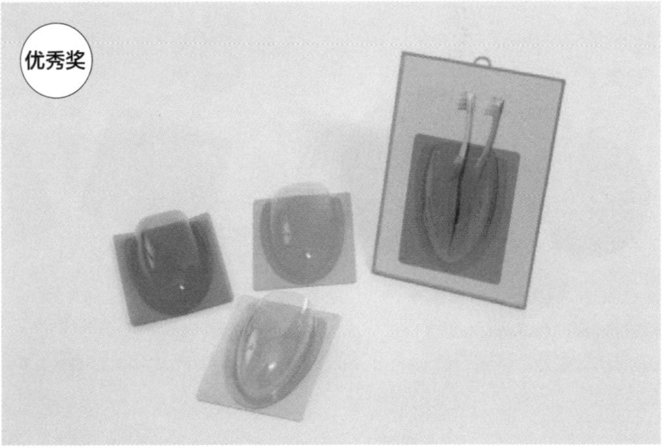

从下水管道到奢侈品手袋，PVC已经彻底融入了我们的生活。它用途很广，支撑着整个社会，但它的功绩却鲜为人知。这次设计大赛就是要征集设计方案，让PVC重回我们的视野，令它的作用继续发扬光大。本次展会由日本塑胶制品加工组合联合会等举办。

此次设计大赛的主题是“安心、安全、舒适”。主要目的是通过观察地区和城市建设、高龄化、育儿、奥运会观光等日常生活，思考利用PVC能产生何种新鲜的创意，征集运用PVC材料进行的设计、商业方案。最终日本全国共有256个创意方案，以及59件产品报名。本次大赛的对象是运用兼

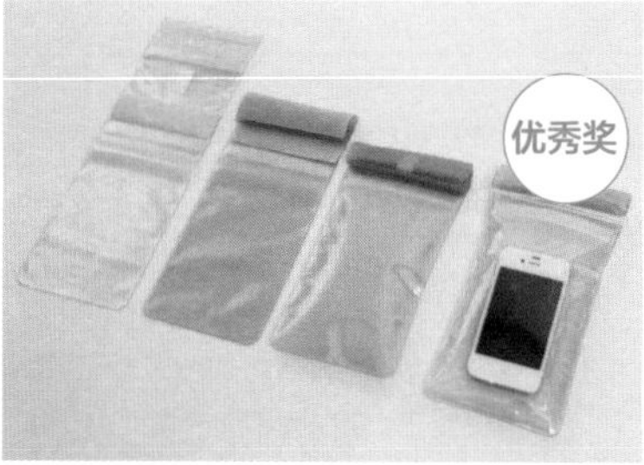

吧嗒吧嗒
小池峻、铃木伸也
手机防水套

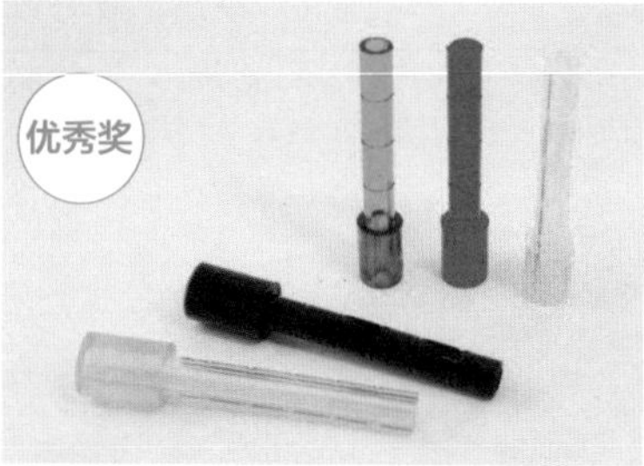

skeletonkachi
寺井良曜（京都精华大学）
材料提供：阿基里斯、冈本
PVC钉子，不易受伤

缝隙制造者（SUKIMA MAKER）
国际海洋塑胶公司（National marine plastic）、梶本博司
PVC制的气压千斤顶

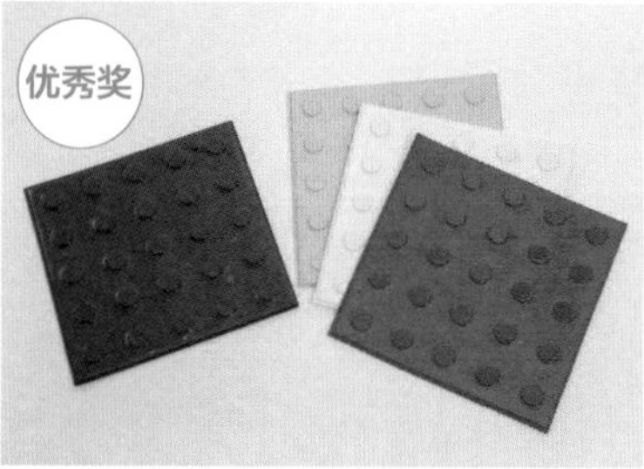

室内 凸起垫
铃村贤司、安井浩二（森松）、荻原利贞（ogi工业）
地板垫

具柔软性、加工性、印刷性、透明性等优点的软性PVC的特点，进行设计的产品方案。

获奖的有装饰品、户外用品、游戏等各个领域的设计和产品。奖励共设特等奖1件、优胜奖2件、优秀奖7件和鼓励奖3件。

本次参赛者中只提交了设计方案的，由生产厂家进行评选。参与评选的厂家的特征就是其都参与制造了设计方案中的产品模型。因此比赛结束后，大部分方案中的产品都投入了生产。

获奖作品是按照日本全国的主要都市（东京、大阪、名古屋、福冈）的顺序公开的。

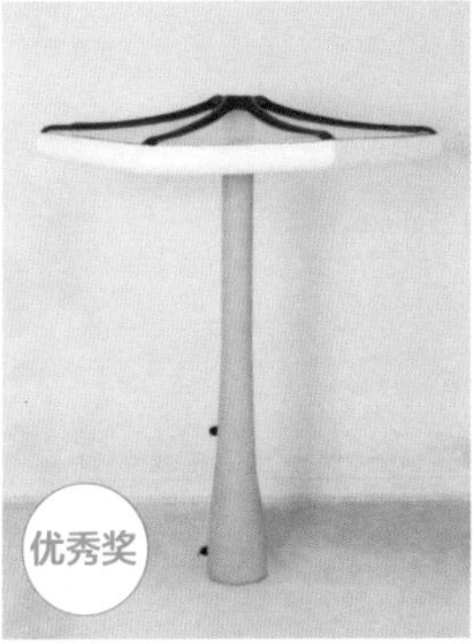

绿洲
阿基里斯海洋（Achilles marine）、阿基里斯
空气自立式透明遮阳伞

圆圆的项链
肥田安世
材料提供：白金化成
项链

Y字陀螺
铃木化工、山口信息艺术中心
PVC材料中加入了空气，这是一款结合了智能手机的新玩具

第 4 章

市场营销篇

个性化定制售卖

畅销海外

鸭井包装纸公司mt胶带

“工业用”产品一跃而成人气品牌

mt胶带一发售就成为热销产品。它采用了具有独特透明质感、沉稳颜色的和纸，图案丰富多样。其制作、销售厂家是创立于1923年的鸭井包装纸公司，鸭井包装纸公司以制造粘蝇纸起家，后又以生产喷漆时用的防护胶带为开端，开始经营起了工业材料。

mt胶带则是将那时的防护胶带变成文具、文创后的产物。mt胶带以其添加可爱元素的方便性以及手工包装的趣味性等特点，打入了普通民众的市场。新市场得以开拓的重要原因，在于厂家能够重拾之前从未考虑过的防护胶带的用处，并将它精准地反映在商品上的这种态度。

没改变之前素色工业防护胶带的制作方法，只是在和纸上涂上粘胶，印上颜色和图案，后增加了日本风格、季节等多种图案供选择。2008年开始，设计就交给了图案公司的设计师居山浩二负责

有单个包装、组合套装，以及大商场专用的卡头包装盒等。根据店面的不同，包装也不尽相同。包装设计也是煞费苦心，考虑到如果包装不符合店铺风格，可能会遭遇拒绝采购的境况，所以采用了即便是敏感度很高的精品店也不会讨厌的包装设计

针对不同的
店铺，包装上
会做细微调整

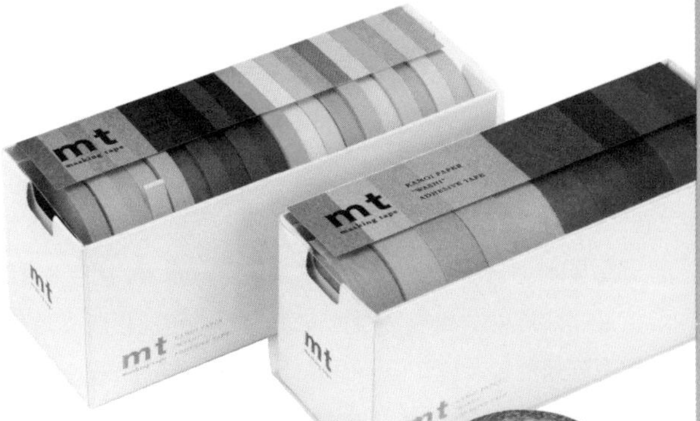

市场营销篇

自选式产品包装

mt胶带能从防护胶带变成文具产品，来源于3位独立制作出版书籍的设计师的方案。他们对产品的设计建议是要有透明感、手撕痕迹的质朴之感，以及稳重的配色等新鲜之感，这对鸭井包装纸公司来说是从未想过的事情。针对这3位设计师想要制作原创胶带的想法，鸭井包装纸公司一开始并不确信这款产品能够受到普通消费者的欢迎。但是试营业后却获得了顾客好评，因此他们斗志高昂地在2008年2月发售了20种颜色的胶带。

“下决心销售前，首先讨论的是卖场相关的问题”，mt胶带的负责人——鸭井包装纸公司的谷口幸生先生回忆道。为了和之前的工业材料区别开来，必须要在包装上下些功夫。他们把精品店、文具店、书店、量贩店等有意愿订购的店铺都列了出来，实地走访去征询意见。因为“大型商店和精品店中陈列的包装应该会不一样”，所以最终他们选取了两个重点方向，准备了各种不同的产品包装，让每个店铺自由地挑选最容易卖出去的样式。

他们听到了很多意见，比如精品店很想直接打上原创的标签，随意地组合变换颜色进行销售。于是他们在装包时只用纸将胶带卷了起来，这样就能很方便地拆分售卖。这种设计目的在于即便是把胶带当成库存品来摆放,也会很赏心悦目,且利于展示商品。

其次他们还预见到了店员一个个拆开替换会很麻烦这一点，这样做也提高了批发商的纯利润，因此精品店很积极地订购了胶带。

另外，考虑到补货的频率以及与其他日用品的搭配问题，供应至大型商场的包装使用的是内含两种不同颜色、顶部有孔的挂钩式透明包装袋。另外还有一款内含20种颜色的胶带套装，吸引着消费者在店中享受选择颜色的乐趣。

征集展会与媒体的使用实例

产品发售之初只生产了不同颜色的胶带，2008年3月，带图案的胶带登场，同年8月细版的胶带登场，2009年加粗版胶带又登场。新品发布时“胶带mt”也会去参加礼品展等大型展会，他们同时还举办了自己的展会——“mt ex展”。

2009年鸭井包装纸公司开始在东京、京都和札幌举办展会，来看展的除了进货商，还有很多普通消费者。

正如谷口专务所说：“在企划展

中，能听到产品的核心用户提供的核心意见。”展会不仅仅是宣传产品的地方，也是一个倾听用户意见的机会。比如在用胶带蜡纸装饰会场墙面的时候，他们就收到了“如果把这个用来做礼品包装纸就很方便”的意见。因此，他们后来就生产了加大的胶带纸盒（mt wrap）。

他们还有其他收集客户意见的渠道。在“mt”创立之初，就设立了这样的渠道——在公司网站上，普通用户可以发布使用胶带制作的作品照片。

谷口专务感慨道：“制造厂商很容易将产品的使用方式一味强加给用户。如果大家能在网站上展示自己自由创作的作品，就能成为其他人的参考，这样网站就变成了一个志同道合者的交流场所。”他认为网站的效果超出了自己的预期。

直到现在，工业材料的销售仍旧是根深蒂固的代理店制度，尽管目前尚未决定要在网站上直接销售之前的商品，但“mt”系列产品已经单独开设了一家网上商店。除了官方网站，还能在大型社交媒体上和用户交流，培养粉丝用户。

致力于征集外部设计

谷口专务说：“拥有创意的不仅仅是我们。因此，我们现在集中力量从外部吸收创意方案，用于产品制造。”除了产品种类和产品包装等促销手段，他们在各方面都很尊重顾客和销售商店的意见。现在国外的产品需求在增加，公司打算在国外也采用同样的办法，在产品销售和研发方面积极地、多方面地听取商店和顾客的意见。

另外，为了采纳更多的创意，公司在支付设计师薪酬方面也考虑得很周到。谷口专务说：“如果收到了产品设计和新图案的方案，不管我们采不采用设计师的提案，都会向他们支付设计费。”当然，被采用的方案和没被采用的方案价格是无法画等号的。不过，用设计费的支付方式来展现公司想要积极采用设计师方案的态度，这样就会提高设计师的动力。

一般而言，对每一个设计文创的团队除了每月支付30万日元的酬劳，还会根据销售额支付专利使用费。不过，公司对设计的投资“比这些还多很多”（谷口专务）。公司的命脉就是投资。为此对设计进行充足的投资，这种想法就是根本所在。

1

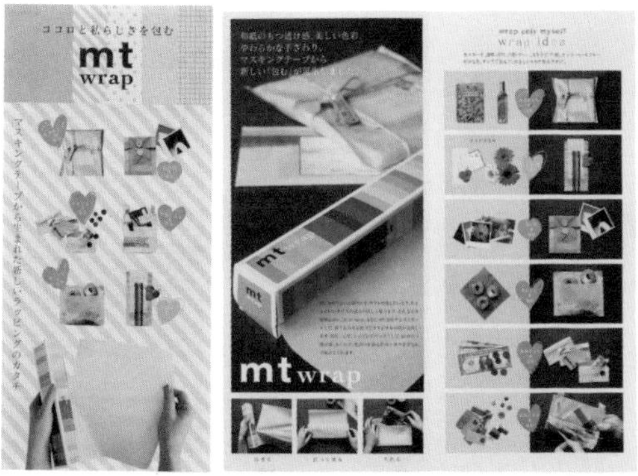

用宣传册展示商品使用方法

1 宣传册中列举了在零售店和餐饮店中如何简单使用的例子
2 除了官方的“mt”礼品包装说明书籍、英文产品目录，各出版社还制作了花式胶带使用方法的设计书，用它打造出了一个文创市场
3 促销用产品目录

发售后仅两年半，mt胶带的销售额就达10多亿日元。不过据说他们的政策是不会对销售目标做严格的限制。因为“一开始对销售目标就只是做了一个大概的限制。如果太过严格，就会演变成产品在风格不相同的店铺中售卖的场面。这样的话品牌会走向消亡”（谷口专务）。既要维持品牌形象，还要同时追求产业的扩张。

2

3

听取店铺和顾客的意见，mt 系列持续研发出了很多产品。例如可与mt胶带配套使用的胶带切割器（右），以及仅两头有胶水的胶带纸盒（mt wrap）（下），胶带的原材料蜡纸可用来制作手工信封等物件

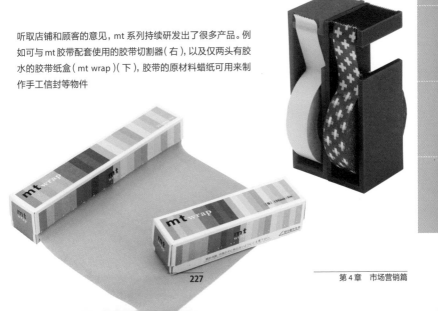

设计哲学（Designphil）折纸（Origami Origami）

凭借花纹和材质折纸变成了人气文具

◎プチボックス 用意するもの／縦半分に切ったオリガミ2枚・リボン（紐）

start

①半分に切ったオリガミを矢印の方向に折ります。

②折り目を上にして、さらに半分に折ります。

③図のようになります。

④片側を開きながらつぶ

⑨下のベロ部分を上へ折ります。

⑩反対側も同様に。

⑪ベロ部分を両手で持って底をふくらませながら広げます。

⑫上図のように

finish

Point
リボンは少し
バランス良

⑰2つのボックスの折り目の向きを逆にしてふたをします。

⑱全体をぽんぽんと軽く押さえて整えます。

⑲リボンをかけたら完成です。

36

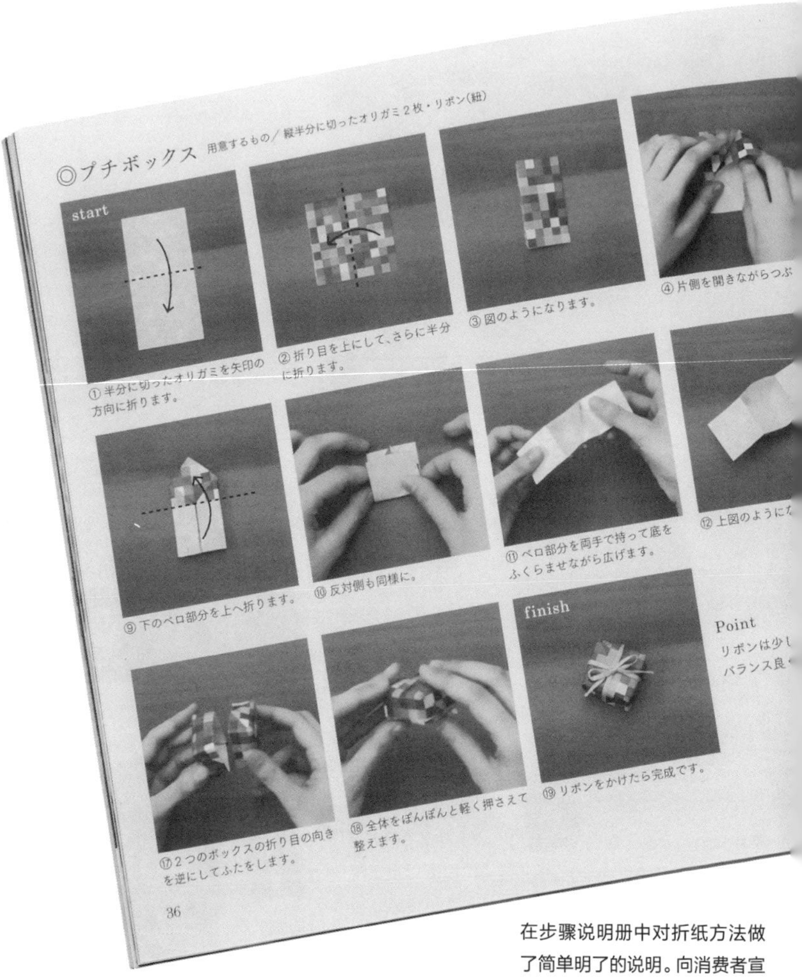

在步骤说明册中对折纸方法做了简单明了的说明。向消费者宣传，即便是手不太灵巧的人也能轻松使用

〉〉使っている柄 / 34374-006〈15角〉モザイク柄
⑥ 前後の重なりを変えます。
⑦ 中心へ向かって折ります。
⑧ 反対側も同様に。
上図のようにベロに折り目を付
たら箱の中へ折り込みます。
⑭ 片方のベロを箱の内側の壁に沿
わせるように折り込み、
⑮ 底へ沿わせます。
⑯ 反対側のベロも同様に内側へ
折り込んだら1つ完成です。
同じものをもう1つ作ります。
Origami
10枚入
Contents
Origami
オリガミオリガミ
気持ちを伝えるオリガミ
レシピブック
用和折纸一样
大小的册子指
导折纸方法

设计哲学公司旗下的品牌“绿（Midori）”推出了一款名为折纸 折纸（Origami origami）的折纸产品，其设计理念是“为成熟女性而设计的折纸”。现在，不论芳龄几许，这款产品已经俘获了钟爱“纸艺术”的所有女性。

折纸 折纸是一款很简单的产品，它的规格为15cm × 15cm，纸面上只印刷了规则的几何图形。但它的特点是提供了很多和普通折纸不一样的使用方法。将折纸贴在一起，还能做出拼布风格的包装纸。

“折纸 折纸”充满法国巴黎风情，图案十分时尚。每个包装中有 2~4 种图案，有 90 多种颜色。除了基础款，还有水彩画风图案、牛皮纸或者金属纸

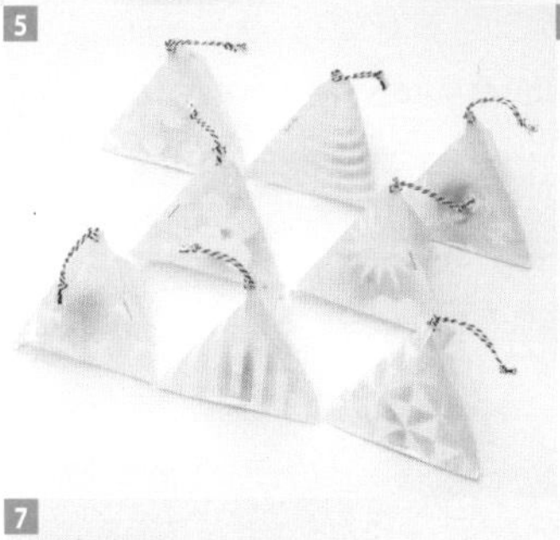

1 用折纸制作的筷子袋和垫子，用于家庭派对时餐桌的布置

2 把结实的牛皮纸揉一揉，做成蝴蝶结领结

3 红包袋子。网罗了诸多纸艺术博物馆的贴纸

4 展示起来很可爱的小盒子

5 用折纸折纸衍生系列产品小礼物品中的透明纸做的利乐包

6 将牛皮纸粘在一起做的红酒瓶包装袋

7 用礼签纸一样的金属纸卷起来，十分漂亮

用折纸叠出来的个性丰富的作品

设计哲学公司创意中心的设计师说："以前我就有这样的想法——做出还原纸的本质的产品""女性喜欢'纸艺术'，在展会等地方，有很多女性对纸本身很感兴趣。"

显而易见，"漂亮的纸"是有市场需求的，但如果仅仅是卖纸就很无趣。据说当他在因怎样具体实行而烦恼之际，突然想到了"折纸"这个办法。

任何人都应该在童年时期有过玩折纸的经历。对15cm×15cm这个形状的纸，很多人应该都比较熟悉吧。设计师这么想着，然后给了同事15cm×15cm尺寸的折纸。"我什么都还没有说，大家都开始玩起了折纸。当然很多人都折的纸鹤，也有人只是把两端对折了起来。"也就是说，"就算没有明确目的，也有一种尺寸的纸让人不由得去折"，这样的纸是存在的。主设计师浅冈说他认为"这个能行"。

不过，对于折纸人们有一种这是"小孩子的玩具"的刻板印象。想要引起大人的注意，就需要令人们产生它和以前的折纸不一样的印象。于是折纸上就印了时尚的"法国巴黎"形象的几何图案，给用户一种"这和以前的折纸不一样"的印象。

为了不在店铺中被湮没而努力

折纸 折纸于2010年9月开始发售。它成为喜欢"纸艺术"的女性之间的热门话题，其中最为人气的折纸图案是"波点"，售罄的速度是预估的1.5倍。

不过也发生了一些发售之后才第一次意识到的问题。那就是在文具卖场中，"纸产品"的展示超乎意料地难。文具中有很多产品色彩绚烂，折纸被彻底埋没其中。而由于它属于"折纸"分类，还发生了被摆到儿童文具卖场等地方的情况，在每个店铺里摆放的位置也各不相同。如此一来，就很难引起成年女性这一主要目标用户群的注意。另外，还有很多消费者说："尽管用它折的东西很可爱，但我觉得自己并不会用。"

为了解决这些问题，2012年设计哲学公司制作了折纸步骤说明册。每册价格为540日元，尺寸和折纸一样大，同时还附有10张人气图案折纸。这本说明册和产品放在一起，用简洁易懂方式的宣传着产品的魅力。之后折纸 折纸的销量再度增长，两年后，设计哲学公司又发行了第二本说明册子。

因折纸备受好评，2013年设计哲学公司再次扩大了产品阵容，并创建了小礼物市场的品牌，推出了一款包含透明感的纸、袋子等的"小礼物品"系列产品。其中有采用PP材料的产品，可用在糕点包装、家庭派对布置等各方面，用处颇多。

同时设计哲学公司还将之前的产品折纸博物馆（paper craft museum）划进小礼物市场品牌中一起销售。这些产品搭配在一起售卖，可制作的物品变得更多，增添了手工文具的魅力。

设计哲学公司指出这类手工文具深受女性喜爱，它们起着扩大手工产品市场的作用。"受优衣库等快消产品流行的反作用力，用手工制作的物品来展现'自我'的女性增多了。"另外，还有很多人在网络上发布自己的手工作品。"折纸 折纸"的网站中也发布了用户的作品，向其他人介绍折纸产品的玩法。

想要进一步扩大市场，提高产品的认知度是必不可缺的。设计哲学公司积极采取着行动，例如举办使用"折纸 折纸"的活动、讨论会，还与其他品牌进行联动。2015年2月他们在东京青山开了一家"spile"特别门店，仅4天就接待了1 000多位客人。设计哲学公司以后还打算以中国香港地区为起点，加强在海外的推广。

守护书写（Kakimori）原创墨水、定制笔记本

在中国台湾地区需要等待3小时的墨水为何物?

原尺寸

2015年4月—6月，中国台湾地区开设了一家限时店铺守护书写台湾快闪店。店中的“守护书写原创墨水”十分受欢迎。它来自东京藏前的墨水台（inkstand）墨水店，是从14种墨水中任意选取3种混合而成的墨水

守护书写的限时店铺进店需要等候3个小时。据说每天平均进账20万日元

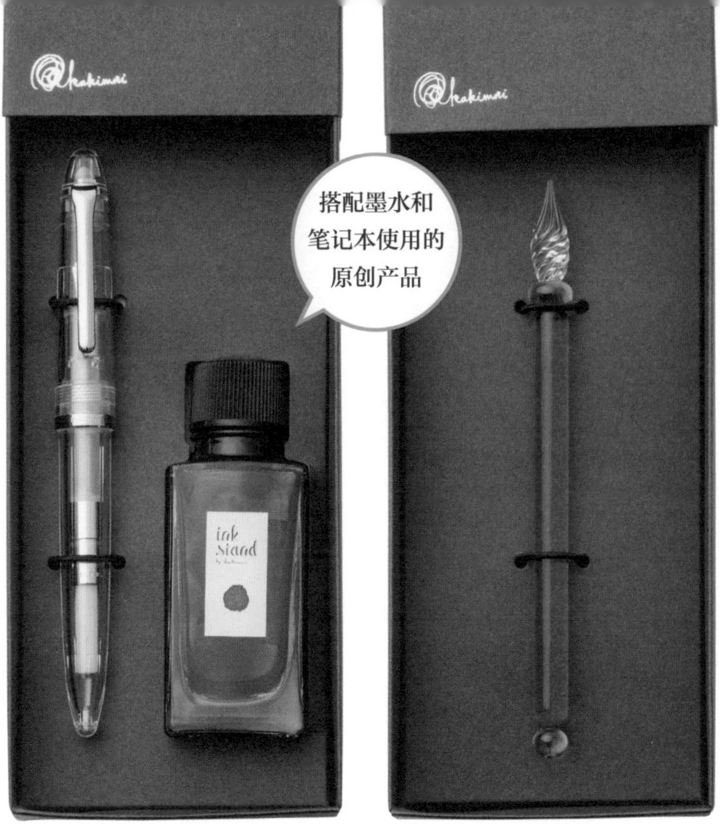
搭配墨水和
笔记本使用的
原创产品

也有很多原创的书写用具。左/写乐(Sailor)钢笔的“守护书写透明轴钢笔”。墨水钢笔套装。右/蘸墨水书写的“劳莎琉璃笔”，据说每天只能生产一支

只能在店中才能体验的魅力

这是守护书写店内陈列定制笔记本零件的架子。在东京藏前有守护书写和守护书写墨水台两个店铺

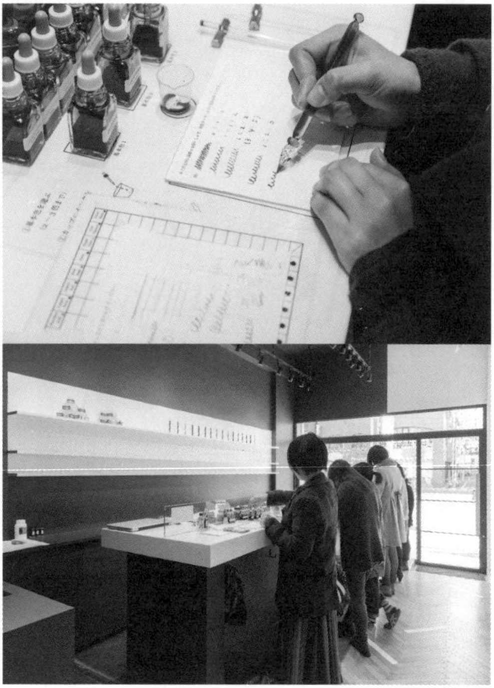

这是位于藏前的守护书写墨水台店铺。圣诞节前等时间点，对礼品需求很高的时期，从店铺开张到打烊，柜台上始终人潮涌动。可以在纸上一边试写一边调色

东京藏前守护书写文具店的广濑琢磨代表说：“开业前店门外就排起了100多米的长龙，据说要等3小时才能入店。平均每天进账20多万日元。”

这个店就是中国“守护书写台湾快闪店”，它位于中国台湾地区台北市一处名为华山1914的文化设施中，营业时间从2015年4月—6月，开了两个半月。尽管店铺面积和日本的店铺差不多，但连续好多天来的客人都比日本多。

据说守护书写本来就有想在国外试水日本文具的想法，再加上去日本守护书写购物的外国人中，有一半都是中国台湾地区的人，日本文具在中国台湾地区已逐渐成为潮流，因为这些原因，他们这次才决定在中国台湾地区开店。不过居然收获了这么高的人气，他们感到有些意外。

“日本文具首屈一指”

如今在中国台湾地区，日本文具的需求正在高涨。尽管中国台湾地区也有文具厂商，不过广濑代表说“论品

质、新品的推出速度，日本文具绝对首屈一指”，宣传起了日本文具的魅力。

因此，中国台湾快闪店里选取的产品全都来自日本。其中“守护书写原创墨水”特别有人气。“翡翠绿墨水（Jade Green）”是专供中国台湾地区的限定颜色，瞬间就被售罄。“比起欧洲产的墨水，我们的墨水更便宜，而且颜色充满个性，在中国台湾地区顾客中名气很大。也有很多客人会买钢笔墨水套装。”（广濑代表）

守护书写墨水以其划算的价格、个性的颜色，以及日本文具所代表的可靠性，让对钢笔感兴趣的中国台湾地区潜在用户即便排队也愿意购买。

东京藏前守护书写店于2010年开始营业，其特别之处在于店内有着众多必须到店才能购买的独创产品。守护书写的代表产品是1本就能定制的“定制笔记本”。店内的木架子上，摆放着笔记本封面、书写用纸、彩色纸、日历、固定本子用的橡胶件等各种零件。顾客挑选出自己喜欢的部件，去收银台下单后，就能做出一个专属笔记本。800日元起做，选取的材料不同，最终价格也不同，大概20分钟就能做出成品。笔记本写完之后，拿着活页夹去店里，只需购买替换的纸芯，就能继续使用。

2014年9月开的守护书写墨水台姐妹店，就是在中国台湾地区收获了人气的墨水专卖店。在这里可以制作用钢笔等书写的专属原创墨水。店铺长长的柜台上摆放着14种颜色的墨水，从中选取3种颜色，根据自己想要的比例混合，店员就能替顾客做出喜欢的颜色。

这种定制化产品据说是为了和大型文具厂商、零售店区分开来，追求产品的原创性。现在他们正致力于设计出能与守护书写墨水和笔记本配合使用的各种原创书写用具。守护书写已经准备好了价廉物美的钢笔、充满个性的琉璃笔，力图给定制文具锦上添花。

守护书写的产品既没有批发也不能网购，只能去藏前的店铺购买。到店的顾客，全是因口碑宣传和社交网站等得知守护书写品牌、特意前来的顾客。店里的产品都可以试用。守护书写用仅在店中才能获得的体验感，欢迎着世界各地前来的客人们。现如今，文具的需求已经细分化，就连购买商品的过程，也要追求强烈的个性化。

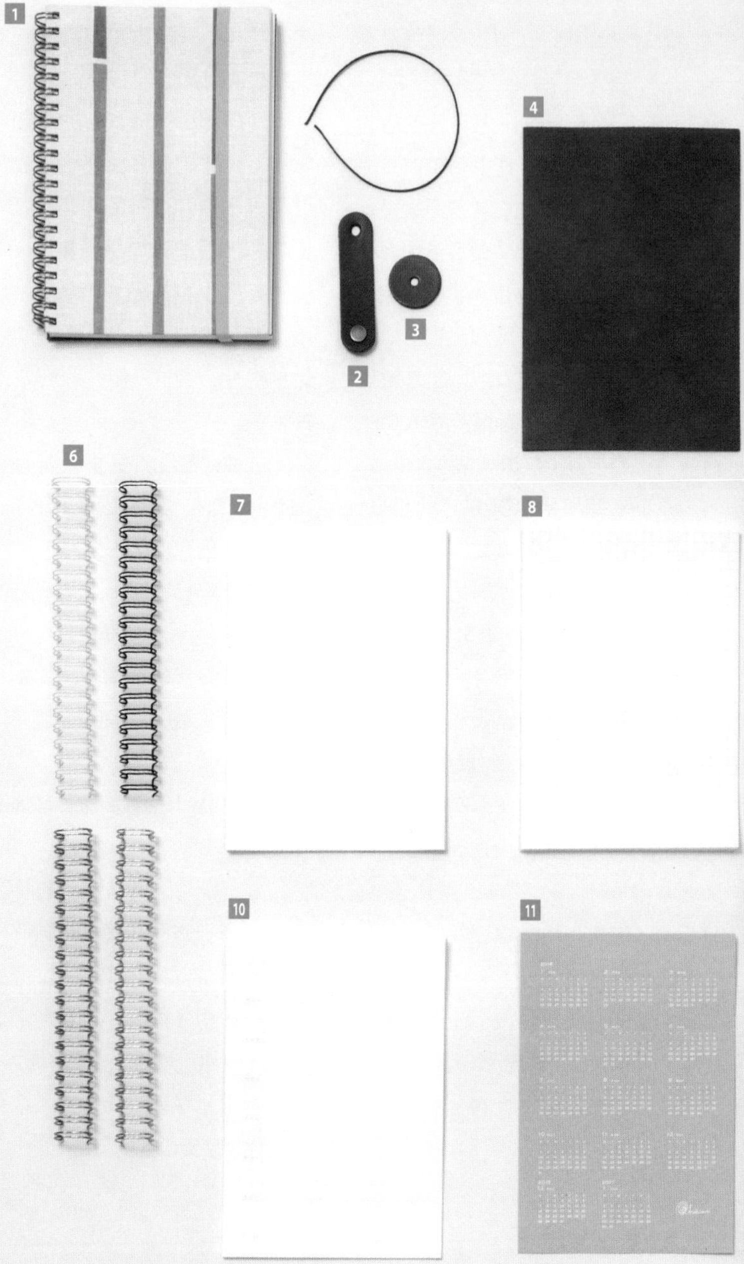
1
2
3
4
6
7
8
10
11

5

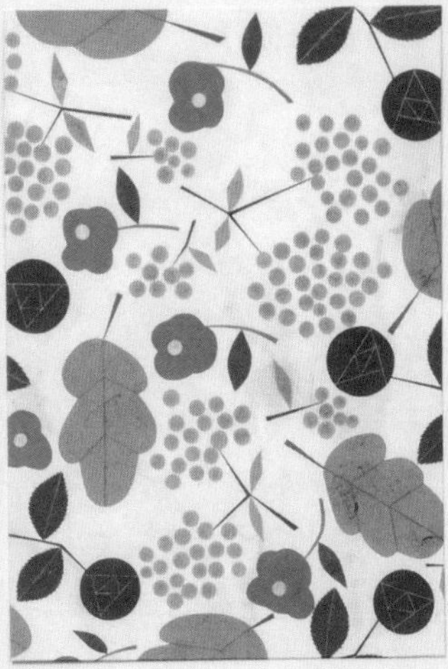

9

单册起做的“定制笔记本”

1 这是B6尺寸的定制笔记本完成品。笔记本总价是封面和书写纸等部件的价格加上200日元的制作费用

2 带笔插的扣子。300日元

3 封口纽扣

4 封面用的部件。皮质（棕色）。B6尺寸价格为1 100日元

5 安原千寻先生作品图案的封面纸，B5尺寸价格为900日元

6 线圈有5色可选

7 书写纸内页。这是笔记本专用纸。1袋有18张，B6尺寸160日元

8 书写纸方格本内页，是一种银行中用的纸。1袋有17张。B6尺寸190日元

9 书写纸巴川素色纸。1袋有33张。B5尺寸170日元

10 书写纸日历（12个月）。B6尺寸300日元

11 日历。用的比较厚的纸，B6尺寸180日元

12 封面衬纸或书写纸的间隔彩色纸。B6尺寸180日元

13 信封。B6尺寸180日元

只需20分钟
就能做一个
专属笔记本

12

13

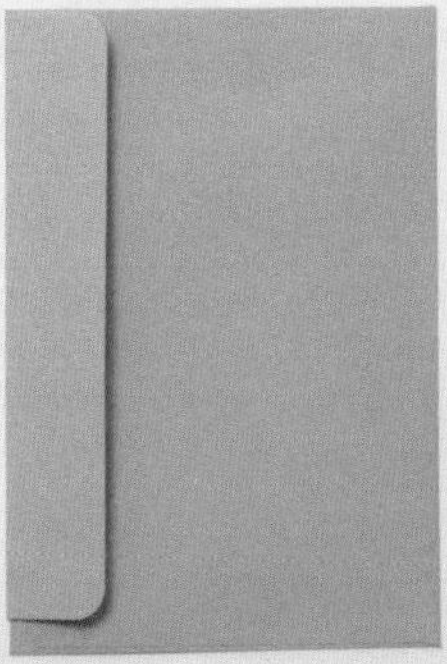

富冈（Tomioka）集团富冈洗衣店（Tomioka Cleaning）

持续开发洗衣+α 的新营业模式

2015年10月，北海道旭川市开设了一家富冈洗衣店（AEON MALL）旭川西店。乍一看，会误以为这是一家杂货店。不过，当看到店里巨大的柜台中收纳的脏衣服，以及刚洗好的衣服后，就能明白它是一家洗衣店。富冈集团近几年逐渐开设了多家与杂货店等结合的组合店铺。

2015年11月富冈集团在札幌开设了占地一整层楼的杂货店，提供鞋类、箱包的清洁和修理服务。但是这个店里并不能洗衣服。

这里透露出了富冈洗衣店今后不仅有洗衣，还将提供各种类别的清洁服务的打算。富冈洗衣店是一家始创于1950年的老店，随着洗衣业务逐渐萎缩，他们想通过提供全面的清洁服务，跳出衣物清洁市场，寻求新的出路。

富冈洗衣店的第一家店开在札幌以东400千米远的北海道标津郡中标津町，也是目前的总公司、总店的所在之地。富冈洗衣店在中标津町有4家店，另外，加上旭川3家、札幌1家，共开设了8家店铺。

抓住家庭对清洁用品的需求

然而，为什么洗衣店里会卖杂货呢？在富冈集团指导新店开设的欢乐树公司（happytree and company）的富冈裕喜代表说道：“打个比方，餐饮分为外食、中食和内食三种：外食指去餐馆就餐；中食指打包回家就餐；内食则指在家做饭。将这个概念对应到洗衣中的话，外食就指去洗衣店洗衣，中食指自助洗衣，内食就是在家洗衣。如果经济衰退了，那么就像饮食消费从下馆子变成在家做饭一样，洗衣服也会变成在家洗衣。”

富冈代表曾在东京的企业中就职，2006年他回北海道继承家业，回来之后就面临了洗衣行业市场萎缩的局面。日本洗衣业行业报纸数据显示，日本洗衣业从1992年的8 000亿日元市场持续萎缩，到2012年，已缩小到4 000亿日元。每个家庭的洗衣费从每年2万多日元降到不足7 000日元。富冈洗衣店每一家的收入都减少了。因此他们才扩大了经营范围。

“就算因经济不景气洗衣服的支

出在减少，不过人口却没有降太多。也就是说，如果人们不去洗衣店洗衣服，那他们在家中洗衣服的次数和数量应该会增多。我们没有把眼光局限在洗衣业务上，将在家里‘清洗’这个选项也放进我们的服务范围之中，所以才开始经营起了洗衣粉等产品。”

富冈洗衣店的营业额变化图

日本国内的洗衣市场从1992年开始持续下降，不过近几年富冈洗衣店的营业额却有逐渐上升的趋势。

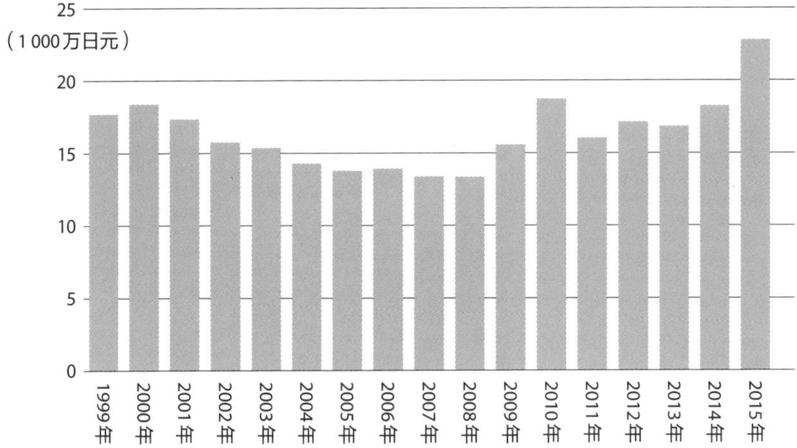

这是 2015 年 10 月在北海道旭川市开业的富冈洗衣永旺百货旭川西店。它是一种洗衣店兼杂货店的新营业模式

这是 2015 年 11 月在札幌开业的一整层楼的杂货店。仓库、办公室都在 1 楼，店内既售杂货，也提供鞋履、箱包的清洁以及维修服务

2013 年，北海道标津郡中标津町的东武（southhills）店经历了外观翻新和商标重设。上图是翻新前，下图为翻新后。翻新后开始销售洗衣粉等产品

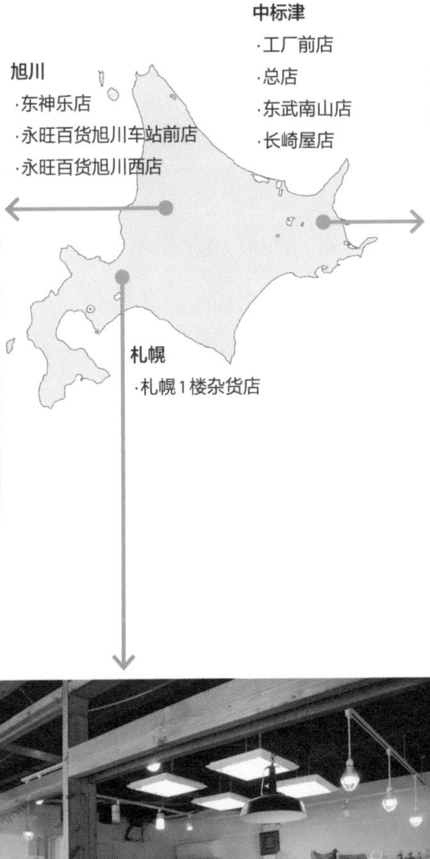

富冈集团想摆脱原先的洗衣店模式，提出了“衣物与生活间桥梁”的新理念。2013年，他们对中标津町的东武南山店进行了翻新，全面改变了店铺的外观和商标设计，同时还开始销售起了洗衣粉等产品。用设计彰显着与以前的洗衣店之间的差别。

富冈代表说：“设计是品牌推销中很重要的因素之一。零售行业必须要考虑这点。”而改变设计带来的效果就是这几年不仅收益增加了，2015年他们还收到了去永旺百货旭川西开店的邀请。永旺百货旭川西商场在升级改装之时，向富冈洗衣抛出了橄榄枝。一直以来，如果要在商业设施里面开洗衣店，都拿不到人流量大的铺面，位置都固定在“卫生间一侧”。不过兼营杂货的永旺百货旭川西店的位置却是极佳的。

借着铺面翻新等机会，店铺形象得到了提升，因此前来面试的毕业生也增多了，这对苦于人手不足的地方企业来说，是一大收获。

铺面门越宽光顾的客人就越多

将洗衣店和杂货店开在一起，是为了让铺面看起来更为宽敞。据说根据以前的经验，他们得出了一个规律，那就是洗衣店的铺面门越宽，光顾的客人就越多。不过，铺面越宽，房租自然就越高。铺子和杂货店开在一起后，能分担一半的房租，这样既能降低房租成本，还可扩大店铺面积，他们希望能有更多的客人前来光顾。

富冈洗衣巧妙运用设计，踏出了用价值吸引客户而不是用价格吸引客户的一步。他们还在报纸的插入广告中，向顾客宣传着这种理念。永旺百货旭川西店开业之时，在散发的传单中强调，不要因为价格进店消费，而

富冈集团欢乐树公司的代表富冈裕二先生。他推进了富冈洗衣店的多业务发展

要因为生活的整体需求而消费。

富冈代表说："我们采取的这种方式令很多人产生了'这不太像一个洗衣店''这是什么店？'的疑问。令人惊奇的是，旭川的店铺被称赞'衣服洗得相当干净'。和我们的其他店铺相比，感觉投诉也少了很多。"

富冈代表还说："如果是洗衣服，必须要来回去两次洗衣店。"确实，送洗和拿衣服都要去店里，这让人觉得很麻烦。不过，富冈洗衣从这里发现了商机，并试图将此变成转机。那就是利用洗涤用具提供多种多样的洗涤方式。利用与其他经营方式组合的新营业模式设计，应该会带来新客户的光顾，同时还能增加回头客。

他们今后打算在店铺的自助洗衣区增设茶饮，让顾客能度过一段愉快的等待时光，同时还打算开发洗涤用品品牌。利用设计，为新的营业模式赋予全新的价值，令人感觉会有很好的反响，会产生更大的发展空间。

市场营销篇

富冈洗衣的原创杂货

1

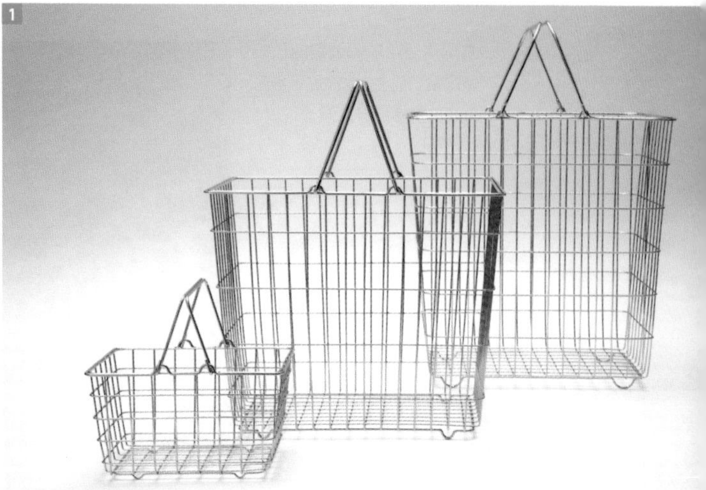

2

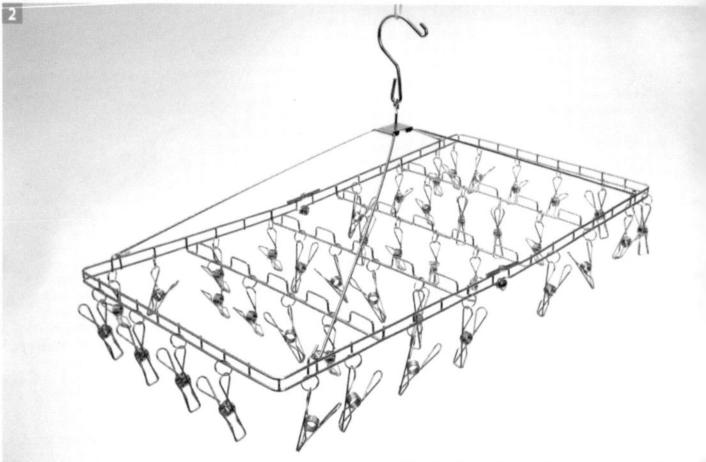

3

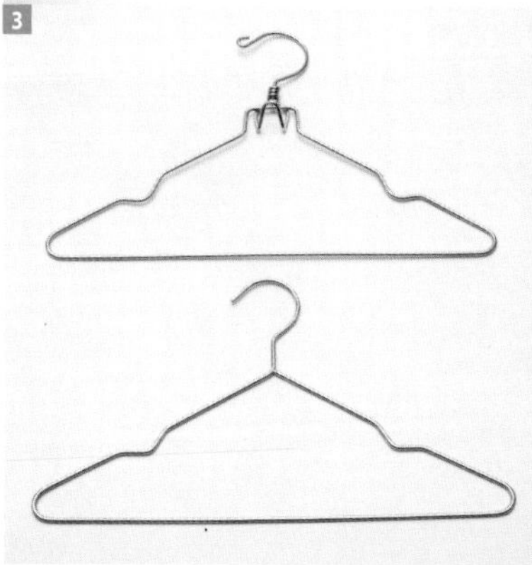

4

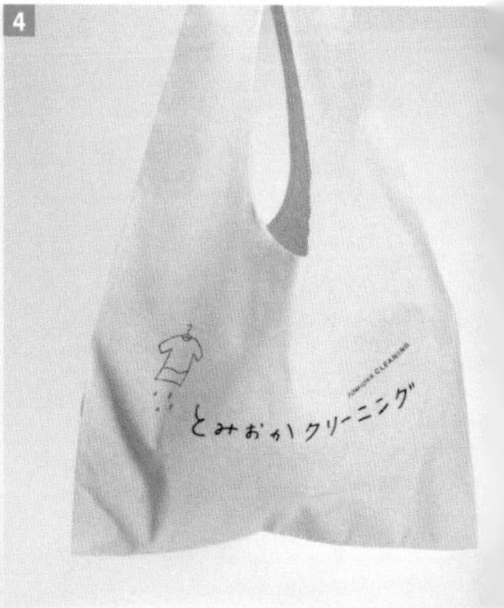

（拍摄：谷本 隆）

5

6

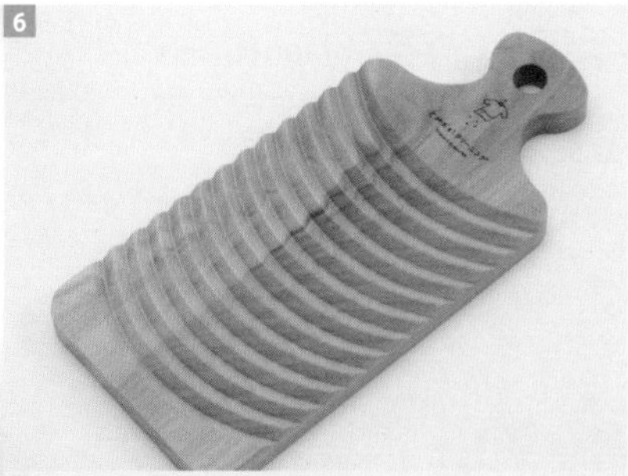

7

1 价格划算、网店中人气很高的篮子。大号篮子（XL）3 218日元（含税，下同）、中号（L）2 592日元、小号（S）1 080日元

2 不锈钢夹晾衣架3 780日元

3 带挂钩衣架 540日元。不带挂钩的368日元

4 带商标的购物袋 1 080日元

5 围裙 8 424日元

6 樱花木材质的搓衣板，也是人气产品。1 296日元

7 牛奶罐包装的洗衣粉是店里最为人气的商品。800g包装的售价1 296日元

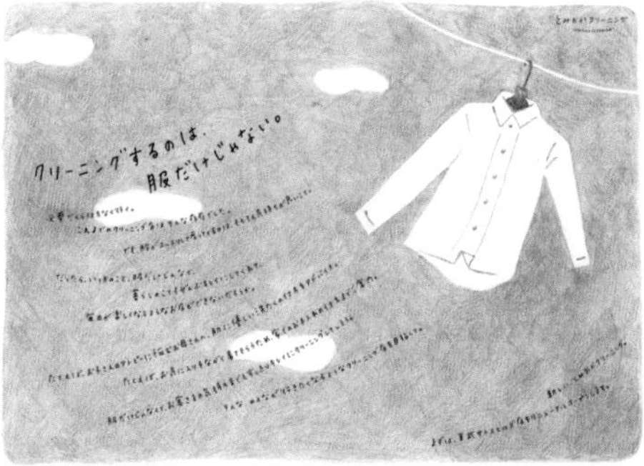

左图为永旺百货旭川西店中开设熨烫技术体验班的通知单。右图为永旺百货旭川西店开业时的传单

手工巡游街（Monomachi）

备受欢迎的手工体验室

参加者手上拿着写了参展店铺信息的“街道步行地图”，朝着目的地而去

借「手工巡游街」之机，手工制作网络变得更为活跃

在东京台东区的徒藏地区举办的手工巡游街，是一个聚集了众多职业手艺人的极具地域性的活动。参观的顾客会以2km为半径用徒步等方式去手工制作的现场观看。可以说，它是一场以散布在各处的店铺为舞台的“洄游式市场”活动。

2014年10月，第六届手工巡游街活动召开，去往多个店铺体验制作过程的体验室十分受欢迎。

文具店守护书写在这次展会中开了三家体验店，开展了“当面完成、署名定制笔记本”的活动，仅3天就卖出了120个定制笔记本。在5个店中开展了入场费为1000日元的皮质杯套制作体验活动，据说展会还没结束，230个杯套就售罄了。

手工巡游街自2011年首次举办以

在守护书写店中制作笔记本

可以自由选择封面和内页纸，做出自己的专属笔记本

去大荣活字社中购买活字

笔记本之后是活字选购

（左）在“马赛克手工体验室”中，顾客可以使用瓷砖制作水杯等物件，由一级建筑师事务所F-设计与陶艺教室达科他（dakota）工坊共同开办。（右）需要去IKETEI VILLA、皮革制品厂塔卡拉（Takara）产业公司等五家工作室才能制作完成的水杯套。230个已售罄

来，到第四届和第五届之时已变成参观者超过10万人的人气活动。其中招揽客人和销售产品的效果自不必说，参展的厂商们都说：‘手工巡游街’最大的价值在于同地区的手艺人、同行能够相互交流，在产品制作方面大家可以一起合作。”

借着“手工巡游街”的机会，很多店在这边开了新店，光藏前地区就有10多家店铺开张。每开一次活动，充满地域特色的“手工之街”的概念就更加深一次。

在田中烫金店烫金

拿着笔记本和活字去田中烫金店，可以在笔记本中烙上自己的名字

完成一个刻有名字的定制笔记本

这种要跑三个店铺制作完成的定制笔记本，在第六届“手工巡游街”展会期间总共卖出了120个

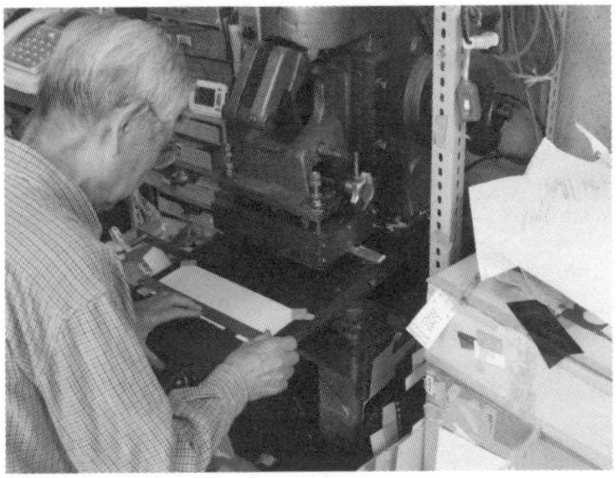

不断扩大的手工制作市场需求

展示新工艺的平台，备受瞩目

用火焰喷枪焚化耐高温玻璃，然后加入金、银颗粒加热至升华，一边加热一边塑形，就做出了这件“宇宙琉璃”。被封在琉璃中的人工欧泊，宛如天空中的星辰。直径2cm左右的琉璃可以放进笔架中

因为是手工制作，所以不会做出两件完全相同的作品。加入其中的人工欧泊、金属种类不一样的话，做出来的东西也千差万别。观赏之时也因角度、光线的影响，会产生不一样的感觉。也有右侧图片中，这种直径超过5cm的超大作品

通过网络，能够方便地贩卖个人手工制品的网上商城引起了很多人的关注。这其中可称为先驱的美国易集（Etsy）公司，创建于2005年，并已于2015年4月在纳斯达克上市。日本国内也从2011年开始关注此事，相继诞生了许多相关服务。2013年，NTT都科摩（DoCoMo）公司也加入其中，创建了“d creators”网站。现在这种网站可以说十分引人注目。

这类手工制品贩卖网站中，有首饰、时尚产品、文创等众多辐射面广、品质出众的产品。在日本国内的“minne”“tetote”“iichi”等大型手工制品网站中，有好几十万件手工产品在上架销售。

而在这些大型手工制品贩卖商城中，创建于2010年的“克丽玛（Creema）”商城尤为注重线下活动。2013年开始，克丽玛每年都会在东京国际展览中心举办“日本手工节（HandMade in Japan Fes）”活动。日本各地有2 000多名手工艺人前来参展，推销自己的手工作品。2013年，日本手工节的参观人数有2.6万人，2014年有3.2万人。2015年预定于7月25日、26日两日开展，预估参展手工艺人有5 000人左右，参观人数5万人。这个展会号称是“日本最大的手工艺盛典”，吸引了百货店等采购商前来参观。

通过线下活动创造和消费者的接触

户水贤志在“日本手工节”活动中十分有人气，他就是“宇宙琉璃”的制作者。宇宙琉璃是一种使用耐高温玻璃加工而成的装饰品。2014年的展会中，户水的摊位前排起了长龙。

宇宙琉璃在“克丽玛”网站中也会售卖，不过它的粉丝实力强大，做好的30个产品上架不到1分钟就会售罄。据说户水先生是因为感受到了线下大规模活动的魅力，才从众多网站中选择在克丽玛贩卖自己的作品。“原本我觉得在网站上卖东西会很困难。我不太擅长拍照，所以部分产品会委托实体商店销售。如果制作者本人不对产品进行详细的阐述，是很难卖出去的。因此线下活动的优点就是可以直接和顾客面对面，进行详尽的说明。”（户水先生）

同样颇具人气的还有“森田面包房”的森田优希子女士，她的作品是用真的面包做成的照明面包灯（Pampshade）。森田女士也很强烈地“希望顾客能实地去看自己的作品，亲手触摸后再去选购”。

因此，“我选择了致力于线下活动的克丽玛”。借着参展“日本手工节”的机会，森田女士结识了采购商，继东京涩谷的Hikarie商场之后，还与关西、九州的商场有了商业往来。

通过手工制品贩卖网站，新的工艺被挖掘、崭露头角——这样的机遇确在逐渐增多。

森田面包房的照明面包灯，将真的面包挖空，做干燥处理（挖出来的面包不会扔掉而是做成点心等产品），进行树脂涂层加工后，在里面安装电灯泡。这也是一种不会重复生产的产品

不易糊工业“福而可”

通过包装引起怀旧共鸣，诞生大热产品

这是运用了不易糊工业产品形象制造的一些产品。从左开始是“福而可温柔保湿面膜”“福而可温柔药用霜”“福而可温柔手霜”“自动铅笔”

自1975年诞生以来，福而可产品主供幼儿园和托儿所，以卓越的产品认知度而著称

各种各样的包装都使用同一种设计，拿到手上的触感令人心生怀念

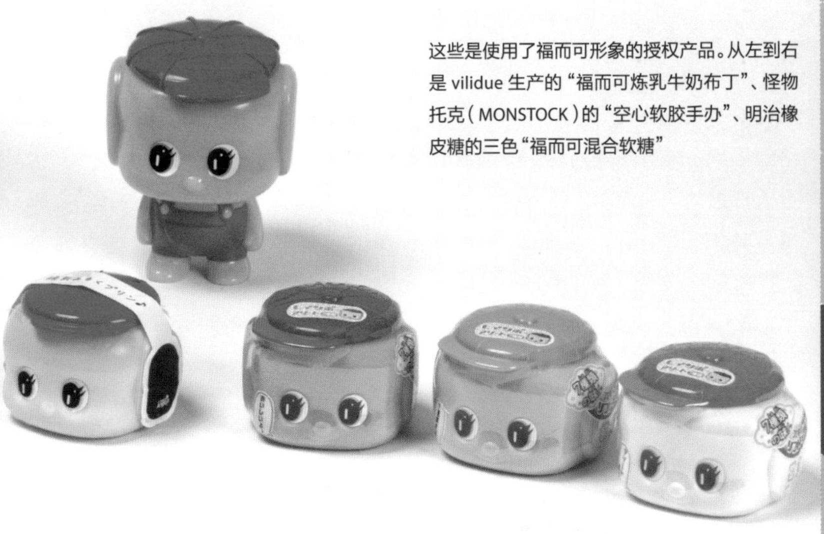

这些是使用了福而可形象的授权产品。从左到右是 vilidue 生产的“福而可炼乳牛奶布丁”、怪物托克（MONSTOCK）的“空心软胶手办”、明治橡皮糖的三色“福而可混合软糖”

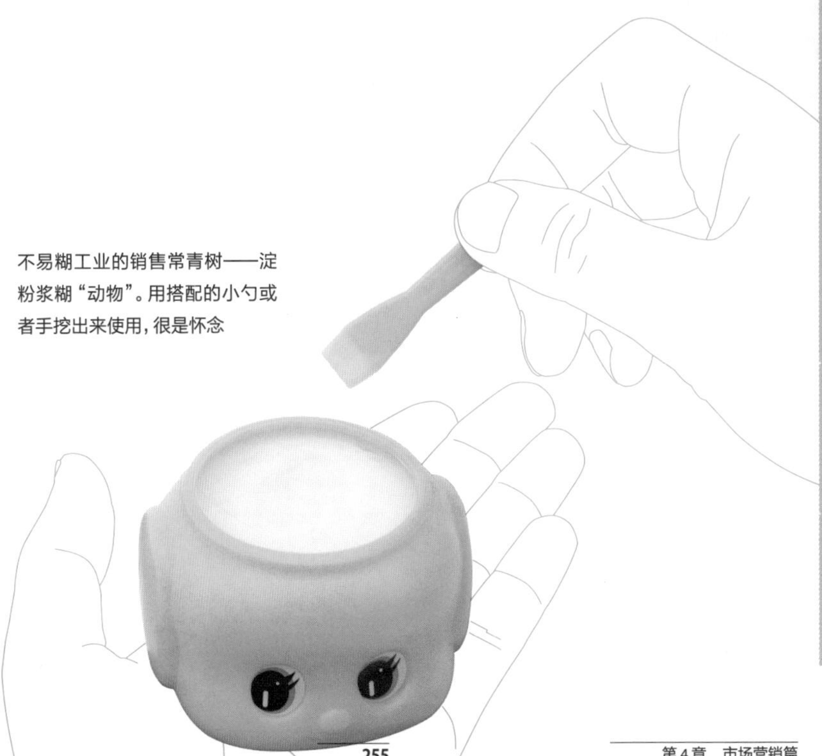

不易糊工业的销售常青树——淀粉浆糊“动物”。用搭配的小勺或者手挖出来使用，很是怀念

“这个浆糊好可爱啊”，在大阪JR天王寺站的一角，有一间限时营业的“福而可市场”店，店中传来了一对母子这样的对话。说话的人好像是一位30岁左右的女性。福而可市场门前不止这一对母子，前来的客人络绎不绝。眼前的陈列柜中，摆放着令人熟悉的“福而可”形象包装的各类产品。

这个店铺营业仅1个月，就创下了680万日元的销售记录。其中的人气产品“福而可炼乳牛奶布丁”1个多月时间就卖出了大约1万个。

戴着红色帽子的这个形象诞生于1975年，是主供幼儿园、托儿所、小学的“不易糊动物（以下称动物浆糊）”的包装罐。它是一个发售后很久都没有明确名字的隐形角色，不过很多人都很熟悉，这个器具留在人们记忆之中，现在又以福而可的名字，广泛活跃在文创和食品领域之中。福而可形象的商品勾起了人们的回忆，产生了跨越年龄的共鸣，促使着大家购买。上文说到的带小孩的母亲，也买了东西回家。

通过容器展现福而可的魅力

不易糊工艺的动物浆糊历经40多年几乎没有改变过瓶子的形状。通过授权产品的销售，人们长久以来对它的爱得以延续。2007年产品经销商联系了不易糊工业，之后签订了授权合同。

从2008年开始到现在销售的福而可产品已有文创、T恤衫、手办等100多个种类。继福而可炼乳布丁后，还有累计销量达40万个的“福而可混合软糖”等，福而可产品在食品行业也收获了很高的人气，表现很是亮眼。它们的特点就是不管哪一个产品，都用的是和动物浆糊几乎一样的包装。

这和单纯只使用授权形象的产品不同，“用具有亲切感的包装能唤起人们强烈的回忆”。“很多人小时候用过的产品，不仅从它的形象，触摸到手中的触感也会唤起人们的记忆。福而可的优点是它的认知度非常高，几乎没有人会讨厌它。”

不易糊工业在授权福而可形象的同时利用了这个包装，做出了大热产品。2008年，不易糊工业发售了一款

福而可形象的产品——“福而可好伙伴手霜”，这是他们新开辟的化妆品领域的第一款产品。发售后3个月就卖出了40万支，据说公司还添加了生产线。

亲切的形象，加上谁都不知道这里面装的是手霜这一点神秘，获得了30多岁女性顾客的青睐。现在不易糊增加了护肤品的种类，也扩充了文具用品的阵容。

通过形象授权，以及福而可商店的开设，动物浆糊的销量也上升了。1990年开始下降，到2000年几乎停滞的销量，据说在近几年内上升了好几万。

国誉校园（campus）笔记本

带卡通形象的校园笔记本

如何才能将好的品质以及无微不至的产品制作理念，传递给日本国外的消费者呢?

让我们从基础文具品牌的海外策略中，来学习享誉全球的推广手段。

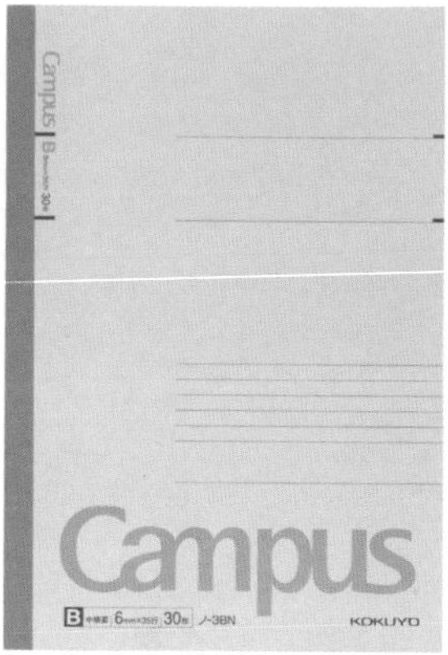

校园系列笔记本于1975年发售，有着300多个品种，其中最为畅销的是半B5尺寸的A线格本（7mm行高，粉色封面）、B线格本（行高6mm，蓝色封面）。2011年校园笔记本进行了大规模的改进，到现在已经是第五代。改进版中更改了商标，封面和背脊上也可以写学科和名字等信息，笔记本更好用了。内页纸使用的是森林认证纸，比改进之前减少了7%的纸浆使用量。日本国内制造

日本

校园笔记本（Campus note）

内含 半B5尺寸、30张

建议零售价 160日元（不含税）

中国

校园（Campus）

A5 40张

标准版3.5元（约45日元）

2010年发售。以上海为据点扩大销路。总共有3个不同品质的系列。有以藏青色为主的高品质系列（右下），还有颜色稍深一点的中间色彩色“校园”系列（左下），以及稍淡一些的“标准”系列（上）。整体深色的封面最受欢迎。增加了A6、A5、B5、A4尺寸，内页纸也增加了很多规格，有30张、40张、50张、60张、80张、100张（视笔记本尺寸而定）。A5尺寸40张和B5尺寸60张的卖得最好。需要标注的信息比日本还多，有产品名、大小、产地、地址、尺寸（mm）。中国制造。由日本和工厂设计

2010年发售。北部喜欢B5尺寸，南部喜欢A5尺寸。在越南本地流通的学习笔记本基本上都是线装或订书钉装订，无线装订（用胶水固定背脊）的很少。“校园”系列的质量更好，比其他笔记本要贵一些。其中12星座的笔记本系列最有人气。越南产。工厂选择并设计了图案

越南
校园（Campus）
半B5 40张
1.25万越南盾（约49日元）

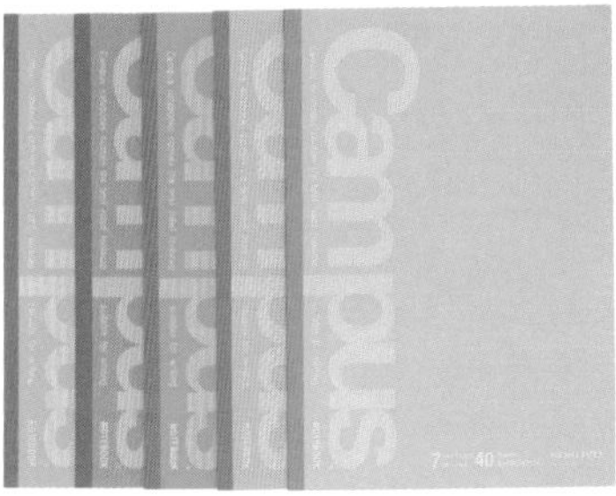

越南

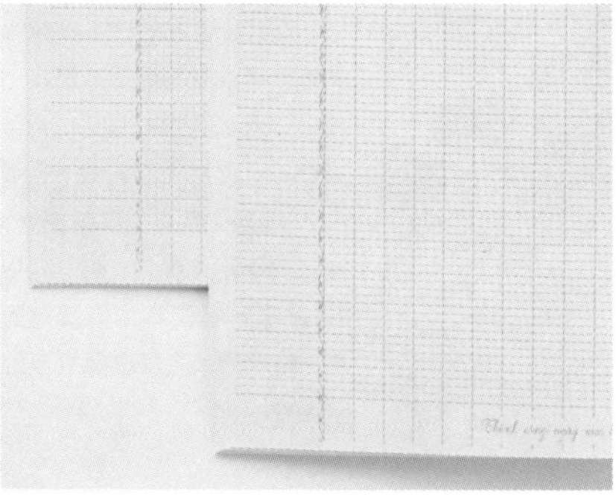

越南文字为横向书写文字，是一种以拉丁文字为基础的越南字。除了横线格，还有方格。北部地区的线格组成为4个2.5mm的小横线格组成1个1cm的低年级用大横线格（左图）。到了高年级就只用小横线格（右图）。南部的横线格行高为2mm，五个格子组成1个1cm的大方格。随着年龄的增加，线格会变成4个格子组成的8mm的小格子。左侧有粗竖线，这种横线格与竖线格组合的做法很像法国的学习笔记本。这应该是法国殖民时期，随着越南国语被普及，法式笔记本也同时被普及的缘故。为了让学生在昏暗的灯光中也能清楚书写，印刷线格的墨水用得比较浓

根据国誉集团负责文具部门的国誉S&T在日本国内进行的问卷调查（3.6575万人），用过校园笔记本的人占91%。目前仍在使用的人有36%，主要目标用户的高中生中有65%的人在使用，它有着相当高的认知度和市场份额。据说年销售量为1亿多本。

在本书中，写过很多次“如果一种产品出现了复制品，则是它人气的证明”，校园笔记本也如此。我们能在亚洲各国看到很多类似的商标或配色的仿品。

尽管它如此受欢迎，国誉S&T近期才开始在海外销售。2010年开始，校园笔记本先在越南和中国发售。

2005年国誉在越南设立了越南公司，2006年开办了工厂。当时是一边生产着面向日本的文件夹等纸质品，一边摸索着在当地生产笔记本的可能性。

2005年开始，国誉商业有限公司以中国为中心，开始了文具的销售，并分析中国市场的需求、巩固着基础。

为了了解市场的反应，国誉用2010年一整年的时间进行校园笔记本的试销售。在越南，校园笔记本卖出了320万本，中国卖出了200万本，获得了消费者好感。于是国誉于2011年开始了校园笔记本的正式销售。特别是在好感度非常高的越南，第一年销量激增，达到了1 500万本，国誉S&T判

中国

中国和日本一样属于汉字圈，但一般都是横向书写。笔记本也普遍是横线格。中国的校园笔记本以7mm格和8mm格为主。在中国，行距小的本子不太受欢迎，所以在日本很普遍的6mm笔记本在中国却没什么人气。图片右侧的是高品质的彩色校园笔记本、左侧是普及版的标准系列。单色与双色笔记本纸的质量和用的线格墨水不一样

断2012年销量会增加更多。

越南的校园笔记本封面中印刷着卡通人物，这和日本的原创笔记本给人的印象大为不同。

国誉S&T的亚太市场营销部市场部小组组长石田明美解释道："越南的笔记本封面基本上都有图案，而且都是卡通人物，也有很多很华丽的设计。如果用日本原来的'校园笔记本'封面，那会给人一种过于简单的印象，所以我们配合当地的需要，在封面添加了卡通人物形象。"星座图案的目标用户是初中生到大学生，机器猫的目标用户是小学生到大学生。

在日本有漫画图案的笔记本会给人稍显孩子气的印象，但在越南大人也很喜欢这种笔记本。不如说在亚洲各国都很知名的机器猫，给越南人的感觉就是"这是有正规授权的品牌"。

越南的南北部制度不同，笔记本内页的格子规格也不一样，不同年龄段的学生，使用的线格行高也不同。和日本一样，幼年时期的学生会使用间隔比较宽的本子，年龄变大后，会使用线格更窄一些的本子。越南人很注重教育，正因为很勤勉，所以就算笔记本封面很可爱，里面的字也写得相当工整。这一点正是日本人想要学习的地方。

百乐（FRIXION）可擦笔

刺青图案吸引着小学生

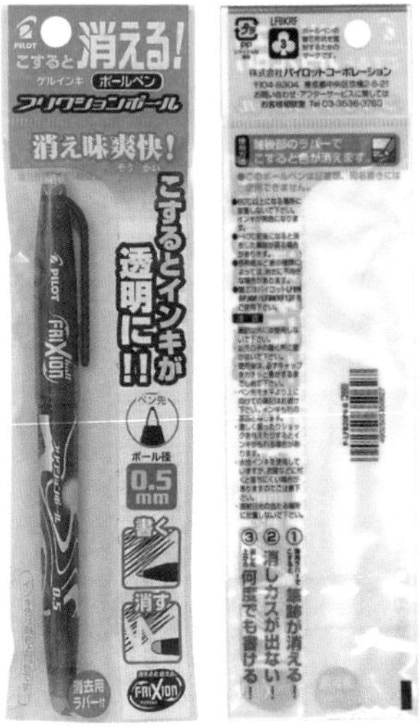

●日本包装

在日本，考虑到成本与卖场面积，除了单支包装外，超市等大型商店中的包装采用的是较小的聚丙烯袋。使用说明文字比欧洲的包装上要多

日本

“FRIXION”按动可擦笔（左）
“FRIXION”圆珠笔（右）

建议零售价 230日元、200日元（不含税）

日本最为畅销的是0.5mm黑色笔。不仅仅是这一款，所有的笔里面按动笔都比带笔盖的卖得好。另外还有 0.4mm 和 0.38mm 的细笔芯系列，24 色系列、签字笔、多色笔、商务用笔等10个种类

欧洲

FRIXION ball clicker（左）
FRIXION ball（右）

法国售价3.05欧元（按动式）、2.79欧元（笔盖式）。
同款笔盖式德国售价为2.49欧元、瑞士售价为4欧元。（以上均不含税）

0.7mm 的笔芯在日本属于粗笔芯，这种粗细的蓝色笔在欧洲卖得很好。放眼全球，汉字圈国家更喜欢细字，而使用拉丁字母的国家更喜欢粗一些的字。另外，笔盖式的比按动式卖得更好。除了书写习惯，百乐公司说也许还因为按动式比笔盖式更贵。除此之外，还有荧光笔等7个种类

●欧洲包装

这个包装流通于欧洲30个国家。

通用的吸塑包装袋上印有英语、法语两种文字

采用三角形的挂钩孔，这样不管是单根挂钩还是双挂钩的“U”字形挂钩，都能使用

它的宣传语是：1写2擦3重复。不仅用文字，还加上了编号图解来说明。不同地区也有不一样的包装，不过这个说明都是一样的

为了突出白色橡胶部分是擦头，此处也添加了图解

为了从种类繁多的产品中一眼分辨出产品，此处强调了产品的最大特征——笔尖

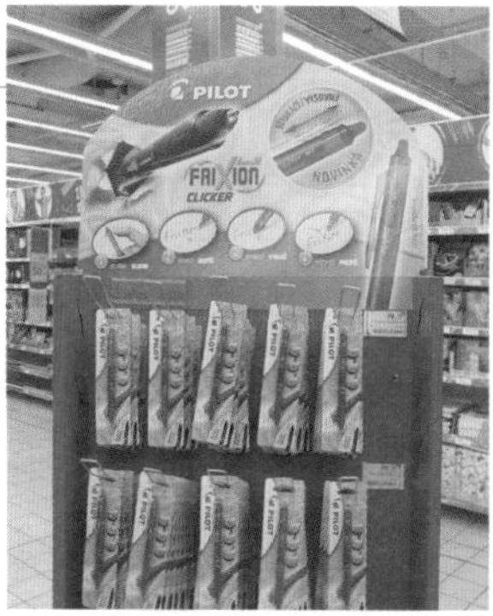

这是FRIXION在捷克大型连锁超市中的地面宣传展示。除了文具，捷克中还有很多新的品牌进驻，是一个很有活力的市场。其中FRIXION的宣传展示尤为显眼

（渡部千春摄）

DE Tintenroller
- Schreiben · Reiben · Korrigieren
- So oft Sie wollen. Ohne Radiergummi
- Nicht extremen Temperaturen aussetzen (-10°C ; +65°C)
- Nicht für Verträge einsetzen
- Auffüllbar

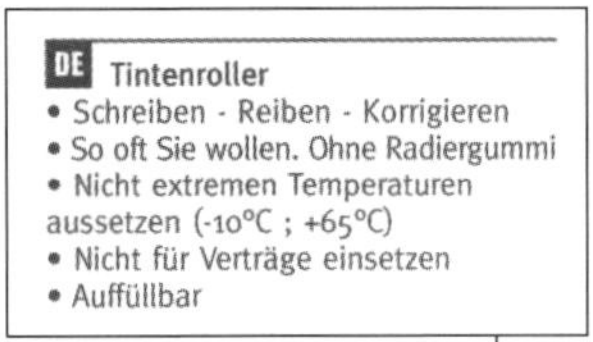

包装背面有 16 种说明语言。
如果要在其他语言圈上市，
可以用专门的贴纸来说明。
贴纸有 8 国语言

这是一款可以擦掉字迹的圆珠笔。百乐文具的FRIXON现在是一款全世界都喜爱的人气产品。据说自2006年发售到2011年年末，5年左右内FRIXON的全球累计销量已达4 600万支。

对于笔类产品来说，怎样的销售数量才算大热产品呢，我们试着寻找了一下对比数据，同样是百乐公司的产品——紧握（DR.Grip），据说在过去的20年间，日本国内的累计销售量为1亿支。

如果先不考虑国内和国外的差距，那FRIXON的销售速度大概是DR. Grip的20倍吧。

2006年FRIXON首发的国家不是总公司所在的日本，而是法国。

法国的学生从小就不用铅笔，而用钢笔，如果要消除字迹，他们习惯用消字液和修正液。因此百乐公司就认为法国有可擦笔的市场需求。如今

随着欧洲文具专卖店的减少，近年来很多人都在超市或大型连锁店中购买文具。配送给小型店铺的是没有包装的单支笔，大型商店主要是吸塑包装。这么做是为了防止包装破损和有人顺手牵羊

这款可擦笔已销往全球100多个国家，目前在欧洲尤其是法国、德国和意大利的销量占比非常高。

日本的产品和欧洲的产品基本形状、墨水成分都差不多，但包装有很大差别。

欧洲的产品包装设计十分狂野，据说采用了刺青图案，令人惊讶。而且据说这款产品的主要需求客户群体还是小学生。

“日本和欧洲对刺青的认知是不一样的。在日本，刺青给人的印象是用在雕像和纹身上的、比较消极的东西，而在欧洲，小学生那么大的孩子都觉得刺青是很好看的东西。”（百乐海外营业部）

此外，在后发的日本地区也延续了刺青图案的设计倾向，但采用的图案更为流畅。

令人倍感兴趣的是，在文具这类常用品上是否要采取这么风格凌厉的设计，在这方面欧洲与日本是不太相同的。去了欧洲就能很强烈地感受到，他们在某些习惯性的小操作上是非常保守的（比如FRIXON笔，笔盖式的就比按压式的卖得好，恰好印证了这一点），而在包装设计等表现性方面，或更大型的系统改革（比如车站突然实行机械化、超市中的自助收银系统）方面，他们更容易接受比较大胆的变化。

保留哪一部分的习惯，以及追求哪一部分的创新，在这些方面地区差异性特别大。正如百乐公司“着眼全球，立足本地（think global but act local）”的口号所说，FRIXON系列产品在欧洲地区的产品推广和营销策略等，都是在当地法人的判断下进行的。在熟悉当地习惯与文化的基础上采取措施——这是一条肯定能通往成功的道路。

斑马小号双头油性记号笔（Mckee）、大号双头油性记号笔（Hi-Mckee）

比“高品质”更高的品牌影响力特征

恐怕很少有读者不知道斑马的油性记号笔“Mckee”系列吧。它以占有日本国内高达50%的市场份额（Hi-Mckee约20%、Mckee极细约30%）而著称。“Mckee”主要出口到亚洲圈和北美，特别是在东亚、东南亚地区，人气颇高。

不过实际上另一方面，人气产品中的常见问题它也有，那就是类似产品太多了。在很多国家，它极具特征的两端呈锥形的形状被其他产品模仿，还和它摆放在同一个货架上。

在这种情况下，消费者要怎么分辨出区别呢？我们向斑马公司咨询后，得到了一个意外的答案，那就是——价格。

日本

Mckee极细、Hi-Mckee

建议零售价 Mckee极细120日元、Hi-Mckee150日元（不含税）

Hi-Mckee发售于1976年。它是一款两头笔尖粗细不一样的油性记号笔，可从两头的锥形笔头大小来区分笔尖的粗细。发售两年后开始受到消费者欢迎，现在有极细款、极粗款、不渗墨款和替换装等在售比如在中国2支或3支包装的类似品，价格还不到斑马的一半，放在一起的话，不管你愿不愿意都会注意到它们之间的差别。就算贵，消费者也要买Hi- Mckee的原因在于它是日本斑马公司的产品，质量好、值得信任。

它的墨水适量，书写流畅。笔盖可以干脆利落地打开，再严丝合缝地盖上。厂家标注的成分信息没有错误——尽管这些在日本都是理所应当的事情，但亚洲诸国产的仿品中，很多都没有达到这个水准。

本来日本的笔就质量好，款式多样，品质出类拔萃。东南亚的文具店虽然给人一种产品数量众多、顾客购买能力很强的感觉，但仔细一看就发现产品种类很少。本书之前就调查过派通油性圆珠笔（2009年3月号）、百乐FRIXON（2013年1月号）的笔，日本有很多笔都出口到海外，收获了很高的信任。

不过如果将来中国和ASEAN[㊀]诸国生产的笔质量得到提高，日本的产品是否能仅凭借其良好的品质保持住现在的人气，这令人感到担心。

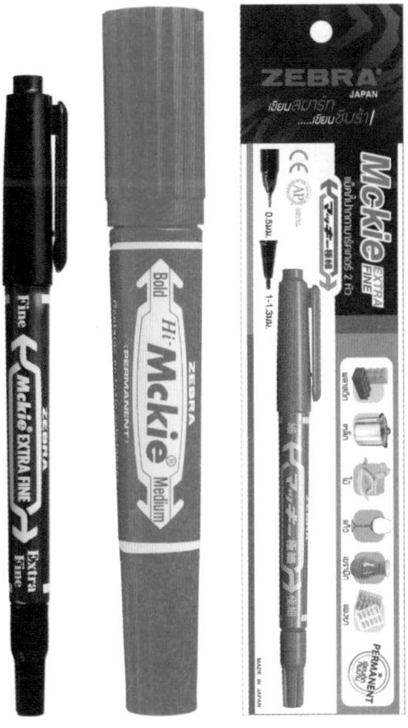

外国

Mckie EXTRA FINE、Hi Mckie

售价 各国各不相同

出口的产品包装上基本都直接用日语说明文，在北美等部分地区会将文字改成英语。日本是“Mckee”，在国外是“Mckie”，这样英语系国家会更容易阅读。包装在各国不尽相同。照片是泰国包装。“斑马（ZEBRA）”商标放得很大

㊀ ASEAN（东南亚国家联盟，包括印度、新加坡、泰国、菲律宾、马来西亚五国）。

●亚洲的斑马产品卖场

上图是印尼雅加达中产阶级逛的百货商场中，文具专卖店的产品展柜。产品陈列区最为显眼的有斑马，还有三菱铅笔等日本品牌

迄今为止，在消费者的认知中，他们已经知道这些产品的原材料来自20多个国家和地区，但他们对每个品牌销售的基础产品都有着固定的印象。

比如Bic文具的代表产品就是黄色笔芯的油性圆珠笔，思笔乐（sitabiro）的代表是扁平状的荧光笔和六角形的水性笔。

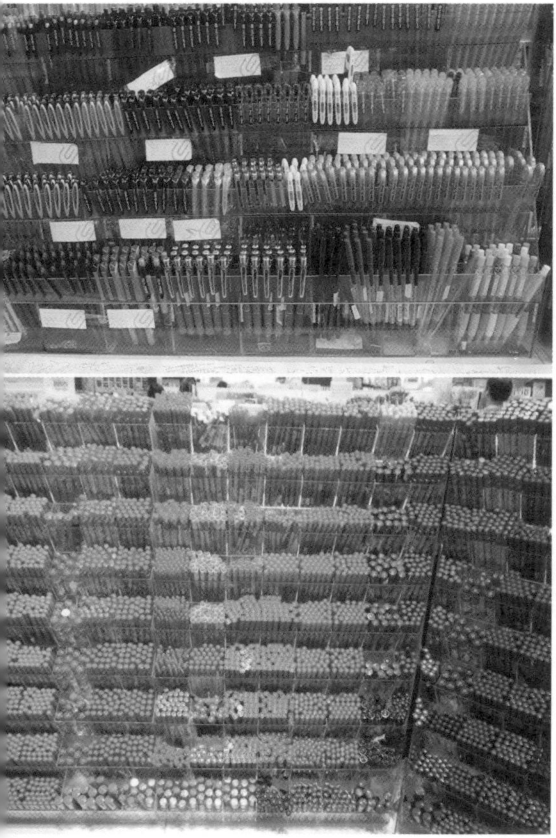

上图是印尼雅加达中产阶级逛的百货商场中，文具专卖店的产品展柜。（2013 年摄）大型文具店里面中性笔、油性笔混合销售，颜色选择很少。

下图是泰国万国商场中的文具店里的彩色铅笔区域。（2008 年摄）彩色铅笔按颜色分类放在一起很是壮观，但仔细一看并没有很多颜色。在同一个商场中，日本的“loft”和当地的文创店都有，但颜色丰富的日本彩色笔比文创店更吸引人的注意。Mckee 这种功能很清晰的产品在文具店和大型超市的文具区域都在售卖

此外，施德楼的代表产品就是建筑从业者十分熟悉的蓝色铅笔、辉柏嘉（faber-castell）的代表产品是绿芯的美术铅笔、彩色铅笔等，消费者一看到品牌，马上就能产生视觉印象。

拥有这些主打产品的品牌商，消费者对他们的其他产品也会给予信任。不过由于日本笔类产品的多样性，更新换代的速度很快，所以感觉很难拥有一款代表产品。

在这一点上，Mckee 自 1976 年发售以后，就几乎没有改变过设计。只要有这样的象征印象，斑马的品牌力就会继续加强吧。

樱井小芥子（KOKESHI）店羽衣（Hagoromo）玩偶与其他

色彩斑斓的小芥子（KOKESHI）玩偶获得了国外10多家公司的青睐

这就是羽衣。尺寸为6寸（约18cm）。除了单色的蓝色、橙色和绿色外，还有条纹和渐进色等10多种颜色可以选择。价格为4 104日元（含税）

在传统小芥子玩偶上使用了法国人喜爱的条纹图案

上/拥有耀眼的荧光色、充满个性的辉夜（kaguya）
下/穿着衣服的小锤子（Cozchi）

照片提供（樱井小芥子店）

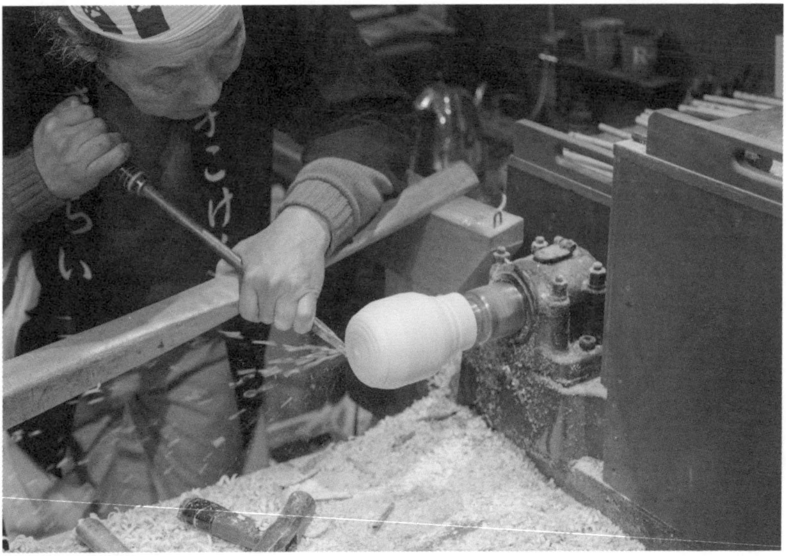

这位是樱井昭宽先生，他继承了自江户时代延续下来的小芥子玩偶工艺。他正在用绞车和刨子对木头进行切削

从JR仙台站出发坐电车要一个多小时，才能抵达鸣子温泉（宫城县大崎市），此地因盛产鸣子小芥子而闻名于世。

鸣子小芥子是传承江户时期的玩偶工艺。第二次世界大战后，随着前来温泉地观光的游客逐渐增多，它变成了当地特产，广泛流传开来。最繁盛的时期，樱井有100多个小芥子工匠，但现在已减少到了20人。

在这种情况下，他们看到了开拓海外市场中的一丝光明。位于鸣子温泉的樱井小芥子店里，樱井昭宽先生和他的继承者尚道先生做出了条纹图案的小芥子羽衣。在2017年1月举办的巴黎国际展（MAIS-ON&OBJET）中，羽衣刚展出就吸引了海外采购者的目光，收到了来自欧洲博物馆文创店和精品店等店铺的订单。

根据当地调查选择颜色

为了满足当地的需求，采用了这种打破小芥子固有印象的现代色彩设计。

2016年10月，担任樱井海外主页制作的可缪那（communa）公司在法国进行了一次市场调研。他们去文创和文具等精选店，向商店和采购商展示了传统的小芥子玩偶，得到的答复是“颜色过于传统，形状也很复杂，可能得不到用户的支持”。与此同时，

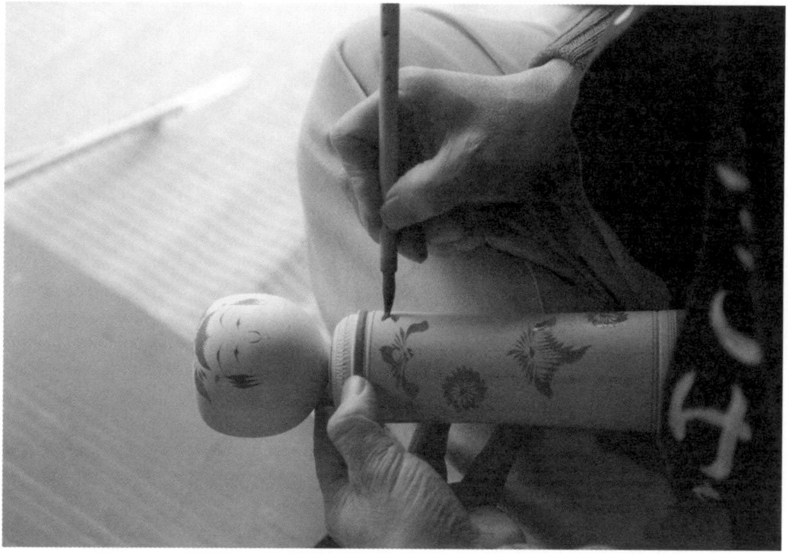

传统的鸣子小芥子肩部有凸起，身体上绘制着菊花图案

他们观察到店里的很多产品都是条纹图案。

参考这一点，他们将产品形状修改得更为简单，也更改了颜色和图案，做了190种样品，然后从中精选了他们认为会受欧洲顾客喜爱的10种图案，和传统的小芥子一起带去了欧洲。

昭宽先生说："我并没有抱太大期望。"不过拿去参展之后，拥有流行色的小芥子吸引了人们的目光。展会结束之后，英国服装品牌保罗·史密斯（Paul Smith）和日本文具厂商马可斯（MARK'S）的当地法人等10多家公司敲定了和樱井的订单。

对日本传统工艺十分感兴趣的当地奢侈品牌也接受了与樱井小芥子的合作。

为了开拓更大的市场，昭宽先生在2017年9月与2018年1月的巴黎国际展中发布了"羽衣"和新产品"辉夜""小锤子"。2018年，日本国内的商店中也开始售卖起了小芥子玩偶。

但随之而来的一个问题就是，小芥子由昭宽先生手工制作，因此产量有限，为了扩大产业，他打算聘用更多的员工，并完善生产制度。

了解日本设计费用行情

产品设计（日用品/杂货）价格

产品的设计费用分交付设计时一次性支付和视销量而定的专利授权费两种，在大多数情况下采用两者结合的方式。如果采取一次性支付的方式，根据产品的复杂程度、规模和销量，设计费基本上要从300万日元起计算。

采取一次性支付方式时，费用一般是厂家出厂额的3%~5%。除了国外的明星设计师，价格一般不会与设计师的实力和声望挂钩。据说，专利授权费的金额也可能会有上限设置。

除了上述费用，如果是对持续生产的量产项目进行设计，包括企业品牌营销在内，有时还需要支付咨询费用。这种费用有根据整体劳动时长计算的，不过大多数还是以企业雇用设计师的劳务费为基准计算。根据本书的调查，市场行情大概是每个月30万日元。

仅支付一次性费用……**300万日元左右**
支付授权费用……**发货额的3%~5%**
咨询费用……**每月30万日元左右**

这些费用是针对设计师的设计成果支付的设计费用。产品不一样的话，差别就很大，所以设计费用无法一概而论。这些数据是基于本书的调查总结出来的数据，尽管只是一个大致的数据，不过还是紧跟着目前的市场与趋势的。

市场营销篇

产品设计（家电/数码产品）价格

为大企业做家电和数码产品设计时，基本上都是采用一次性支付方式。

如果是做手机设计，一个概念模型品价格为 100 万 ~500 万日元。如果要投入生产，价格则为 3 000 万 ~5 000 万日元。因为找设计师设计家电和数码产品的多为大型企业，规模较大，所以设计费用整体较高。

家电与数码产品行业，设计费用受设计师以往的设计成果、声望的影响很大。如果还需要借助设计师本人热度带来的广告效应，设计费就更贵了。

如果设计师使用 3D 绘图绘制设计图纸、采用十分严格的数据进行设计，价格还会相应增加。不过也有设计师持有设计专利，厂家根据产品数量向设计师支付费用的特殊案例。

概念模型 ……………………………… **100 万 ~500 万日元**
投入生产的模型 ……………………… **3 000 万 ~5 000 万日元**

图书在版编目（CIP）数据

日本文具文创设计：原书第2版 /《日经设计》编辑部编；邓召迪译.
—北京：机械工业出版社，2020.10（2022.5重印）
ISBN 978-7-111-66705-6

Ⅰ.①日… Ⅱ.①日… ②邓… Ⅲ.①文具-设计-日本 Ⅳ.①TS951

中国版本图书馆CIP数据核字（2020）第187080号

机械工业出版社（北京市百万庄大街22号　邮政编码100037）
策划编辑：马倩雯　　责任编辑：马倩雯　马　晋
责任校对：张　力　　封面设计：马精明
责任印制：常天培
北京宝隆世纪印刷有限公司印刷

2022年5月第1版第2次印刷
130mm×210mm · 8.875印张 · 218千字
标准书号：ISBN 978-7-111-66705-6
定价：79.00元

电话服务
客服电话：010-88361066
010-88379833
010-68326294

网络服务
机　工　官　网：www. cmpbook. com
机　工　官　博：weibo. com/cmp1952
金　　书　　网：www. golden-book. com
机工教育服务网：www. cmpedu. com